중국 고대건축의 이해

江西教育出版社有限责任公司协同翻译出版。
본 도서는 강서교육출판사의 협조를 통해 번역 출판되었습니다.

중국 고대건축의 이해

푸시녠 傅熹年 지음
이유진 옮김

현대의 고전 17

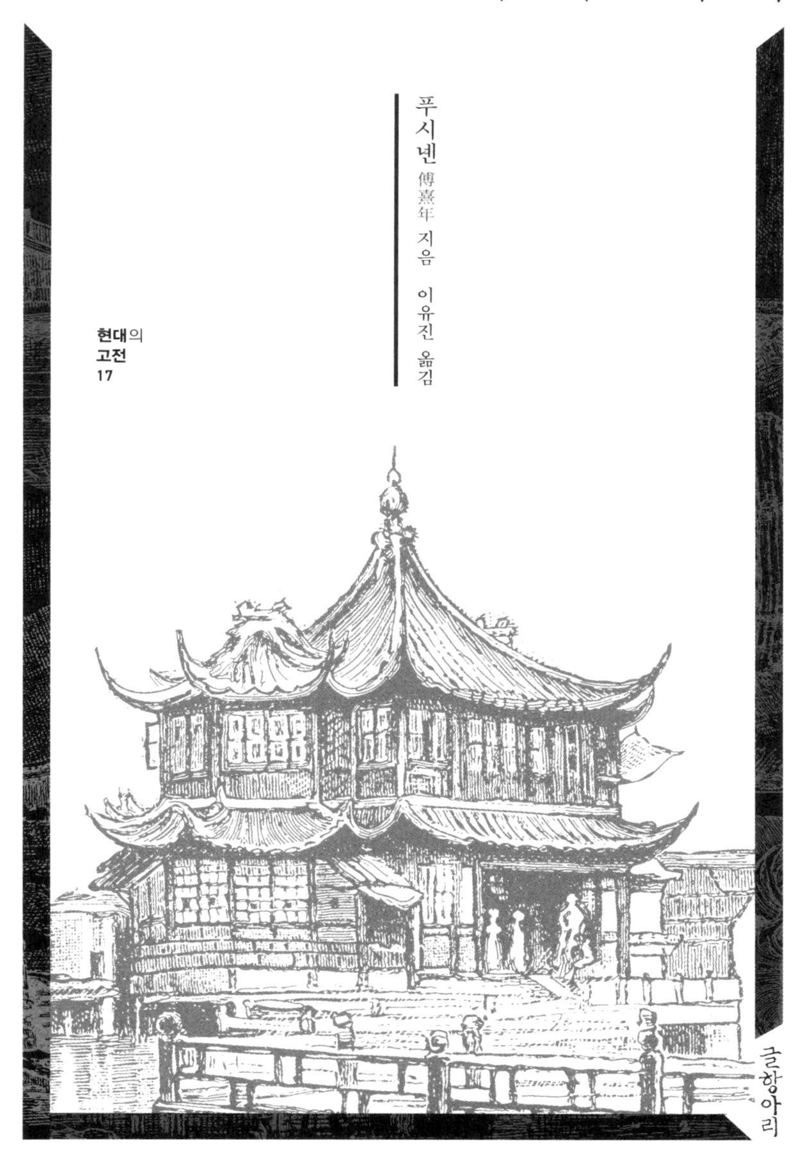

글항아리

차례

1장

중국 고대 건축 개설

아시아 대륙의 동남부에 자리한 중국은 면적이 963만 제곱킬로미터로 광대한 영토, 유구한 역사, 많은 인구를 가진 다민족 국가다. 동남쪽으로는 바다에 접해 있고 충적평야와 구릉이 있으며 해양성 기후에 속한다. 서쪽으로는 내륙 깊숙이 들어가 있고 황토고원과 유명한 티베트고원이 있으며 대륙성 기후에 속한다. 또한 남쪽에서 북쪽까지 아열대·온대·아한대에 걸쳐 있어, 지리적·기후적 조건의 차이가 크다. 중국 각 민족의 조상은 고대부터 이 땅에서 살아가면서 지리적 제약을 받아, 고대의 다른 문화 중심과는 직접적인 연계 없이 자기의 독특한 문화를 빚어냈다. 중국은 문자로 살필 수 있는 4000년 이상의 역사를 지닌, 세계 고대 4대 문명국가 중 하나다.

이미 발견된 유적지를 통해 볼 때 고대 중국의 건축 행위는 적어도 7000년 이전으로 거슬러 올라간다. 지리·기후·민족 등의 차이로 인해 각 지역의 건축 역시 다른 점이 많긴 하지만 수천 년 동안의 창조와 융합을 거쳐, 평면상에서 확장되는 정원식院落式 배치에 목조 가옥 위주의 독특한 건축 체계를 점차 갖추게 되었다. 이 건축 체계는 근대까지 계속 사용되었으며 주변의 한국·일본·동남아 지역 등 주변국에 영향을 미쳤다. 이는 지속 시간이 가장 길며 끊긴 적이 없고 특징이 명확하고 안정적이며 전파 범위가 매우 광범한, 매우 강한 적응력을 갖춘 건축 체계다. 중국 고대 건축의 역사를 살펴보면, 발전 과정에 따라 여러 단계로 나뉘고 단계마다 지역과 민족의 차이가 있긴 하지만 이채롭고 변화무궁한 옛 건축물을 통해, 차츰차츰 형성되면서 나날이 뚜렷하게 안정화된 공통의 특징 및 건축의 성격과 유형이 다른 데서 생겨난 다양한 건축 예술 스타일을 분명히 찾아볼 수 있다.

1. 중국 고대 건축의 발전 개황

실물을 통해 살펴볼 수 있는 7000년 동안의 중국 고대 건축의 발전 과정은 대체로 다섯 단계로 나눌 수 있다. 즉 신석기 시대, 하夏·상商·주周, 진秦·한漢~남북조, 수隋·당唐~금金, 원元·명明·청淸이다. 이 다섯 단계에서 중국 고대 건축 체계는 맹아가 싹트고, 초보적으로 형성되었으며, 기본적으로 고정화되고 성숙하여 전성기에 이른 뒤 지속적으로 발전하다가 점차 쇠락하는 과정을 거쳤다. 뒤의 세 단계 중에서 한·당·명 삼대는 중국 역사상 통일을 이루고 강성하여 크게 발전한 시기다. 이와 더불어 한·당·명 삼대의 건축 역시 각 단계에서 발전의 절정에 이르러, 건설 규모와 기술, 건축 예술 스타일에 있어서 큰 성취를 거두었다.

(1) 신석기 시대(약 1만 년~4000년 전)

이미 발견된 신석기 시대 건축 유적지는 대체로 양대 체계로 나눌 수 있다. 남방의 습지와 소택지에서는 나무 위에서 거주하다가 이후 아래에 기둥을 받쳐 공중에 뜨도록 설치한 간란식幹欄式 목조 구조로 발전했을 것이다. 예를 들면 지금으로부터 7000년 전 허무두河姆渡 유적지의 간란식 건축은 목재의 장부를 짜맞추고 끈으로 동여매어 소택지에 세운 것이다. 황허黃河 중하류에서는 움집과 반움집의 주거형태였다가 나무 기둥과 흙벽 위에 풀과 흙으로 지붕을 얹은 지상 건축으로 발전했다. 시안西安 반포半坡 유적지와 린퉁臨潼 장자이姜寨 유적지가 그 예인데, 여기서 이미 큰 건물을 중심으로 한 취락을 형성했다.

(2) 하·상·주(기원전 21세기~기원전 221, 춘추전국 시대 포함)

하·상·주

하나라는 중국 고대 역사에서 최초의 왕조로 말해지는데, 그 유적지와 관련해서는 이미 실마리가 존재하며 현재 탐색 중이다. 이미 발견된 이 시기 최초의 유적지는 초기 상나라에 속한다. 하·상·주의 중심 지역은 모두 황허강 중하류에 자리한다. 이 지역은 습함성濕陷性 황토 지대에 속하기 때문에 지반이 무너지는 것을 방지하기 위하여 흙을 다지는 항토夯土 공법을 발명했다. 이렇게 해서 황토의 붕괴 가능성을 제거할뿐더러 큰 규모의 기단이나 벽을 쌓고 대형 건축을 세울 수도 있었다. 항토 공법을 사용한 시공은 간단하며 현장에서 재료를 취할 수 있다. 이는 고대 중국의 가장 기본적인 건축 기술 가운데 하나로 오늘날에도 여전히 사용된다.

서주西周는 약 기원전 11세기에 시작되었다. 산시陝西 치산岐山에서 최근 발견된, 주나라가 세워지기 전의 건축 유적지는 이미 2진二進의 정원식 가옥 형태를 보여준다. 외벽은 흙을 다져서 쌓아올려 하중을 지탱하도록 했으며, 실내는 나무 기둥을 사용했고, 나무 지붕틀에 초가지붕이며 부분적으로 기와를 사용했다. 또한 실내에는 조개껍데기를 끼워 장식했다. 푸펑扶風에서 발견된 서주 중기의 집터는 면적이 280제곱미터에 달한다. 흙을 다져서 기단과 벽을 만들고 내부는 모두 나무틀을 사용해 상층의 둥근 지붕을 지탱하도록 했는데, 구조가 자못 복잡하다. 기둥 사이에 창방昌枋을 사용하고 기둥 위에 주두柱枓를 사용한 형상이 서주 청동기에 이미 출현하는데, 이는 공포栱包의 맹아다.

목조 프레임으로 하중을 지탱하고 공포를 사용하며 정원식으로 배치하는 것은 다른 건축 체계와는 다른 중국 고대 건축의 특징으로, 이는 서주 때 이미 기본적으로 형성되었다.

춘추전국 시대(기원전 770~기원전 221)

춘추전국 시대에는 주 왕실이 쇠퇴하여 오패五霸와 칠웅七雄이 출현했는데, 이들 나라가 모두 도성과 궁전을 건설하면서 건축이 크게 발전했다. 각국의 도성에는 큰 성과 작은 성이 있었는데, 작은 성은 궁성宮城이고 큰 성은 백성의 거주구였다. 백성의 거주구는 담장으로 분할되었는데, 격자 형태로 배치된 이 폐쇄적인 거주구를 '이里'라고 하며 이곳에서는 야간 통행금지를 시행했다. 정해진 시간에만 열리는 폐쇄적인 상업구도 있었는데, 이를 '시市'라고 한다. 궁성 안의 주요 궁전은 계단 형태로 흙을 다진 대臺를 바탕으로 한 층씩 쌓아 올린 2층 이상의 건축이었는데, 이를 '대사臺榭'라고 한다. 각 층 토대의 가장자리와 모서리 벽은 압력에 의한 붕괴를 방지하기 위해 벽기둥과 횡목으로 보강해야 했다. 전국 시대 중산왕릉中山王陵에서 능원陵園의 설계도가 새겨진 동판이 발견되었는데, 치수까지 기록되어 있다. 중국에서 가장 오래된 건축도라고 할 수 있는 이 동판은 당시의 대형 건축이 이미 설계도에 따라 건설되었음을 증명한다. 고고학적 발굴에 따르면 전국 시대에 이르러 궁전에서는 틀을 사용해 만든 무늬 있는 바닥 타일과 와당을 사용했고, 지면과 계단에는 속 빈 벽돌을 깔았다. 지면에 주색朱色을 바르고 흰 벽에 벽화를 그리고 벽기둥과 벽의 횡목에는 금동으로 장식하거나 옥을 끼워 장식했는데, 매우 호화로웠다. 흙을 다져 만든 대에는, 물을 모으는 용도의 거대한 도관陶管과 하수도가 있었다. 기술과 예술 수준에 있어서 확실히 춘추 시대보다 뛰어나다.

(3) 진·한·위진남북조(기원전 221~기원후 581)

진(기원전 221~기원전 207)

진은 강성했으나 단명한 왕조다. 전국을 통일한 후 진나라는 셴양咸陽에 육국의 궁전을 본떠서 짓고 웨이허渭河 남쪽 기슭에 새로운 궁전을 건설했다. 이는 모두 전례 없는 규모의 건축 행위로, 전국 각지의 건축 기술과 건축 예술이 교류하고 융합하며 발전할 기회가 되었다. 진나라는 셴양을 웨이허 양쪽 기슭에 걸쳐진 다리로 연결된 유례없는 방대한 도성으로 확장할 계획이었지만 완성하기 전에 멸망했다. 리산驪山에 진시황릉을 건설하는 것 역시 거대한 프로젝트였다. 진시황릉은 남북으로 350미터에 달하고 높이는 43미터이며 성벽이 이중으로 둘러쳐져 있다. 진시황릉 능원陵園에서 대량으로 발견된 문양 있는 기와와 벽돌, 무늬가 새겨진 바닥 돌, 구름 문양의 청동 문미門楣, 돌로 조각한 하수도 등은 모두 섬세하고 아름답다. 역사 기록에 따르면 묘실墓室은 매우 호화로운데, 이는 능원 동쪽에서 발굴된 거대한 병마용갱兵馬俑坑을 통해서 볼 때 믿을 만하다.

한(기원전 206~220, 왕망王莽의 신新 포함)

진나라 이후 세워진 한나라는 고대 중국에서 처음으로 전국을 통일하고 중앙집권적이었던 강대하고 안정적인 왕조였으며, 건축 규모와 수준 역시 고대에 첫 번째로 발전의 정점에 이르렀다.

전한前漢의 수도 장안長安은 웨이허 남쪽 기슭의 진나라 옛 궁전을 둘러싸고 건설되었는데, 기존의 궁전과 웨이허의 흐름으로 인한 제약 탓에 윤곽이 가지런하지 않다. 성의 전체 면적은 36제곱킬로미터다. 성문은 12개이고, 성 안에는 8갈래의 세로 방향의 길과 9갈래의 가로 방향의 길이 있었으며, 길의 너비는 약 45미터였다. 9개의 시市와 160개의 여리閭里는 모두 담장으로 둘러싸여 있어 성 안의 작은 성과 같았다. 성 안의 궁전은 모두 중앙에 자리하지 않았는데, 중축선에는 남북 방향의 큰 길이 있었고 궁은 길의 양측에 있었다. 궁문 밖에는 커다란 궐闕[1]을 세웠으며, 주요 전당은 여전히 거대한 대사臺榭였다. 성안에는 관청과 곳집도 건설했다. 최근 발굴된 전한의 국가 무기고는 여러 채의 건물로 이루어져 있다. 가장 큰 것은 폭이 45미터이고 잔존 길이가 190미터로, 다진 흙벽을 통해 4개의 큰 방으로 나뉘어 있다. 오늘날의 기준으로 봐도 그 규모가 거대하여 놀라울 정도로, 전한의 국력이 강성했음을 알 수 있다. 전한 말과 왕망王莽 시기에 장안 남쪽 교외에 명당明堂과 왕망의 종묘宗廟를 세웠다. 종묘는 모두 11개로, 세 줄로 배열되어 있었으며 줄마다 어긋나게 배치되었다. 각 사당의 정원은 정사각형이며 사면에 문을 냈고 중앙에

1 황궁의 문 앞에 양쪽으로 있는 망루를 말한다.

는 가로세로 길이가 각각 40미터가량 되는 대사를 세웠다. 그중에서 특히 큰 규모의 어떤 대臺는 가로세로 길이가 각각 80미터가량 되는데, 이는 지금까지 발견된 한나라 시기의 건축군 중에서 가장 크고 온전한 것이다. 이상의 건축을 통해 명·청 시기 베이징 천단天壇처럼 고도의 대칭성을 지닌 건축 배치가 한나라 때 이미 출현했음을 알 수 있다.

전한 황제의 능은 웨이허강 북쪽의 고지대에 만들어졌다. 능마다 황제의 능을 지키기 위해 능읍陵邑이 건설되었는데, 모두 7개의 능읍이 있었다. 능읍은 모두 여리제閭里制에 따른 작은 성으로, 각지의 부호와 이전 왕조의 옛 신하를 이주시켜 살도록 함으로써 장안의 인구 밀도를 완화했을뿐더러 장안 주변의 경제 역시 발전시켰는데, 이는 지금의 위성 도시와 비슷하다.

25년, 후한後漢은 뤄양洛陽을 수도로 정했다. 뤄양은 남북이 긴 직사각형 형태로 면적은 9.5제곱킬로미터다. 성 안에는 남쪽과 북쪽에 두 개의 궁이 있었으나 공통의 남북 중축선은 아직 형성되지 않았다. 후한의 관청은 규모가 컸다. 총애를 받는 신하들의 저택에는 여러 개의 정원이 있었는데 정원마다 연결되어 있었고, 온실과 냉실 등의 시설이 있었다. 원림이 딸린 저택도 있었다. 현존하는, 한나라 때 도기로 만들어진 가옥 모형과 화상석畫像石에 보이는 가옥을 통해서 당시 가옥의 대략적인 형상을 알 수 있다.

후한 때 무덤에 묻었던 명기明器인 도기로 만들어진 가옥 모형과 화상석을 통해 알 수 있듯이 고대 중국의 목조 건축의 세 가지 주요 형식, 즉 대량식擡梁式·천두식穿斗式·밀량평정식密梁平頂式이 모두 당시에 이미 출현했으며 독립적인 대형 다층 목조 누각을 건설할 수 있었다. 전한 이래 석조의 아치 구조가 등장했고, 후한 때 더욱 번성하여 통각筒壳, cylindrical shell 구조뿐 아니라 쌍곡편각雙曲扁殼, double curvature shallow shell 및 궁륭穹窿 구조의 건축도 건설할 수 있었다. 토목 구조가 발전하긴 했지만 초기에는 대형의 석조 아치를 만들 수 없었기 때문에 석조 아치로는 묘실墓室을 지었다. 시간이 오래 지나면서 사람들이 석조 아치를 무덤과 관련지어 생각하게 되자 궁전에 석조 건축술을 사용하기는 더 어려워졌다. 후한 말에는 석조 아치를 다리에 사용하기 시작했으며 위진남북조 이후에는 석조 건축술을 전탑塼塔에 사용했지만, 시종일관 목조 건축에 견줄 수는 없었다.

한나라 때의 건축 유적은 석실石室과 석궐石闕뿐이다. 목조 구조를 모방한, 쓰촨四川의 후한 시기 조각기둥·창방·공포·서까래·지붕은 비율이 아름답고 풍격이 웅건하여 한나라 목조 건축의 정확한 모형으로 간주할 수 있다.

삼국(220~265)

중국이 세 개의 정권으로 분열된 시기로, 이 시기 건축은 후한을 계승했다. 주목할 만한 점은, 조위曹魏의 도성인 업성鄴城은 궁전을 성 북쪽에 지었고 성 남쪽에 관청과 백성의 거주구역이 있었으며 성 전체를 관통하는 남북 방향의 중축선상에 궁전이 자리했다는 사실이다. 업성은 중국 역사상 윤곽이 반듯하고 구역 분할이 명확하며 중축선이 뚜렷한 첫 번째 도성으로, 후대 도성의 발전에 많은 영향을 미쳤다.

서진·동진·남북조(265~581)

서진이 조위를 대신하고 전국을 통일한 뒤 신속히 멸망했으며, 잔여 세력이 강남江南[2]에 나라를 세웠으니 바로 동진이다. 이렇게 중국은 남북 분열의 국면으로 빠져들었다. 북방에서는 십여 개의 소수민족 정권이 잇달아 수립된 후 선비족이 세운 북위北魏로 통일되고 남방에서는 420년에 송宋이 동진을 대신한 이후 송·제齊·양梁·진陳의 네 왕조를 거치면서 남북이 대치하게 되었다. 역사에서는 이를 남북조 시대라고 칭한다. 이 기간에 동진과 남조의 네 왕조는 건강建康(지금의 난징南京)에 도읍을 세웠다. 건강은 서쪽으로 창장강에 접하고 남쪽으로 친화이허秦淮河에 면하여, 수운水運이 발달하고 상업이 번창했으며 주위에 취락이 밀집하고 동서와 남북으로 각각 40리에 달하는 거대한 도시였다. 북위는 뤄양으로 도읍을 옮겼는데 한·위 고성漢魏故城 바깥에 외곽外廓을 확장하여 동서로 20리, 남북으로 15리였으며 320개의 방坊을 만들고 격자 형태로 길을 냈다. 이는 훗날 수·당 시기 장안성의 연원이 되었다.

이 시기 가장 주목할 만한 점은 불교가 들어와 사찰과 탑을 대대적으로 지었다는 사실이다. 불교는 외래 종교로서 중국에 전파되기 위해 급속도로 중국화되었다. 사찰은 부처의 장엄함과 극락세계의 웅장함과 아름다움을 나타내기 위해 중국의 궁전과 관청의 형태를 취했다. 탑 역시 전통 목조 누각과 결합되었다. 이러한 중국화 과정은 현존하는 북조의 모든 석굴에서 뚜렷하게 나타난다. 사회가 불안정했기 때문에 남조와 북조 모두 부처의 가호를 빌고 사찰을 짓는 것이 풍조가 되었다. 역사 기록에 따르면 남조 건강에는 480개의 사찰이 있었고, 북위 뤄양에는 1000여 개의 사찰이 있었다. 516년, 북위의 호태후胡太后가 뤄양에 영녕사탑永寧寺塔을 지었는데, 이 9층탑의 전체 높이는 40여 장丈에 달했으며[3] 하단부

---

2 창장長江강 남쪽을 말한다.

3 136.7미터로 추정된다.

안쪽에 토심土心을 쌓아 균형을 잡았다. 영녕사탑은 역사상 가장 높은 목탑일 것이다. 현재까지 유일하게 남아 있는 북위의 탑은 허난성 덩펑登封의 숭악사嵩岳寺 12각 15층 전탑으로, 높이는 38미터이고 윤곽이 포물선 형태이며 곡선이 아름답다. 진흙 벽돌을 쌓아 올려 만들었는데, 시공 난이도가 매우 높아 뛰어난 예술적·기술적 수준을 보여준다.

800년 동안 지속된 이 기간은 진나라와 한나라를 정점으로 한다. 목조를 위주로 하고 정원식 배치를 채택한 중국 고대 건축의 특징이 이미 기본적으로 성숙하고 안정되어 당시 사회의 예제禮制·풍속·관습과 밀접하게 결합했다. 때문에 후한부터 남북조에 이르기까지 불교와 더불어 건축을 비롯한 중앙아시아 문화가 대량으로 들어왔어도 이는 단지 자양분으로서 중국 고유의 체계에 소화 흡수되었을 뿐 기존의 건축 체계를 뒤흔들 수는 없었다. 삼국시대부터 남북조에 이르기까지 약 350년 동안 중국은 남과 북으로 분열되어, 파괴와 쇠퇴의 국면을 빚어내기도 했지만 각 지역 각 민족의 건축이 교류하는 기회가 생겨나기도 했다.

위·진 현학玄學과 불교 철학의 유입은 한나라 경학經學과 예법禮法에 의한 사상의 속박을 타파했으며 이에 따라 예술 풍격에도 변화가 생겼다. 건축 풍격에도 변화가 생겼는데, 외관은 한나라 양식의 장엄하고 웅건한 데서 생동적으로 발전했다. 지붕은 평면에서 오목한 곡면으로 변했고, 처마는 직선 형태에서 양 끝이 치켜 올라간 곡선으로 변했으며, 기둥은 직원기둥에서 흘림기둥으로 변했다. 서쪽 지역에서 전해져 개조된, 끊임없이 유려하게 이어진 식물 문양이 한나라 때의 정연한 기하학적 문양을 대체했다. 이처럼 건축의 외관과 이미지가 면모를 일신하여 한 시대의 새 바람을 일으킴으로써 다음 단계인 수·당 시기 건축의 새로운 발전을 위한 조건을 마련했다.

(4) 수·당·오대·송·요·금(581~1279)

수(581~617)

진나라와 마찬가지로 수나라는 전국을 통일한 후 민력民力을 과도하게 사용하여 경제적 파괴와 전국적 동란을 빚음으로써 급속히 멸망했다. 그러나 짧은 기간에 많은 건설을 추진할 수 있었는데, 이는 통일 이후 웅대한 기백과 비약적으로 강해진 경제력을 보여준다. 수나라가 건설한 대흥성大興城(당나라 때 장안성으로 개칭)과 대운하는 인류 역사의 위업이라고 할 만하다.

582년, 수나라는 용수원龍首原에 새로운 도성을 세웠다. 평면을 보면, 가로가 긴 직사각형 형태이며 13개의 성문이 있었다. 성 안에는 주요 도로가 가로와 세로로 각각 세 갈래씩 나 있어 이를 '육가六街'라고 했다. 대흥성의 총면적은 84제곱킬로미터로, 인류가 현대 사회로 진입하기 이전에 건설된 것 중 가장 큰 도시다. 성 안의 중축선 북단에는 궁성宮城을 세웠고, 궁성 앞에는 중앙 관청 전용인 황성皇城을 세웠다. 중축선상에는 길이 8킬로미터에 폭 150미터의 주도로가 있었는데, 외성과 황성을 지나 궁성 정문에 이르고 북쪽으로 궁의 주전主殿을 마주했다. 그 기세의 웅장함은 전례가 없을 정도다. 주도로의 좌우에 있는 가로세로로 난 길이 성 전체를 108개의 방坊과 2개의 시市로 나누었다. 대흥성은 북위 뤄양의 경험을 흡수하여 만든 도성으로, 도시의 정연함, 반듯하고 넓은 도로, 궁전과 관청의 집중도, 기능에 따른 구역 분할의 명확성에 있어서 모두 이전 도성을 능가했다. 이 거대한 도시가 1년 만에 기본적으로 완공되었는데, 이는 탁월한 설계와 조직적 시공 능력을 말해준다. 대흥성의 설계자는 뛰어난 건축가이자 계획자인 우문개宇文愷다. 605년, 우문개는 동도東都 뤄양을 새롭게 건설하는 일을 주재했는데, 면적이 47제곱킬로미터에 달하는 이 작업 역시 1년 만에 기본적으로 완공되었다.

당(618~907)

수나라 뒤에 들어선 당나라는 경제를 회복하고 민생을 안정시키며 통일을 공고히 하고 외적을 방어함으로써 통일되고 견고하고 강대하고 번영한 왕조를 신속하게 이룩했다. 이를 바탕으로 당나라는 중국 고대 건축 발전에 있어서 두 번째 정점에 도달했다.

당나라 때 대흥을 장안(지금의 시안西安)으로 바꾸고 성벽을 보수하고 성루城樓를 세우고 일련의 도시 관리 제도를 제정함으로써 장안은 웅장하고 화려하고 번영하며 외국 상인이 운집하는 국제적인 대도시가 되었다. 이후 장안에 대명궁大明宮과 흥경궁興慶宮을 세웠는데, 두 궁전 모두 웅장함과 화려함으로 유명하다.

당나라 때 건설된 가장 웅장한 건축은 무측천武則天이 뤄양에 세운 명당明堂이다. 평면은 방형이며, 너비 89미터에 높이 86미터다. 3층으로 이루어져 있는데 위쪽 두 층은 돔 형태의 천장이다. 이 거대하고 복잡한 건축이 불과 열 달 만에 완공되었다. 이는 설계, 건축 자재의 사전 제작, 체계적 시공 등 모든 방면에서 당시에 이미 높은 수준이었음을 보여준다. 당나라 황릉은 대부분 산봉우리를 능으로 삼았으며 자연 지형을 이용하는 수준이 매우 높았다. 성당盛唐·중당中唐 때는 고관과 귀족의 주택이 화려하여 정원이 여럿 있고 귀한 목재를 사용하고 가구를 정교하게 갖추었는데, 당시 사람들은 이렇게 건축에 사치를 부리는 것을 두고서 '목요木妖'라고 풍자했다. 주택이 딸린 원림園林 역시 상당히 발전했다. 대귀족의 원림 중에는 방坊의 4분의 1을 차지하는 것도 있었는데, 이를 '산지山池'라고 불렀다.

수·당 시기에는 불교가 흥성했다. 큰 사원은 규모가 방대하고 건축이 호화로워 궁전에 견줄 만한데 당나라의 건축, 조소(불상), 회화(벽화), 원림 조성, 공예(공양하는 데 쓰이는 기물)를 한데로 모은 것이다. 수나라가 장안에 건설한 장엄사莊嚴寺 목탑은 높이가 330척尺으로, 당시 목조 구조 기술의 엄청난 발전을 반영한다.

당나라 건축 가운데 지금까지 남아 있는 것은 4개의 목조 건축과 약간의 조적식 석탑뿐이다. 4개의 목조 건축 중에서 782년에 건설된 산시山西성 우타이五臺의 남선사南禪寺 대전과 857년에 지어진 우타이의 불광사佛光寺 대전이 비교적 중요하다. 이것들은 당나라 건축의 중하급 규모와 일반적인 수준을 반영하기에 장안의 유명 사찰과 비교하기는 어렵긴 하지만 당시 목조 건축이 이미 모듈模數[4] 방식의 설계 방법을 채택했음을 알 수 있다. 재료와 치수를 규격화하고 구조재 역시 건축의 특성에 따라 적절하게 예술적으로 처리함으로써 건축 예술과 기술을 일체화했다. 이는 목조 건축이 당시에 이미 완벽하고 성숙한 단계에 도달했음을 증명한다.

당나라 때의 조적식 석탑은 대부분 방형이며 다각형과 원형도 있다. 단층도 있고 다층도 있다. 형식은 누각식과 밀첨식密檐式이 있다. 시안의 유명한 대안탑大雁塔과 현장탑玄奘塔은 누각식 탑이다. 시안의 소안탑小雁塔은 밀첨식 탑으로, 그 원형은 인도에서 비롯했는데 당시에 이미 중국화되었다. 대외 교류가 빈번했던 당나라는 인도·서역·중앙아시아의 문화

---

4 module, 즉 설계와 시공에 응용되는 기준 치수를 의미한다.

를 대량으로 받아들여 중국 문화 속으로 흡수·융합했다. 이는 자신을 중심으로 다른 것들을 모두 받아들이는 중국 문화의 왕성한 생명력을 보여준다. 밀첨식 탑의 중국화 및 사산 왕조 문양을 대량으로 중국 장식 문양과 융합한 것이 그 대표적인 사례다.

요(907~1125)

거란족이 중국 북방에 건설한 요遼나라는 북송北宋과 대치했다. 요나라 건축은 당나라 북방 건축의 여파이자 발전이다. 984년에 지어진 지현薊縣의 독락사獨樂寺 관음각觀音閣처럼 요나라 초기의 건축은 당나라 건축과 거의 다를 바 없다.

요나라의 가장 유명한 건축 유적은 1056년에 세워진 잉현應縣의 불궁사佛宮寺 석가탑으로, 8각 5층의 목탑이다. 높이는 67미터로 현존하는 목탑 중 가장 높다. 탑을 설계할 때 세 번째 층의 너비面闊를 모듈로 삼아 각 층의 높이를 그것과 같게 만들었으며, 공포의 변화를 이용해 각 층의 입면의 비례를 조정했다. 불궁사 석가탑은 당시에 '재材'를 기본 모듈로 사용하면서 너비 역시 확장 모듈로 삼는 등 설계가 보다 정밀해졌음을 말해준다. 요나라의 관할 구역은 경제면에서 중원中原과 관중關中보다 낙후했으며 요나라의 문화와 기술 역시 북송보다 낙후했는데도 건축에서 이처럼 뛰어난 성취를 남길 수 있었던 것을 통해 볼 때 당나라와 북송의 중심 지역에서의 건축 수준은 분명 이보다 더 높았으리라 짐작할 수 있다.

송(960~1279)

송은 북송과 남송의 두 단계로 나뉜다. 북송은 허베이河北·산시山西·산시陝西 일선에서 요나라·서하西夏와 대치했는데, 당나라보다 작은 영토임에도 경제면에서 당나라를 능가했다. 북송은 운하를 통해 강남 지역의 경제적 지원을 받고자 수도를 변량汴梁(지금의 카이펑開封)으로 옮겼고, 변량은 수공업과 상업이 발달한 도시가 되었다. 경제 활동이 밤낮없이 번성하여, 거주민과 상점을 방坊과 시市에 가둬두었던 자고이래의 전통을 깼다. 이렇게 해서 변량은 방의 담장이 사라지고 거리에 상점이 들어서고 주거지의 골목이 큰길로 직접 통하는 개방형의 가항제街巷制[5] 도시가 되었다. 이는 중국 고대 도시사에서 큰 변화다.

국토가 분열되었던 북송 시대에는 문호를 닫고 쇄국했으며 대외적으로 방어 태세를 취했다. 도시와 궁전과 저택 건설에 있어서도 강성하고 개방적인 당나라의 웅대하고 명랑한 기백은 없었다. 한편 경제는 비교적 발달했으며, 실질적인 향유를 중시하는 사회 풍조에 따라 건축은 비교적 간결하고 섬세하며 장식이 아름다운 방향으로 발전했다.

북송의 건축 유적이 매우 적은 탓에 당시의 주요 면모를 반영하기는 어렵지만, 북송 말에 편찬된 『영조법식營造法式』이 이러한 아쉬움을 만회해준다. 『영조법식』은 당나라 때 이미 형성된 '재材'를 기본 도량 단위로 삼는 대형 목구조 설계 방법을 비롯해 업무의 규범화 방식과 재료의 정량을 공식적인 제도로 확정했으며 도면까지 첨부했다. 『영조법식』은 현존하는 고대 중국 최초의 건축 법규이자 정식 건축 도면으로, 송나라 건축을 연구하고 위로는 수·당, 아래로는 금·원의 건축을 연구하는 데 중요한 기술 사료다. 이를 통해 송나라 때는 섬세한 처리 기법과 장식 조각이 많이 증가했으며 실내 장식과 채색화의 종류도 대대적으로 증가했고, 건축 풍격이 정교하고 아름다운 방향으로 발전했음을 알 수 있다.

5 가항제街巷制와 상대되는 개념이 이방제里坊制다.

만당晚唐부터 북송 말까지 200년 동안 실내 가구 역시 앉은뱅이 의자와 앉은뱅이 탁자에서 다리가 있는 의자와 높은 탁자로 바뀌는 과정을 완수함으로써 인간의 실내 거주 방식에 중대한 변혁이 생겨났다.

북송이 금金나라에 멸망한 뒤 화이허淮河강 이남에 남송이 건립되어 금나라와 대치했다. 임안臨安(지금의 항저우杭州)에 도읍한 남송은 부성府城과 부아府衙를 도성과 궁으로 삼았는데, 규모는 북송보다 작았다. 건축은 기본적으로 저장浙江 지역의 스타일에 속하며, 원유苑囿와 원림은 정밀하고 아름답다. 남송의 원림은 뛰어난 자연조건 덕에, 고도로 발달한 문학과 예술의 토양에 뿌리를 두고 시·사詞·회화의 정취와 결합했다. 심원한 정취, 그윽한 풍경, 우아하고 아름다운 건축이 매우 높은 수준에 도달했다. 비록 실물은 존재하지 않지만 송나라 회화를 통해 그 대략적인 면모를 볼 수 있다. 남송의 건축은 천두식穿斗式 구조의 특징을 지닌 경우가 많은데, 이는 지방 풍격에 속한다. 쑤저우蘇州 현묘관玄妙觀 삼청전三淸殿처럼 관방에서 만든 건축도 마찬가지다.

금(1115~1234)

금나라는 북송을 멸망시키고 많은 문물과 서적과 장인을 노획했으므로 금나라의 전장典章 제도와 궁의 기물은 대부분 북송의 여파였다. 금나라 황실은 극도로 사치스러웠고 장식은 정교한 나머지 점차 번다해졌다. 오늘날 흔히 볼 수 있는 붉은 담, 황색 기와, 하얀 섬돌의 궁전 이미지는 실제로 금나라에서 비롯했다.

이상 660여 년 동안 지속된 이 단계는 당나라를 정점으로 한다. 당나라는 한나라 이후 다시 한번 창성한 통일 왕조로, 당나라 수도의 규모는 고대 세계에서 제일이었다. 주州와 현縣의 등급에 따라 전국적으로 많은 도시가 건설되었는데, 멀리 변방 지역도 예외가 아니었다. 건축군建築群은 호쾌한 기백이 넘치고 정원 공간의 변화가 풍부했다. 가옥 형태는 순박하면서 힘차고 웅혼했다. 목구조는 체계가 확실하여 짜임새가 탁월했다. 장식은 단정하고 아름답고 시원스러우면서도 섬세함을 잃지 않아, 한나라 이후의 방정하고 엄격하고 웅건한 예스러운 풍취에서 완전히 벗어나 새로운 경지로 들어갔다. 당나라 때 지어진 함원전含元殿, 인덕전麟德殿, 명당 등의 대형 건축의 척도는 이후 그 어느 왕조도 능가하지 못했는데, 고대 목구조 건축 척도의 극한에 접근했다고 볼 수 있다. 따라서 건축 예술과 건축 기술의 측면에서 모두 당나라는 성숙에 도달한 전성기였다.

(5) 원·명·청(1271~1911)

원(1271~1368)

원元나라는 원래 몽골이라고 칭했으며 1271년에 원으로 개칭했다. 1234년부터 1271년까지 금나라와 남송을 잇달아 멸망시키고 전국을 통일했다. 1267년에 금나라 중도中都의 동북 평야에 도성 대도大都(지금의 베이징)를 건설했다. 대도의 평면은 세로가 긴 직사각형으로, 면적은 49제곱킬로미터에 달했다. 대도 역시 성 안에 황성과 궁성을 지었지만 장안과 달리 중축선상의 앞쪽[6]에 자리했다. 황성은 궁성을 둘러싸고 있었다. 성의 동쪽·남쪽·서쪽에 각각 3개의 문이 있고 북쪽에 2개의 문이 있으며, 성 안의 도로는 격자 형태로 배치되었고, 거주구역 안에는 동서 방향으로 난 '후퉁胡同'이라 불리는 좁은 골목이 있었다. 성의 서쪽에서 물을

---

6 남쪽을 의미한다.

끌어와 호수에 주입했는데, 호수는 남쪽으로 운하와 연결되어 있어 대운하를 통해 올라온 조운선漕運船이 성 안의 호수에 직접 도달할 수 있었다. 대도의 삼면에 각각 3개의 성문이 있었으며, 궁은 남쪽에 자리하고 상업 중심인 종루鐘樓와 고루鼓樓 거리는 궁의 북쪽에 자리하고 태묘太廟와 사직단社稷壇은 궁 앞쪽의 좌우에 자리했다. 이는 확실히 「고공기考工記」의 왕성王城 제도를 따른 것이다. 대도는 수나라와 당나라가 대흥성과 동도를 건설한 이후 완벽한 계획에 따라 새로 건설한 고대 중국의 마지막 도성이자 가항제街巷制에 따라 건설한 유일한 개방형 도성이다.

원나라의 관식官式 건축[7]은 북송과 금나라의 전통을 계승했으되 자재는 작아지고 이미지는 청신해졌다. 루이청芮城의 영락궁永樂宮과 취양曲陽의 덕령전德寧殿이 대표적이다. 원나라 건축은 지역 차가 커졌는데, 북방에서는 대부분 통나무를 들보로 사용했으며 구조가 유연하고 자유로웠던 반면에 남송의 전통을 계승한 남방 건축은 짜임새가 엄격하고 가공이 정밀하며 풍격이 수려하고 우아했는데 1320년에 지어진 상하이上海의 진여사眞如寺가 대표적이다.

원나라는 영토가 광활했고, 티베트·신장新疆·중앙아시아 풍격의 건물이 모두 잇달아 중원에 들어왔다. 대도의 만안사萬安寺 탑(지금의 묘응사妙應寺 백탑白塔)은 티베트식 라마 탑이다. 1281년에 지어진 항저우 봉황사鳳凰寺와 1346년에 지어진 취안저우泉州의 청정사淸淨寺는 아랍 양식이다. 내지의 건축 풍격도 소수민족 건축에 영향을 미쳤는데, 티베트 하로사夏魯寺의 목제 공포가 바로 전형적인 원나라 관식 건축이다.

7 궁전식 건축을 의미하며, 상대되는 개념은 민간 건축이다.

명(1368~1644)

명나라는 원나라를 멸망시킨 뒤 난징에 도읍을 두었다. 장쑤江蘇와 저장의 장인들이 궁전을 건축했으므로 명나라 궁전 건축은 남송 이후의 영향을 크게 받았다. 영락제永樂帝가 베이징으로 천도했고, 난징의 건축 양식은 마침내 명나라 관식 건축의 기초가 되었다. 명나라는 당나라 이후 한족漢族이 세운 정권 중 유일하게 전국을 통일한 정권으로, 건국 초기에 기백이 넘쳐 제도를 정하고 통일을 견고히 하고자 많은 일을 했는데 여기에는 건축 제도 역시 포함되어 있었다. 왕부王府, 각급 관청, 관리와 백성의 주택을 대상으로 배치, 칸수, 지붕 형식, 색채 등의 규정을 두었다. 지방 도시도 대대적으로 손질했는데, 벽돌로 성벽을 두르고 종루와 고루를 세우는 일 등도 당시에 추진되었다. 이러한 것들은 명나라와 청나라의 도시와 건축 면모에 심원한 영향을 미쳤다.

1421년, 명나라는 원나라 대도의 터전에서 약간 남쪽으로 이동한 곳에 새로운 도성인 베이징을 건설했다. 큰길과 후퉁은 원나라 대도의 기존 것을 그대로 사용하고 황성·궁성·궁전은 전부 새로 건설했다. 베이징에는 7킬로미터에 달하는 남북 중축선이 있는데, 황성과 궁성은 성안의 중축선상에서 약간 남쪽에 자리했다. 중축선은 황성과 궁성의 정문과 주전主殿을 관통해 황성 북쪽으로 나간 뒤 종루와 고루에서 끝나는데, 성 전체에서 가장 높고 가장 큰 건축은 죄다 이 중축선상에 자리했다. 이는 마치 성 전체의 척추와 같았다. 황성 앞에는 관청이 자리하고 태묘와 사직단이 궁성 앞쪽의 좌우에 각각 자리했으며, 그 외 다른 곳에는 주택·사원·창고가 배치되었다. 계획의 완벽함과 기백의 웅대함은 당나라 이후로 이에 필적할 만한 것이 없다. 베이징 자금성紫禁城의 궁전, 태묘, 천단 등은 현존하는 가장 완벽하고 웅장한 건축군이며 정원식 배치의 가장 뛰어난 범례를 보여준다. 이들 건축의 평면 설계에서도 확장 모듈을 사용했는데, 이는 모듈을 운용한 설계의 새로운 발전을 나타낸다. 명나라의 궁전·단묘壇廟[8]·사당은 남목楠木으로 지어졌으며, 두구斗口를 건축 설계의 기준 치수로 삼았다. 외형이 엄숙하고, 붉은 담, 황색 기와, 흰색 기단을 채택하여 한결같은 풍격을 보여준다. 설계와 시공의 질과 양에 있어서 한 걸음 더 나아갔다.

명나라 때부터 지방 경제가 발전함에 따라 지방의 건축 특색이 더욱 선명해졌다. 현존하는 안후이 서현歙縣과 산시山西 샹펀襄汾의 명나라 주택은 서로 같은 시대의 숨결을 지니고 있으면서도 남쪽과 북쪽 지역에 따른 풍격의 차이를 분명히 보여준다. 명나라 중후기에는 원림을 조성하는 풍조가 성행하여, 도심 속 산림의 특징을 지닌 주택 딸린 원림이 뛰어난 성과를 거두었으며 이러한 토대를 바탕으로 원림 조성 이론 및 기술 관련 명저인 『원치園治』가 나왔다. 이는 이후 청나라 강남 원림 조성의 새로운 정점으로 이어졌다.

청(1644~1911)

베이징에 도읍한 청나라는 명나라의 도성과 궁전을 계속 사용했고 중대한 변화를 주지는 않았다. 청나라의 관식 건축은 명나라 것의 연속이자 발전이다. 1733년, 청나라가 반포한 『공부공정주법工部工程做法』은 20여 채에 달하는 전형적이고 일상적인 관식 건축의 상세한 치수를 열거하는

8 천지·일월·산천·사직·조상에게 제사를 지내는 용도의 건축으로, 대표적으로 천단天壇·지단地壇·사직단社稷壇·태묘太廟 등이 있다. 고대 제왕이 직접 참여하는 가장 중요한 제사 대상이 천지·사직·종묘이기도 했다.

형식으로 명·청 시대 관식 건축의 설계 규율과 특징을 전달한다. 『공부공정주법』에서는 계산의 편의를 위해 두구斗口의 폭 또는 주경柱徑(두구의 3배)을 모듈로 삼았다. 보와 기둥의 결합 방식이 단순화되고 공포는 장식 효과를 더하는 부분으로 변화했다.

청나라 양식은 송나라 양식에 비해 외관이 더 엄숙해지고 가구架構[9]의 유형 역시 비교적 적으면서도 표준화 정도가 높아서 건축 자재를 대량으로 사전 제작하기에 유리했으며 건축군의 통일성과 조화를 보장함으로써 예술과 기술에서 모두 일정한 수준에 도달했다. 청나라 옹정雍正과 건륭乾隆 시대에는 건축이 대거 지어졌고 공사 기간도 길지 않았는데, 높은 수준의 표준화가 큰 역할을 한 것이다.

청나라의 가장 두드러진 건축 성취 가운데 하나는 원림 조성이다. 베이징 서쪽 교외의 삼산오원三山五園[10]과 청더承德의 피서산장避暑山莊은 모두 새로 만든 원유苑囿로, 그 규모가 명나라를 훨씬 능가한다. 북쪽과 남쪽의 사가私家 원림도 대성황이었다. 이상은 모두 고대 원림 예술의 최고 수준을 반영한다.

청나라의 각 소수민족 건축 역시 장족의 발전을 이루었다. 청나라 조정은 민족 단결을 강화하기 위해 각 민족의 유명한 건축을 본떠 피서산장 부근에 10여 개의 사원을 지었는데, 속칭 외팔묘外八廟라 불린다. 외팔묘는 청나라 전성기 예술과 기술의 바탕 위에 각 민족의 건축을 한데 융합하고 혁신함으로써 이미 고도로 정형화된 청나라 건축에 청신하고 활

9 목조 건축의 골격 구조를 말한다.

10 삼산三山은 만수산萬壽山·향산香山·옥천산玉泉山이고, 오원五園은 이화원頤和園·정의원靜宜園·정명원靜明園·창춘원暢春園·원명원圓明園이다.

기찬 생기를 더하여 중국 고대 건축의 마지막 한 송이 아름다운 꽃이 되었다.

명·청 시기 동안, 명나라는 난징과 베이징의 두 도성과 궁전을 건설했을뿐더러 많은 지방 도시를 복원하고 개축하고 재건했으며 각 유형의 건축에 대한 등급 표준을 제정했다. 명나라 중기에는 장성長城을 증축함으로써 2000년 역사의 위대한 공정을 빛나게 마무리했다. 명나라는 한나라와 당나라 이후 중국 고대 건축 발전의 마지막 절정이라고 할 수 있다.

청나라 초에는 명나라의 바탕 위에서 지속적으로 발전했지만 중기 이후에는 관식 건축이 정형화되어 건축 풍격이 시원스러웠던 데서 조심스러운 것으로 바뀌었고, 총체적인 효과를 중시했던 데서 장식을 과도하게 하는 경향으로 바뀌었다. 가구架構는 질서정연하고 척도가 적절했던 데서 유연성 없이 경직된 것으로 바뀌었다. 관식 건축은 청나라의 국세와 더불어서 쇠퇴의 길로 나아갔고 1840년[11] 이후로는 상황이 갈수록 악화되면서 호전되지 못했다. 하지만 한편으로는 경제가 발달한 지역의 지방 건축은 다소 발전했다.

2. 중국 고대 건축의 기본적 특징

중국 고대 건축은 오랜 발전 과정에서 다른 건축 체계와 분명히 다른 몇 가지 기본 특징을 점차 형성했다. 이는 상·주 시기에 기본 형태를 갖

11 1840년은 아편전쟁이 일어난 해다.

추기 시작해 청나라 말까지 적어도 3000년 동안이나 이어졌다. 그동안 발전과 변화, 침체와 쇠락을 겪으면서 높은 봉우리도 있었고 깊숙한 골짜기도 있었다. 건축 풍격의 변천은 더욱 눈부시게 다채로웠다. 중국 고대 건축의 기본 특징은 늘 존재하면서 나날이 발전하며 완성되었는데, 대략 다음 세 측면으로 귀납할 수 있다.

1) 목구조를 가옥의 주요 결구[12] 형식으로 삼았다

중국 고대 건축의 주요 특징 중 하나는 가옥의 경우 대부분 나무로 뼈대를 짜는 목구조 건축이다. 돌이나 벽돌을 쌓아서 만드는 구조의 건축은 전국적인 범위와 전체 역사를 보더라도 시종일관 대량으로 사용되지 못했다. 목구조 가옥에서는 나무 뼈대가 지붕과 바닥면의 무게를 지탱하며, 벽은 실내외를 나누는 구조물이지 건물의 하중을 지탱하지는 않는다. 실내에는 격벽을 설치하지 않을 수 있고, 외벽에 마음대로 문과 창문을 낼 수 있으며. 심지어는 벽이 없는 대청을 지을 수도 있다. 고대 목구조의 주요 형식에는 다음 세 가지가 있다.

(1) 대량식擡梁式

기둥과 기둥 사이에 대들보를 가로로 건너지른 뒤, 대들보 위에는 차례로 길이가 짧아진 작은 보를 중첩하고 보 아래에는 동자주나 타봉駝峯을 둔다. 작은 보를 필요한 높이까지 올림으로써 삼각형의 트러스 구조가 만들어진다. 서로 이웃한 지붕 트러스 사이에는 각 층의 보 바깥쪽에

---

12 부재와 부재의 접합 방식을 가리키는 용어로, 결구結構의 방식에는 이음과 맞춤이 있다.

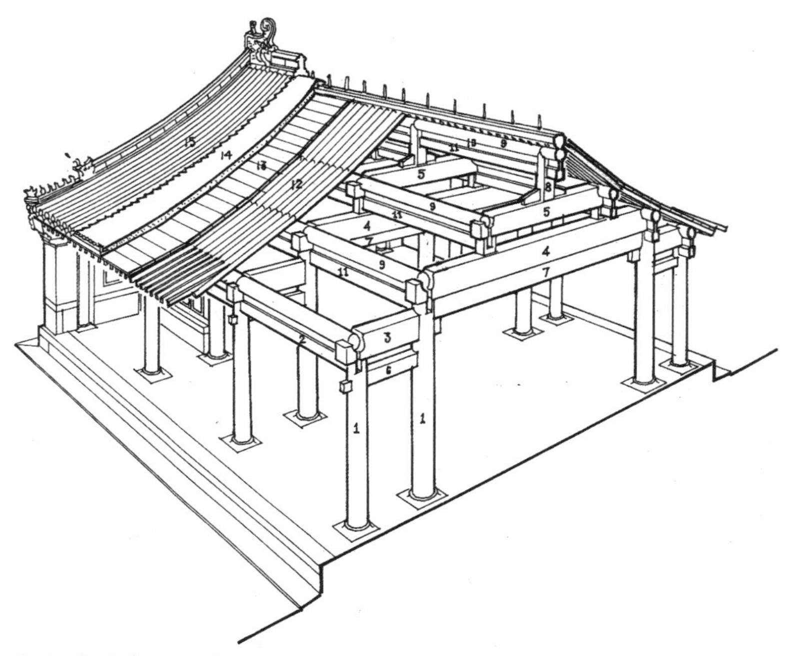

[그림 1] 대량식 목구조

도리를 얹은 뒤 상하 도리 사이에 서까래를 거는데, 이렇게 해서 각 지붕 면이 가운데 아래로 오목하게 들어간 활 모양의 지붕 뼈대를 이루게 된다. 서로 이웃한 지붕 트러스 사이의 실내 공간을 '칸間'이라고 하는데, 칸은 목구조 가옥을 구성하는 기본 단위다.(그림 1)

(2) **천두식**穿斗式

지붕마루에 가까울수록 높이가 높아지도록 기둥을 세우는데, 기둥

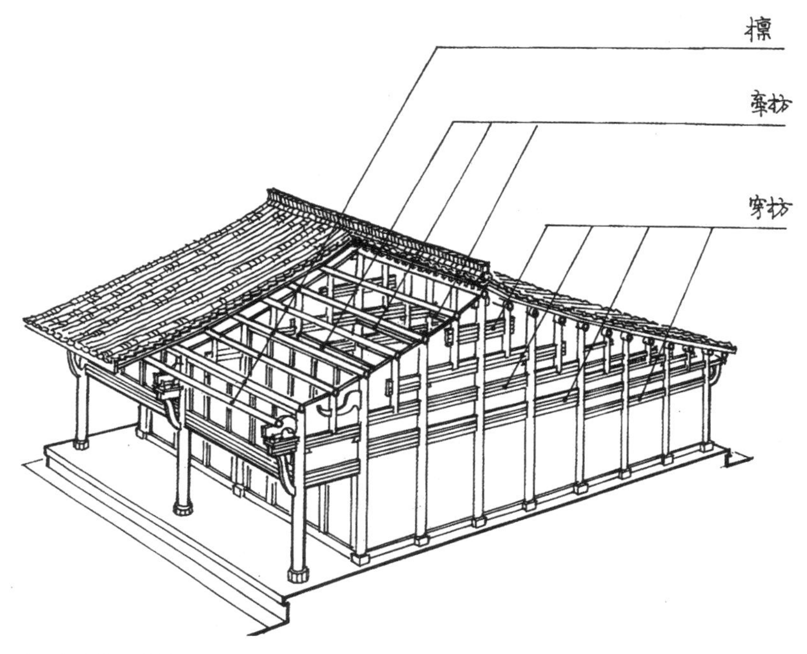

[그림 2] 천두식 목구조

위에 보를 얹고 보의 끝부분에 도리를 얹는 대량식과 달리 천두식은 기둥이 직접 도리를 받친다. 또한 '천방穿枋'이라고 하는 나무 부재를 각 기둥에 관통시켜 양자를 하나가 되도록 연결함으로써 가옥의 기본적인 골조를 만든다. 이렇게 만들어진 각 골조 사이에 '두방斗枋'이라고 하는 나무 부재를 연결하여 가옥의 골조를 완성한다.(그림 2)

(3) 밀량평정식密梁平頂式

기둥으로 도리를 받치고, 도리 사이에 수평 방향의 서까래를 얹어 평지붕이 만들어진다. 도리가 실질적인 들보의 역할을 한다.(그림 3)

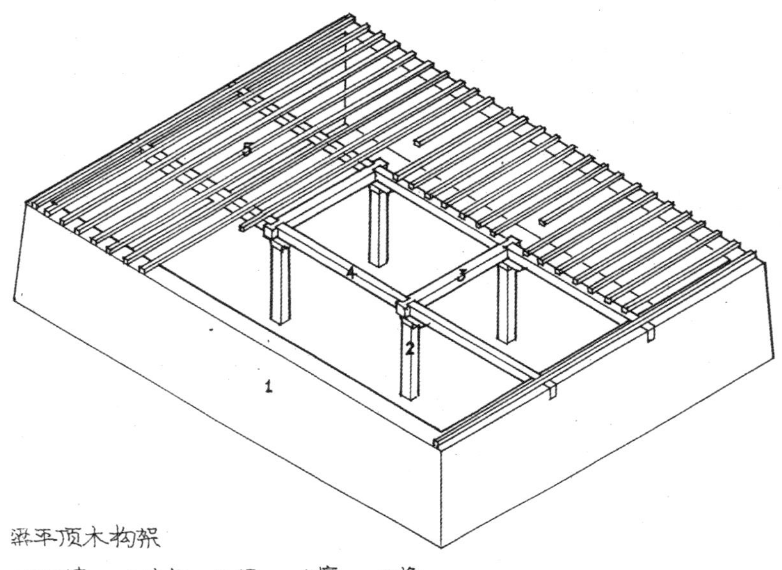

[그림 3] 밀량평정식 목구조

대량식과 천두식은 경사지붕 가옥의 구조다. 그중에 대량식이 가장 널리 사용되었는데, 역대로 관식 건축은 모두 대량식을 사용했으며 화중華中·화북·서북·동북 지역에서도 이 방식으로 집을 지었다. 천두식은 화동·화남·서남 지역에서 유행했지만, 이들 지역의 사원과 중요한 건축은 대부분 대량식을 사용했다. 밀량평정식은 신장·티베트·내몽골 각지에서 유행했다.

가옥에 목구조를 채택하면서 다음 몇 가지 중요한 특징이 생겨났다.

① 세 부분으로 나뉘는 외관

목구조 가옥은 방습과 방수가 필요하므로 지면보다 높은 기단과 처

[그림 4] 불광사 대전의 외관

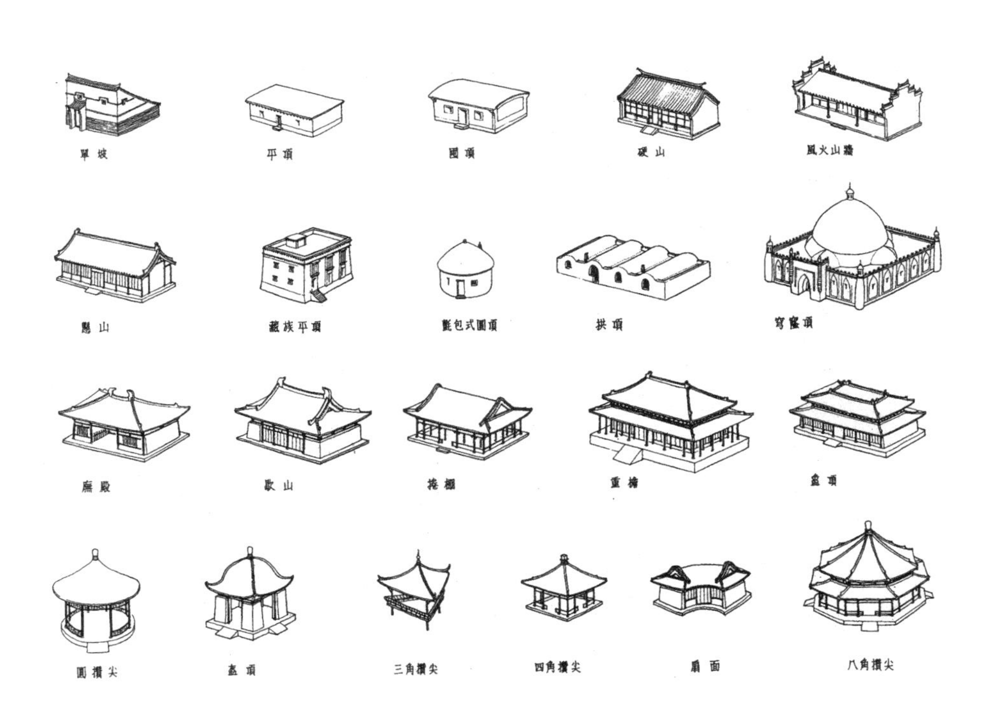

[그림 5] 다양한 유형의 지붕

마가 깊은 지붕이 있어야 한다. 그래서 외관상으로 기단, 집 몸체, 지붕의 세 부분으로 뚜렷하게 나뉜다.(그림 4)

② 지붕면이 오목하고 지붕 끝이 위로 치켜 올라간 지붕 형태

대량식 가옥의 지붕면은 한나라 시대까지는 평평했다. 남북조 이래, 각 층 작은 보 아래의 동자주나 화반의 높이를 조절하는 방법을 사용하여 오목하게 들어간 활 모양의 지붕면을 형성해 처마 끝 경사를 완만하게 함으로써 채광과 배수가 용이하도록 했다. 중국 건축의 주요 지붕에는 지붕면이 양쪽으로 경사진 지붕[13] 외에도 모임지붕(각뿔 형태), 우진각지붕(사면에 지붕면), 팔작지붕(우진각지붕과 박공지붕의 결합) 등의 형식이 있다.(그림 5)

모임지붕·우진각지붕·팔작지붕은 인접한 지붕면이 만나는 곳에서 추녀마루가 형성되는데, 그 아래에 45도 방향으로 추녀가 걸린다. 송나라 이전에는 추녀와 서까래가 모두 도리 위에 걸리고 추녀의 높이는 서까래 직경의 약 두 배였다. 한나라 시기에는 서까래와 추녀 아랫면이 평평했기 때문에 처마가 곧고 평평했으나 구조적으로 결함이 있었다. 남북조 시기에 이르러 서까래 윗면을 추녀 윗면보다 약간 낮게 만드는 방법이 등장해 서까래를 모두 들어 올리고 그 아래를 삼각형 나무 받침으로 받쳤다. 이렇게 해서 지붕 끝이 위로 치켜 올라간 형태가 등장했다. 이 방법은 당나라에 이르러 두루 쓰이게 되었으며, 후세에는 처마 들림의 정도가 한결 더해졌다. 이렇게 해서 중국 고대의 주요 건축은 지붕 외관상, '익각翼角'[14]이라고 하는 뚜렷한 특징을 갖게 되었다.(그림 6)

---

13 현산정懸山頂과 경산정硬山頂이 있다.

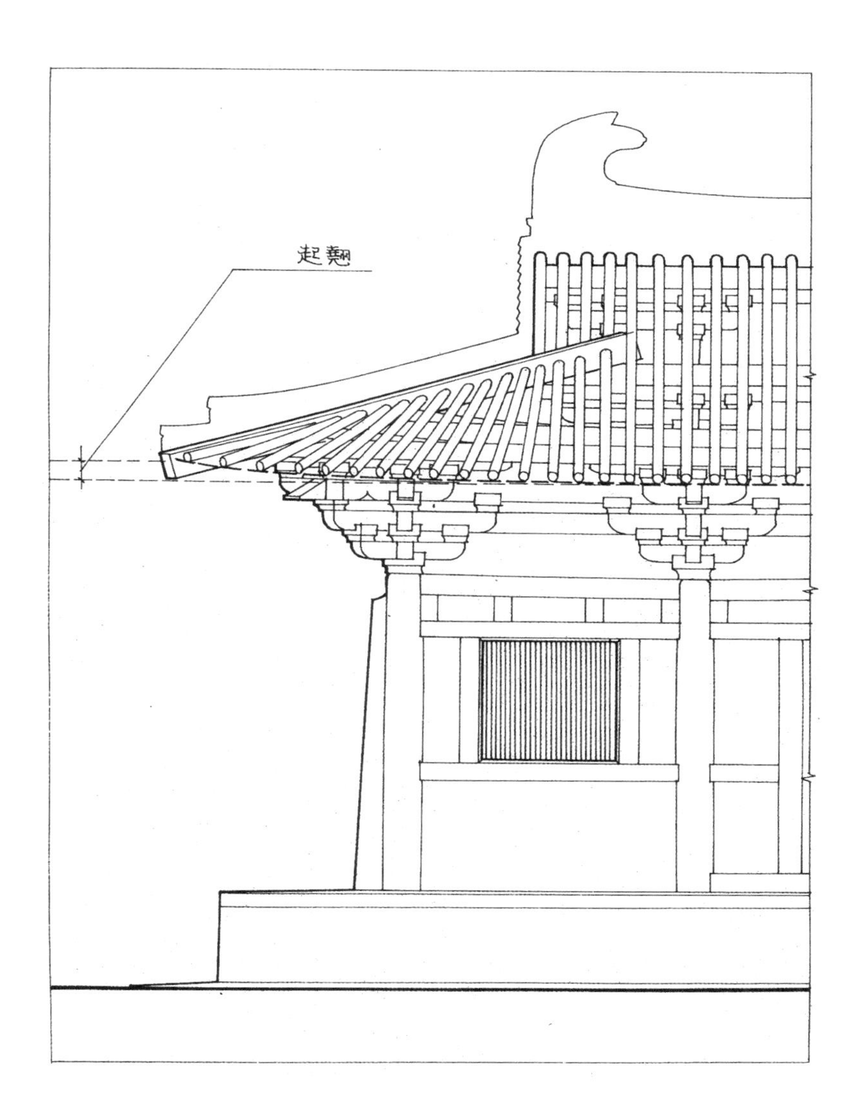

[그림 6] 익각 구조

③ 중요 건축에 공포를 사용

늦어도 서주 초에는 비교적 큰 목구조 건축에서 주두가 보와 도리를 받치는 곳에 나무토막을 괴어서 접촉면을 증대시켰다. 또한 외진기둥의 기둥몸에서 밖으로 돌출된 캔틸레버[15]의 끝부분을 나무토막과 각재로 받쳐줌으로써 비교적 많이 빠진 처마를 지지하게 하여 기단과 뼈대의 하부가 비에 젖지 않도록 보호했다. 이렇게 사용된 나무토막과 각재와 캔틸레버가 예술적 가공을 거쳐 중국 고대 건축에서 가장 특별한 부분인 '두斗'와 '공栱'의 원형이 되었으며, 이들의 조합체를 '두공(공포)'이라고 칭한다.

당·송 시대에 이르러 공포는 정점에 이르렀다. 받침목과 브래킷 같은 단순한 부재에서 횡방향의 보와 종방향[16]의 주심 장여柱頭枋가 교차하며 주망柱網[17] 위에 자리한 '정井'자 형태의 격자형 복합 보로 발전했다. 가옥 밖으로 처마를 빼고 안으로 실내 천장을 받치는 것 외에도 더 중요한, 이 복합 보의 기능은 주망의 안정성을 유지하는 것이었다. 이는 현대 건축의 띳장과 유사한 역할을 하며, 중요한 대형 건축 구조에서 불가결한 부분이었다.(그림 7) 원·명·청 시기에는 기둥머리와 기둥머리 사이에 대·소 액방額枋과 수량방隨梁枋[18] 등을 사용해 주망 자체의 완결성을 강화했다. 이렇게 해서 공포는 더 이상 구조적 기능을 하지 않게 되었으며 등급을 나타내는 장식물로 그 기능이 점차 축소되었다.(그림 8)

---

14 끝이 번쩍 들린 추녀를 가리키는 앙곡昂曲에 해당한다.

15 한쪽 끝만 고정되고 다른 끝은 받쳐지지 않은 상태의 보로, 외팔보라고도 한다.

16 종방향이란 도리 방향에 해당한다.

17 종횡으로 세워진 기둥으로 만들어진 그물 모양의 망상 구조를 가리킨다.

18 가장 긴 들보 아래에 들보와 평행으로 놓인 방을 가리킨다.

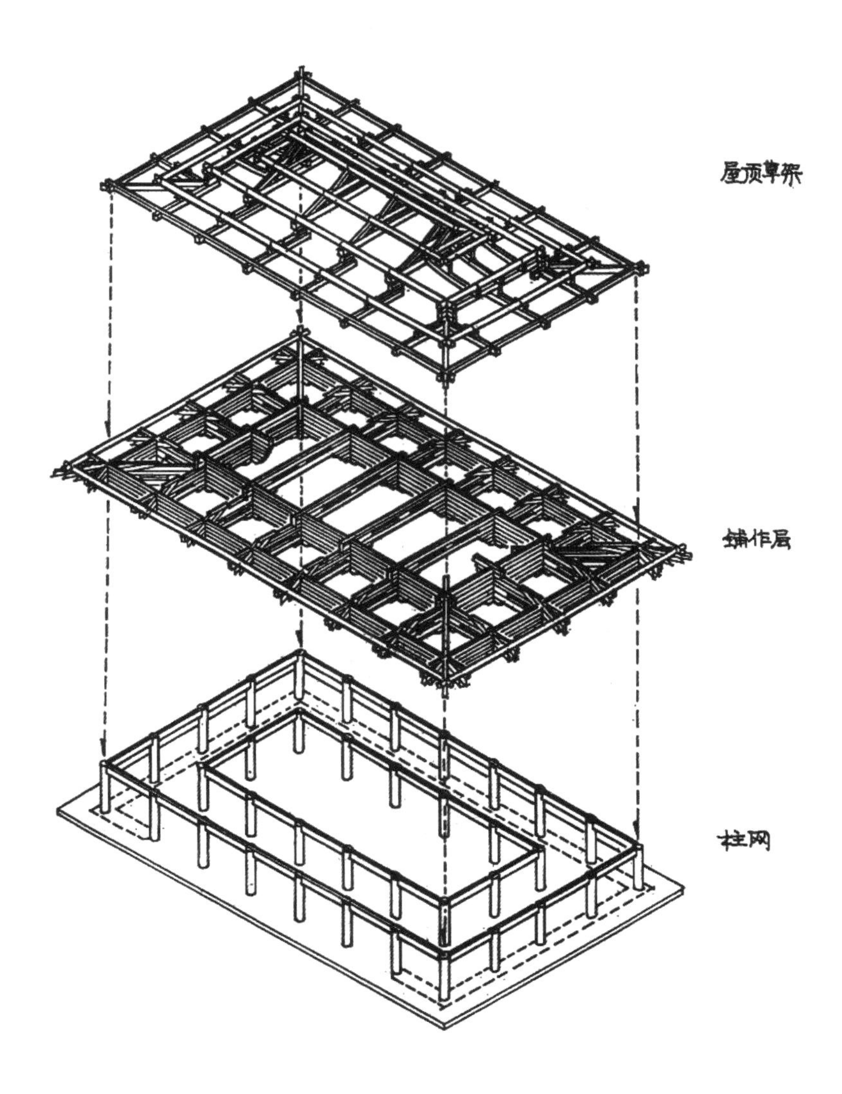

[그림 7] 당·송 시대 목구조

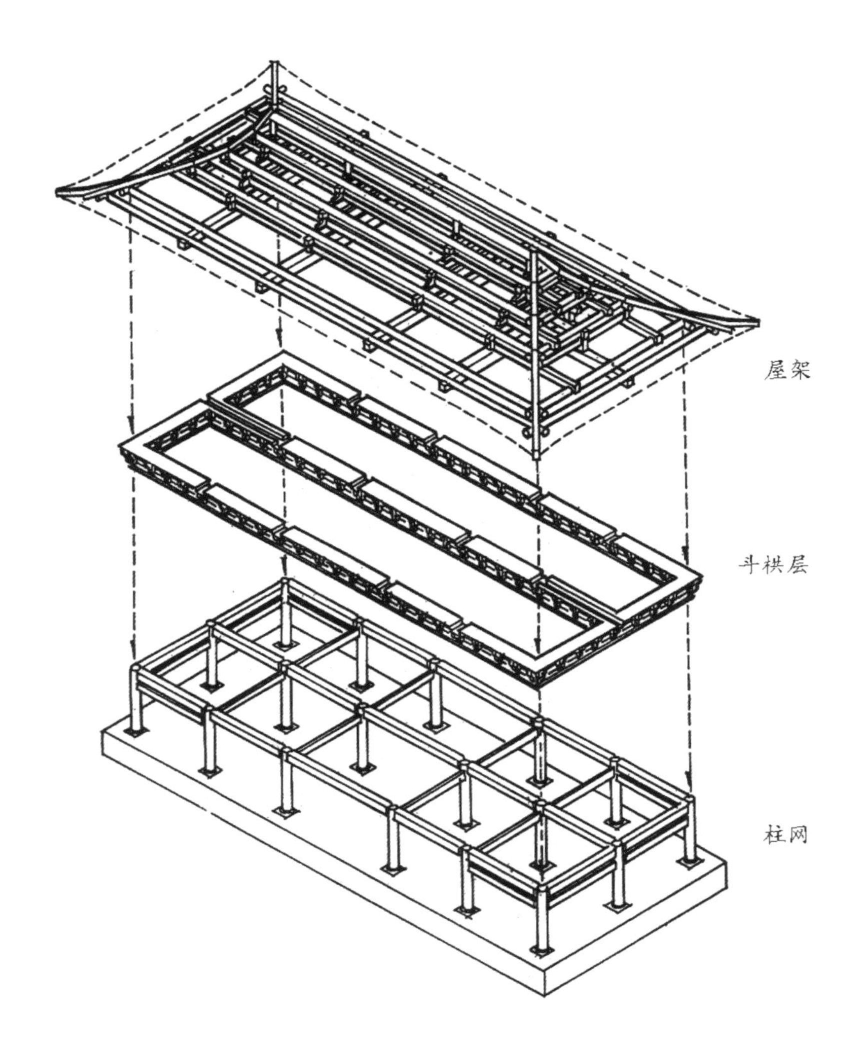

[그림 8] 명·청 시대 목구조

공포는 중국 고대 목구조에서 2000년 이상 사용되었다. 처음에는 단순한 받침이었다가 중요한 역할을 하게 되었으며, 이후에는 구조상 별로 요긴하지 않은 장식이 되었다. 이는 목구조가 단순한 데서 복잡하게 되었다가 다시 단순해진 진보의 과정을 나타낸다. 공포는 시대적 특성이 뚜렷하므로 고대 건축의 시대 구분에 도움이 되는데, 최근 건축사학자들이 이것에 많은 관심을 기울이며 깊이 연구하고 있다.

④ '칸'을 단위로 하여 모듈 방식의 설계 방법을 채택

중국 고대 건축에서 서로 이웃한 지붕 트러스 사이의 공간을 '칸間'이라고 하며, 이는 가옥을 계산하는 기본 단위다. 각 칸의 가로 길이, 세로 길이, 필요한 부재의 단면 치수는 늦어도 남북조 후기에 이미 일련의 모듈 방식의 설계 방법을 갖추었다. 송나라에 이르러서는 더욱 완비되고 정밀해졌는데, 이는 1103년에 펴낸 건축 법규 『영조법식』에 기록되었다. 그 설계 방법은 다음과 같다. 건축에 사용된 표준 목재를 '재材'라 부르고 '재'를 몇 개의 등급(송나라 방식은 8등급)으로 나눈다. 표준 목재 높이의 15분의 1을 '분分'으로 삼는데, '재'의 높이가 기본 모듈이고 '분'은 그것의 15분의 1이다. 또한 건축의 성격(궁전·관아·청당廳堂 등)과 규모(3칸·5칸·7칸·9칸·단첨單檐·중첨重檐)에 따라 대체로 어느 등급의 '재'를 사용해야 하는지, 건축물의 폭과 부재 단면이 몇 '분'이어야 하는지 규정하는 동시에 어느 정도 융통의 여지를 두었다. 규정된 숫자는 오랜 세월 경험의 누적을 통해 얻어낸 것으로, 현존하는 실물을 통해 볼 때 규정된 단면의 치수마다 일정한 안전성을 갖추고 있다.

가옥을 지을 때 건축의 성격과 칸수를 확정하고 규정된 표준 목재의 등급과 '분'의 치수에 따라서 짓기만 하면, 비례가 적절하고 부재의 치수가 기본적으로 합리적인 가옥을 지을 수 있었다. 이러한 모듈 방식의 설계 방법이 장인들 사이에서 입에서 입으로 전파되어, 도면 없이도 가옥을 설계하고 건축 자재를 사전 제작할 수 있었다. 이는 설계의 간소화, 제작의 편이성, 건축군의 비율 및 풍격의 전체적인 통일성 유지 등의 장점을 지녔다. 중국 목구조 가옥이 신속하게 대량으로 설계·시공될 수 있었던 중요한 원인 가운데 하나는 바로 모듈 방식의 설계 방법을 채택한 덕분이다.

⑤ 실내 공간의 유연한 분리

목구조 가옥은 내력벽이 필요하지 않으므로 내부를 완전히 통하게 할 수 있으며 필요에 따라 목재를 이용해 융통성 있게 칸막이할 수도 있다. 목재 칸막이는 기둥들 사이에 수직 방향이나 수평 방향으로 설치한다. 칸막이 방식은 전체를 막는 형태와 일부만 막는 형태가 있다. 완전히 막는 형태로는 병문屛門,[19] 판벽 등이 있는데 실내를 여러 부분으로 나눈 뒤 문으로 통하게 하는 것이다. 일부만 막는 형태로는 낙지조落地罩(그림 9의 ①, 그림 10), 비조飛罩,[20] 난간조欄杆罩,[21] 원광조圓光罩(그림 9의 ②, 그림 11), 다보격多寶槅(그림 9의 ③), 태사벽太師壁(그림 9의 ④) 등이 있다. 이는 모두 절반은 개방된 형태로 문짝을 두지 않았는데, 공간상 분리하되 시선을 차단하지 않을뿐더러 자유롭게 통행할 수 있으므로 공간을 나누면서도 단절하지 않는 효과를 거두었음을 말해준다.(그림9~그림11)

---

19 목판을 병풍처럼 조립한 것을 말한다.

20 아치형 문처럼 생긴 조罩로, '조'란 부조나 투조 장식으로 꾸민 나무 격벽을 뜻한다.

21 중앙의 좌우 양쪽을 난간 형식으로 꾸민 조罩를 말한다.

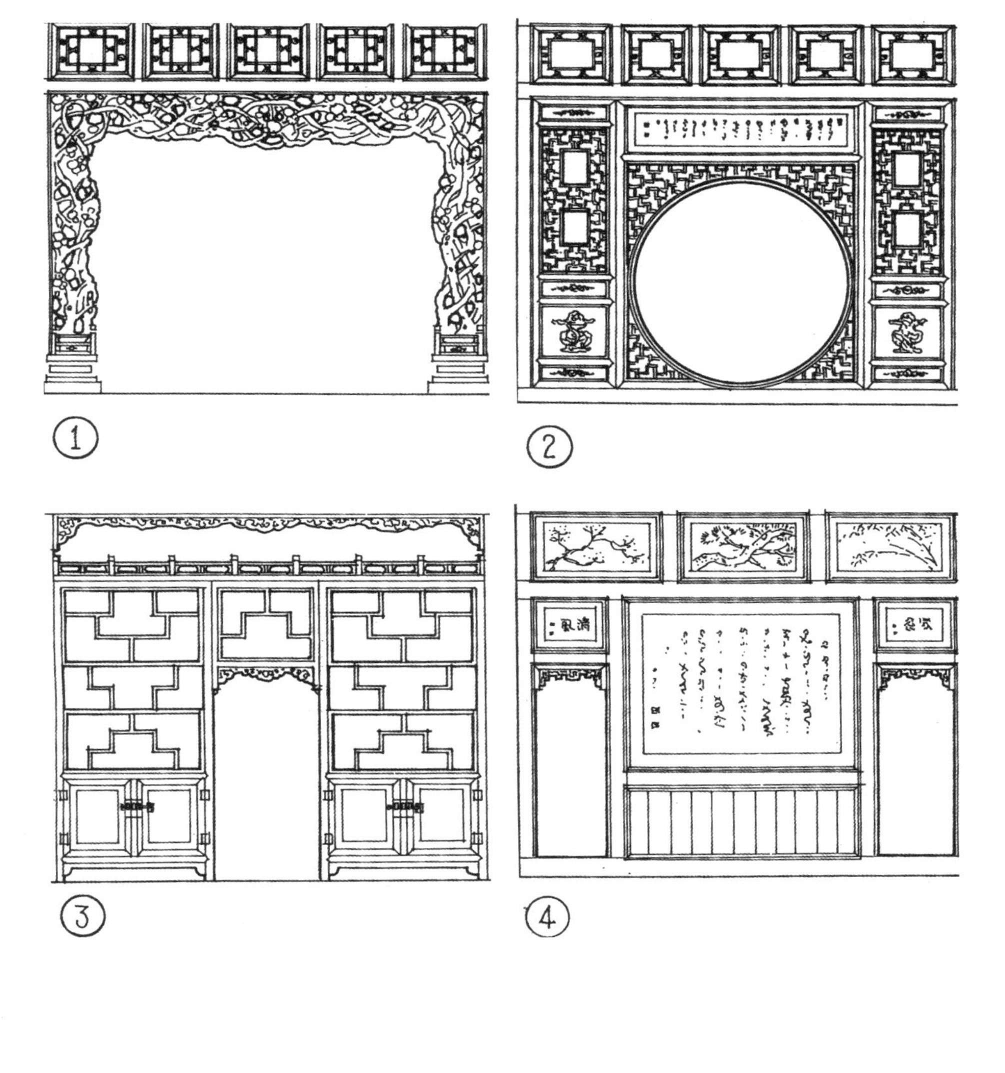

[그림 9] 실내 칸막이 설비

[그림 10] 실내 칸막이 설비인 낙지조

[그림 11] 실내 칸막이 설비인 원광조

대형 가옥일 경우, 중앙 부분을 단층의 청廳으로 만들고 좌측·우측·뒤쪽을 2층으로 만들면 허虛[22]와 실實[23] 두 종류의 내부 설비를 이용해 부분적으로 개방되고 부분적으로 감추어진, 서로 연결되어 통하며 침투하는 실내 공간을 엮어낼 수 있다.

⑥ 결구 부재와 장식의 통일

목구조 건축의 각종 부재는 종종 그 형태와 위치에 맞게 예술적으로 가공함으로써 장식적 기능을 부가했다. 예를 들면, 직원기둥은 팔모기둥이나 흘림기둥으로 가공하고, 기둥 아래의 초석과 기둥에 조각을 새기고, 기둥 사이를 가로지르는 창방을 받치는 부재인 작체雀替[24] 하단부를 매미 배와 같은 곡선으로 만들어 더욱 힘차 보이게 만들고 양측은 조각으로 장식했다. 소로의 바닥을 경사지도록 만들고 첨차의 양쪽 윗부분을 깎아내, 사각형 나무토막과 짧은 각재였던 원래 형태를 변화시킴으로써 공포가 장식 효과를 겸하도록 했다. 보는 곧은 보直梁를 월량月梁[25]으로 가공함으로써 무거운 것을 가볍게 드는 느낌을 만들어냈다. 처마의 부연 끝 역시 둥글게 쳐내 점차 날씬한 형태가 되도록 만듦으로써 번쩍 들린 추녀가 날아가는 듯한 효과를 증대시켰다.

나무 부재뿐 아니라 기와 역시 실용성과 장식성을 겸했다. 예를 들어 용마루는 지붕이 만나는 선으로, 용마루 양쪽 끝머리에 얹는 마감재인 치미鴟尾와 잡상雜像은 원래 기와가 미끄러지는 것을 방지하기 위해서 지

---

22 여기서는 개방성을 의미하며, 일부만 막는 형태의 내부 설비를 가리킨다.

23 여기서는 차단성을 의미하며, 전체를 막는 형태의 내부 설비를 가리킨다.

24 한국 건축의 보아지에 해당한다.

25 초승달처럼 원만한 곡선 형태의 보를 의미한다.

붕 위에 쇠못으로 못질해 놓은 방수 덮개였는데, 예술적으로 처리함으로써 아름답고 독특한 장식물이 되었다.

⑦ 여러 색으로 칠하고 그리는 채화

목조 주택은 부식을 방지하기 위해 도료를 칠해야 하는데, 어떤 부위에는 각종 장식 도안을 그린다. 이를 채화彩畫[26]라고 한다. 채화는 중국 고대 건축의 외관상 두드러진 특징이다. 송나라 이래로 채화 도안의 상당 부분은 금문錦紋에서 유래했다. 명·청 이래 북방의 궁전과 사원에서는 기둥과 문과 창문에 토홍색이나 주홍색 같은 난색을 칠하고 처마 아래 음영이 드리워진 범위 안에 있는 창방과 공포 등의 부재에는 청색과 녹색 같은 한색을 칠했으며, 각종 도안을 그렸다. 민간에서는 검은색을 칠할 수밖에 없었다. 남방에서는 검은색 외에 짙은 밤색도 사용했다. 북방의 관식 채화는 화려하고 선명한 반면 남방의 것은 단아하고 함축적이어서 풍격이 서로 다르다.

색을 사용하는 데 있어서 중국 채화의 가장 큰 특징은 퇴훈退暈, 대훈對暈, 간색間色의 수법을 사용한다는 것이다. 퇴훈은 동일한 색이되 심도가 다른 색 띠를 색의 심도에 따라 배열하는 것이다. 대훈은 두 세트의 퇴훈 색 띠를 나란히 놓고서 연한 색(또는 진한 색)을 그 가운데에 두어 대조가 되도록 함으로써 색도色度 변화를 주는 동시에 일정한 입체감을 빚어내는 것이다. 간색은 두 종류의 색을 번갈아 사용하는 것이다. 예를 들면, 이웃한 공포 중 한 세트는 녹색 소로와 남색 첨차로 칠하고 다른 한 세트는 남색 소로와 녹색 첨차로 칠한다. 또 예를 들면 이웃한 대액방

26 한국 전통 건축의 단청丹青에 해당하는 개념이다.

과 소액방 세트 중에 한 세트는 남색 대액방과 녹색 소액방으로 칠하고 또 다른 한 세트는 녹색 대액방과 남색 소액방으로 칠한다. 이렇게 하면 녹색과 남색 두 색만 사용해도 화려하고 아름다운 효과를 거둘 수 있다.

2) 중축선을 중심으로 좌우 대칭을 이루는 정원식 배치

고대 중국에서는 한나라 이후 개별 소수민족 지역을 제외하고는 여러 가지 다른 용도의 방이 한데 모여서 이루어진 대형 단일 건물을 지은 경우가 거의 없으며, 주로 단층 가옥을 위주로 한 폐쇄형 정원식 배치를 채택했다. 가옥은 '칸'을 단위로 하는데, 몇 개의 칸이 병렬로 연결되어 한 채의 가옥을 이루고 몇 채의 가옥이 주택 부지의 주변에 배치되어 정원을 둘러싸게 된다. 중요한 건물은 정원의 중심에 있더라도 사방으로 다른 건물과 담장에 포위되어 밖에서 들여다볼 수 없다.

정원은 대부분 남북향으로 배치되었다. 중축선상에 남향으로 자리한 주요 건물을 정방正房[27]이라고 한다. 정방 앞쪽의 동과 서 바깥쪽에는 동상방東厢房과 서상방을 짓고, 남쪽에는 북쪽을 향해 있는 남방南房[28]을 지었다. 이상의 건물이 사방에서 정원을 둘러싸게 된다. 길을 향해 대문을 낸 것 외에는 모두 정원을 향해 문과 창문을 냈다. 정원은 각 건물 간 소통의 중추이자 폐쇄된 옥외 활동이 이루어지는 장소로, 첨랑檐廊[29]과 창청敞廳[30]의 연장 내지 보충이라고 할 수 있다. 이렇게 사면 혹은 삼면이

---

27 '口'자 형태의 사합원四合院 구조에서 가장 안쪽에 있는 건물로, 최고 연장자가 이곳에 거처한다.

28 도좌방倒座房을 가리킨다.

29 처마 쪽 복도를 의미한다.

30 훤히 트인 청당廳堂을 의미한다.

둘러싸인 정원 대부분은, 정방을 관통하는 남북 중축선에 의해 좌우 대칭을 이룬다.

정원의 규모는 정방과 상방의 칸수에 따라 달라진다. 대형 건축군은 남북축을 따라 몇 개의 정원이 연결될 수 있는데, 각 정원을 중심으로 하는 공간 단위를 '진進'이라고 한다.[31] 더 큰 건축군일 경우에는 주 정원의 한쪽 측면 또는 양측에 1진 또는 여러 진의 정원을 만들어 두세 개의 축이 병렬을 이루기도 하는데, 가운데 축을 '중로中路'라 하고 양측의 것을 각각 '동로' '서로'라 한다. 중국 고대 건축은 1진의 작은 주택부터 궁전이나 사원처럼 큰 건물에 이르기까지 모두 정원식으로 구성되었다.(그림 12)

이러한 정원식 배치는 중국 고대 건축의 또 다른 특징을 결정지었다. 즉, 중요한 건물이 모두 정원 안에 자리해 외부에서 들여다볼 수 없다. 더욱 중요한 건물일수록 겹겹의 정원이 앞쪽에 배치되어 있어, 사람들이 정원을 차례대로 걸어 들어가면서 바라볼 수는 있으나 도달하기는 어려운 기대 심리를 갖게 만든다. 이렇게 해서 주요 건물이 마지막에 눈앞에서 펼쳐졌을 때 감동과 흥분의 감정을 증대하고 이 건물의 예술적 감화력을 강화할 수 있다.

앞쪽에 자리한 정원들이 공간상 수렴·발산·개폐의 변화를 보여줌으로써 모든 것을 압도하는 주정원과 주건물의 지위가 상대적으로 두드러지게 된다. 중국 고대 건축에서 독채 가옥일 경우, 형태 변화는 결코 풍부하지 않으며 지붕 형식의 선택과 조합 방식 역시 예법禮法과 등급 제도의 속박을 받아 뜻대로 할 수 없었기에 주로 정원을 통한 공간의 돋보임

---

31 '口'자 형태는 1진進, '日'자 형태는 2진, '目'자 형태는 3진이 된다.

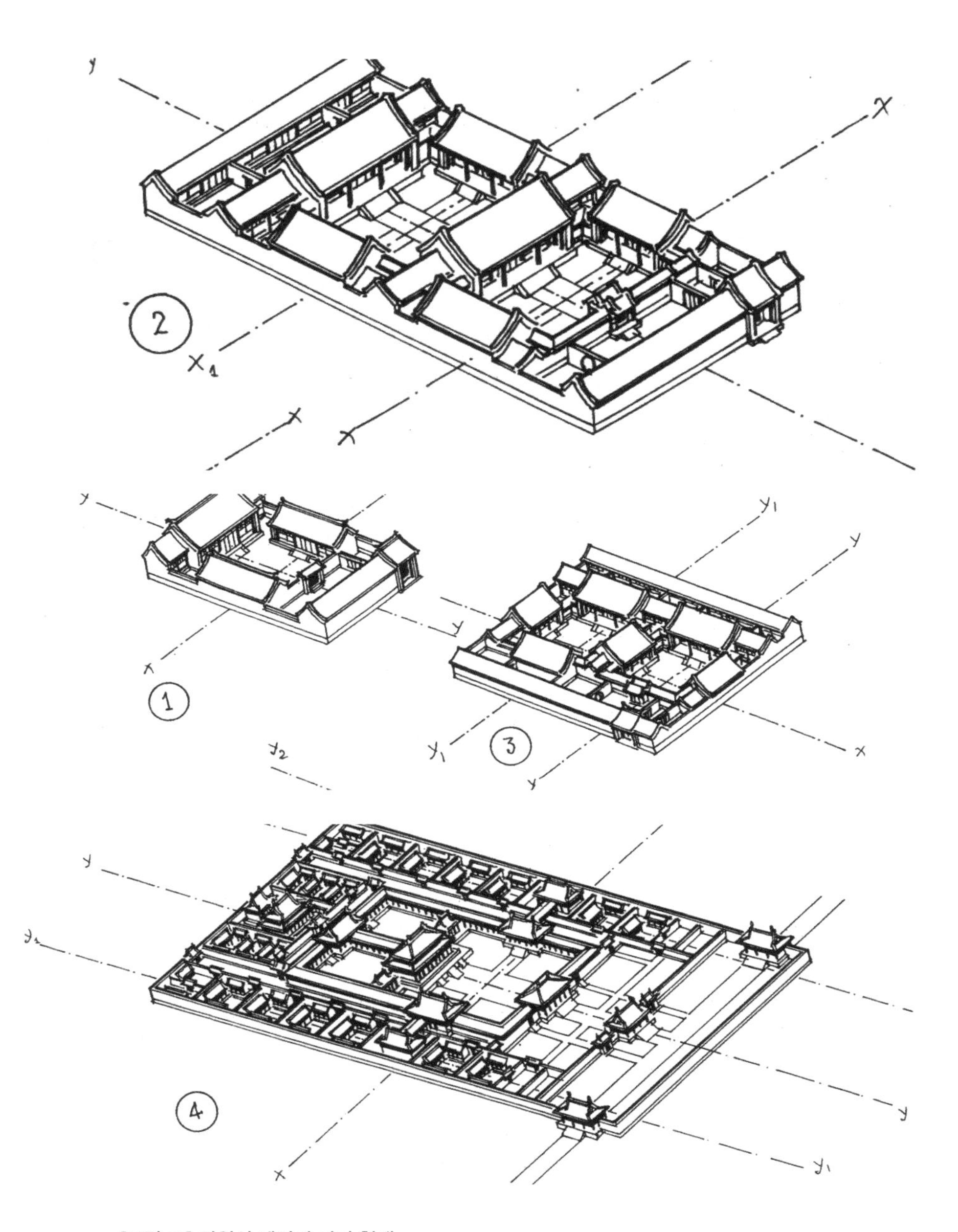

[그림 12] 정원식 배치의 여러 형태

에 기대어 달성하고자 하는 효과를 거두었다. 이런 의미에서 말하자면 중국 고대 건축은 평면 위에서 앞쪽에서 뒤쪽으로 펼쳐진 건축군과 정원의 공간 변화가 빚어낸 예술이다.

15세기 초의 명·청 베이징 궁전은 현존하는 것 중에 가장 웅장하고 공간 변화가 가장 풍부하며 정원식 배치의 특징을 가장 대표할 수 있는 걸작이다. 건축 밀도가 기타 건축 체계보다 훨씬 높은 중국의 원림조차도 실제로는 여전히 헌軒·관館·정亭·청廳을 주요 부분으로 삼고 가산假山, 작은 흙 언덕, 나무 울타리, 월동문月洞門[32] 등으로 보완하여 둘러싼, 평면상에서 종심縱深 방향으로 전개된 정원과 정원군이다. 원림은 단지 공간의 제한에 있어서 비교적 여유롭고 자유로울 따름이다.

3) 격자 형태의 도로 시스템을 기반으로 완벽한 계획에 따라 건설된 도시

중국에서는 늦어도 상나라 전기(기원전 16~기원전 15세기)에 항토夯土 공법으로 쌓은 성벽이 등장했다. 서주에서 전국시대(기원전 11세기~기원전 3세기)까지 정치·군사·경제적 필요에 근거하여 일정한 계획에 따라 등급을 나누어 도시를 건설하는 전통이 점차 형성되었다.

최초의 도성 계획 원칙은 전국시대의 「고공기考工記·장인匠人」에 실려 있다. 여기서는 왕성王城과 서로 다른 등급의 제후諸侯 성의 크기, 성벽의 높이, 도로의 폭 등에 대해 각기 다르게 규정하고 있다. 그중 왕의 도성에 대한 규정은 다음과 같다. 방형이며, 각 면마다 3개의 성문이 있다. 성 안에는 왕궁이 가운데에 자리하고, 궁 앞의 좌우에는 각각 종묘와 사직을 세우고 궁 뒤에는 시장을 세운다. 이렇게 해서 왕성의 중축선이 만들

---

32 정원의 담에 보름달처럼 둥글게 뚫은 원형 문을 말한다.

어졌다. 이러한 규정은 향후 2000여 년 동안 중국의 도성 건설에 큰 영향을 미쳤다.

중국 고대의 크고 작은 도시 안에는 대부분 작은 성이 있었는데, 내부에 궁전이 있는 경우 그것을 궁성宮城이라고 하며 관청이 있는 경우 그것을 아성衙城 또는 자성子城이라고 한다. 궁성 또는 자성은 위·진 이후 대부분 도시의 중축선상에 건설되었고 그 주위에는 직사각형의 거주구가 배치되었으며, 그 사이에는 격자 형태의 도로망이 형성되었다.

전국시대부터 북송 초(기원전 5세기~기원후 11세기 초)까지 성안의 거주구는 모두 폐쇄적인 성안의 작은 성이었는데, '이里' 또는 '방坊'이라고 칭했다. 방 안에는 크고 작은 네거리가 있었고 주택이 자리했다. 성안의 상업 활동은 정기적으로 열리는 시장에 집중되었다. 이처럼 주민과 상업 활동을 모두 작은 성에 두고 통제한 도시를 일컬어 '시리제市里制' 도시라고 하는데, 폐쇄성이 매우 강하며 군사 통제의 성격을 띤 도시 제도다.(그림 13) 가지런히 배열된 방과 시장 사이에는 자연스럽게 격자 형태의 도로망이 형성되었다.

북송 중기(11세기 중엽)에는 도시 경제의 번영으로 상업이 가장 먼저 시장의 속박에서 벗어나 상업가商業街가 등장하고 뒤이어 야시장이 등장하여 야간 통행금지는 사라질 수밖에 없었다. 그리고 마지막으로 방의 담장이 철거되면서 거주구에 있는 동서 방향의 골목이 주요 도로와 직접 통할 수 있게 되었고 도시의 폐쇄성은 많이 약화되었다. 이런 종류의 도시를 일컬어 '가항제街巷制' 도시라고 한다. 북송 후기의 변량(지금의 카이펑), 남송의 임안(지금의 항저우)과 평강平江(지금의 쑤저우), 원나라의 대도(지금의 베이징), 명·청 시대 베이징과 지방 도시 역시 모두 가항제 도시에 속한다.(그림 14)

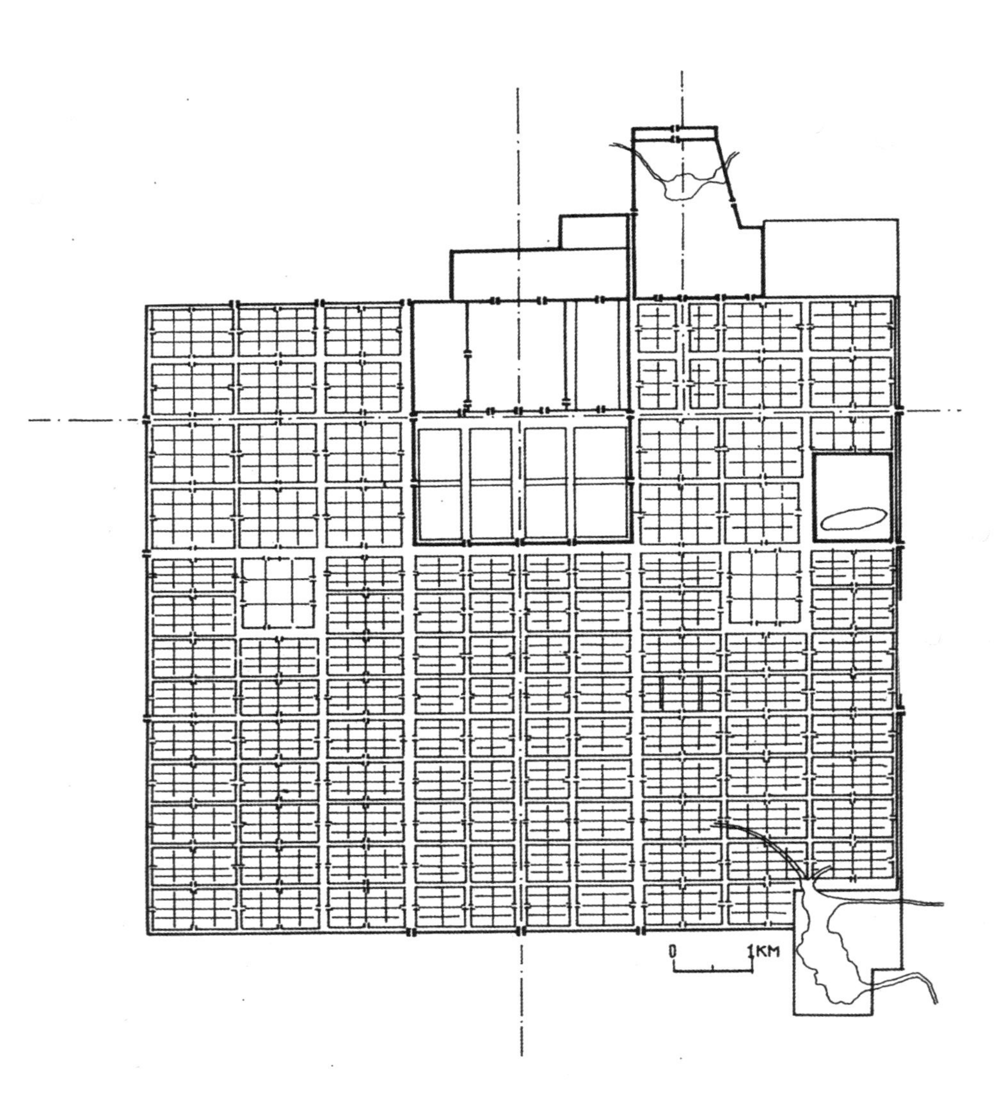

[그림 13] 당나라 장안의 평면도

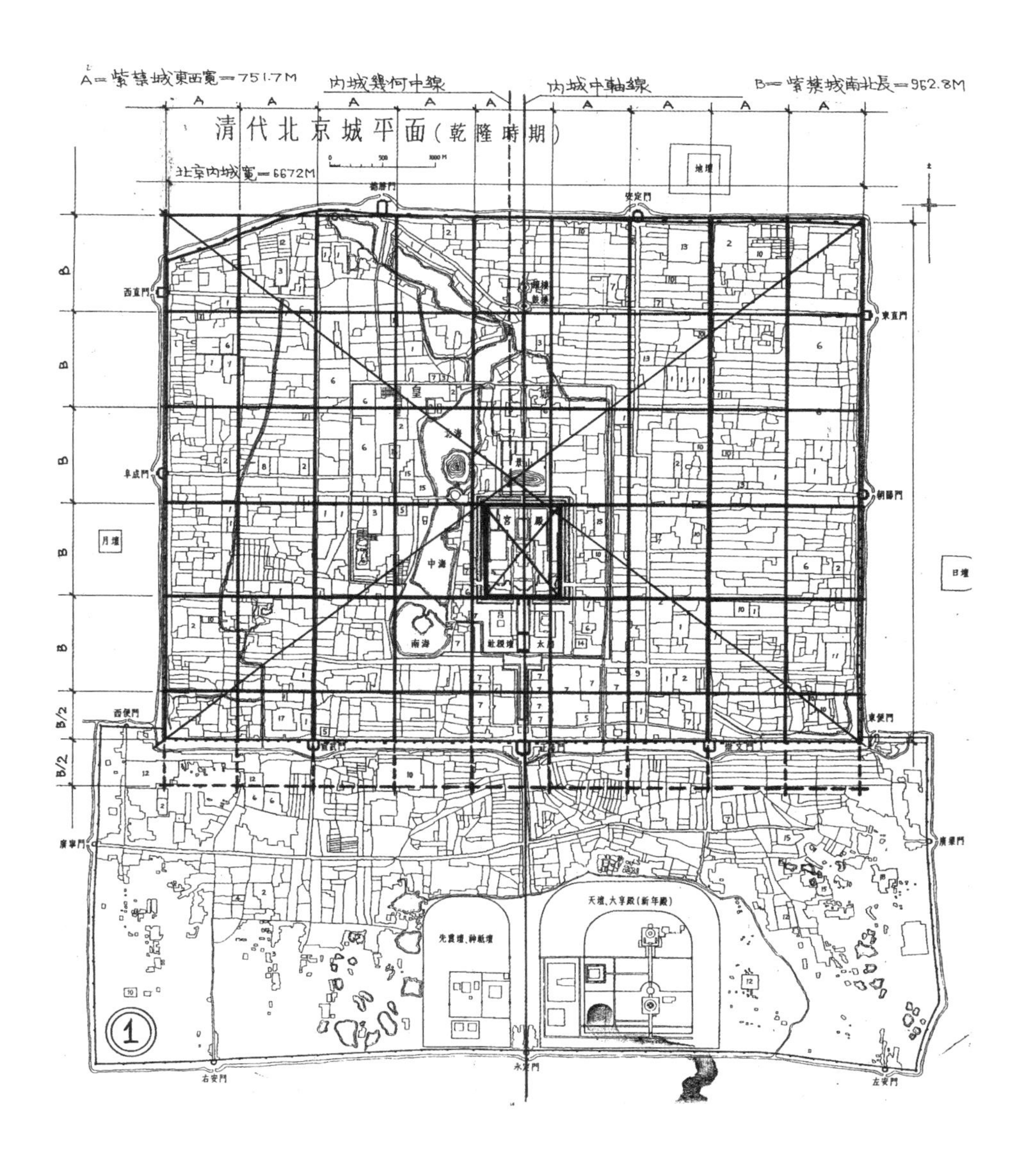

[그림 14] 청나라(건륭 시기) 베이징의 평면도

거리와 골목이 개방된 후 원·명 시대에는 성 중심 지역에 종루와 고루 등 시간을 알리는 건축이 세워져 도시 활동의 중심이 되었으며 도시의 특별한 거리 풍경과 윤곽선을 빚어냈다. 중국 고대의 정연한 이방里坊,[33] 반듯하고 넓은 도로망, 중점이 두드러지는 궁성·아성·관청·종루·고루 등은 중국 고대 도시의 특별한 면모를 형성했으며 이는 나름의 뛰어난 점을 지닌다. 하지만 그것이 등장한 처음 상황을 깊이 살펴보면 거주민의 생활 편의를 상당 정도 희생하는 대가를 치렀을 것이다.

'칸'을 가옥의 기본 단위로 하여 몇 개의 칸이 병렬로 연결되어 한 채의 가옥을 이루고, 몇 채의 가옥이 직사각형의 정원을 둘러싼다. 몇 개의 정원이 병렬로 연결되어 골목을 형성한다. 몇 개의 골목이 앞뒤로 배열되어 작은 블록小街區을 형성하고, 몇 개의 작은 블록이 모여 직사각형의 방坊 또는 큰 블록大街區을 형성한다. 몇 개의 방 또는 큰 블록이 종횡으로 배열되어 그 사이에 격자 형태의 도로가 형성된다. 최종적으로 궁전·관청·종루·고루 등의 공공건축을 중심으로 한, 중심축이 있는 도시가 만들어진다. 이것이 바로 중국 고대 도시의 특징이다. 그것들은 모두 계획에 따라 건설되었다. 이처럼 평야 지역에 대부분 윤곽이 정연한 도시가 건설된 것 외에도 산간 지대와 수향水鄕에는 그 지역에 적절한 유통성 있는 구조를 가진 도시가 많았다.

이상의 세 가지 특징이 구체적인 건축물·건축군·도시에 구현될 때면

---

33 백성이 거주하던 구역으로, 각각의 이방里坊은 장벽으로 둘러싸인 블록 형태이며 이방들이 모여 바둑판 형태를 이룬다. 수나라 문제文帝 때 '방'이라 불렸고 양제煬帝 때는 '이'라 불렸으며, 당나라 때는 다시 '방'이라고 불렸다. '이'와 '방'을 합쳐 '이방'이라고도 한다.

특정한 조건의 속박을 받게 되는데, 바로 등급 제도다.

고대 중국은 예법에 속박된, 등급이 엄격한 사회였다. 예는 행위의 규범이고 법은 행위의 규정으로, 양자가 서로 보완하여 서로 다른 사람들 간의 등급 차이를 엄격히 함으로써 사람과 사람 사이의 존비와 귀천 관계를 유지하고 정권을 공고화했다. 당시에는 의·식·주·행行에 있어서 모두 등급의 차이를 제정하여 그 사람의 사회적 지위를 한눈에 알 수 있도록 했다. 거주와 관련해서는 춘추 시대부터 등급의 제한이 있었음이 사서에 기록되어 있다. 크게는 도시·궁전·관청·종묘부터 작게는 서민의 주택에 이르기까지, 소유주의 호불호와 재력에 따라 뜻대로 짓는 게 아니었으며 등급 제도가 규정하고 있는 엄격한 제한을 받았다.

당나라부터 청나라까지의 등급 제도를 개괄하면 다음과 같다. 가옥의 폭은 9칸이 황제 전용이며, 7칸은 왕 이상이 사용하고, 5칸은 귀족과 고관이 사용하며, 소관小官과 서민은 3칸 가옥만 지을 수 없는 것이었다.

지붕 형식에 있어서는, 무전정廡殿頂[34]은 황궁의 주전과 불전佛殿 전용이었다. 헐산정歇山頂[35]은 당나라 때 왕과 고관과 사원에서 모두 사용할 수 있었으며, 송나라 이후에는 왕과 사원에서만 사용하고 공후公侯와 고관부터 서민까지는 지붕면이 양쪽으로 경사진 현산정懸山頂[36]과 경산정硬山頂[37]만 쓸 수 있었다. 따라서 중국 가옥의 날아갈 듯한 추녀가 아름답

---

34 한국의 우진각지붕에 해당한다.

35 한국의 팔작지붕에 해당한다.

36 한국의 박공지붕에 해당한다.

37 박공지붕과 비슷한데, 가옥 양측 면의 벽이 지붕과 높이가 같거나 지붕보다 약간 높다는 점이 다르다. 봉화산장封火山墻이라고 하는 이 벽은 화재 방지 기능을 한다. 북방에서는 경산정硬山頂을 많이 쓰고 남방에서는 비를 막는 데 유리한 현산정懸山頂을 많이 쓴다.

긴 하지만 왕 아래의 귀족과 고관조차도 사용할 수 없는 것이었다. 중국 고대 목구조 건축의 특징 가운데 하나인 공포 역시 황궁·사원·왕부王府에 한정되었고 공후 이하로는 금지되었다.

채화 역시 황궁과 사원과 왕후王侯의 저택에서만 주색朱色을 쓸 수 있었고 일반 관리는 토홍색土紅色을 사용할 수 있었으며, 서민은 검은색만 사용할 수 있었다. 지금도 북방의 중소 현성縣城[38]의 옛 가옥은 대부분 흑칠을 했는데, 바로 이러한 금령禁令의 흔적이다. 채화는 몇몇 등급으로 나뉘는데, 색채가 가장 화려하고 금을 가장 많이 사용하는 화새和璽채화는 궁전의 주전에만 사용할 수 있었고, 부차적인 전당과 왕부와 사원에서는 대부분 선자旋子채화[39]를 사용했으며, 귀족과 고관의 주택은 더 단순했고 서민에게는 사용이 금지되었다.

유리기와는 궁전·사원·왕부 전용이었다. 궁전과 불전에서만 황색 유리기와를 사용할 수 있었고, 왕부와 보살을 모신 전당에서는 녹색 유리기와만 사용할 수 있었다. 일반 귀족과 고관은 회색 통와筒瓦[40]를 사용했고, 하급 관원과 서민은 회색 판와板瓦[41]만 사용할 수 있었다.

이런 갖가지 엄격한 제한 속에서 가옥의 칸수, 지붕의 형식, 기와의 종류, 채화의 색과 종류 등에 근거해 가옥 주인의 신분과 지위를 한눈에 알 수 있었다. 심지어는 도시 역시 등급의 제한을 받았다. 예를 들면, 도성의 성문은 세 개를 낼 수 있는데 가운데 문은 어도御道였다. 주성州城과

38 현縣 정부 소재지를 의미한다.

39 소용돌이처럼 빙빙 도는 형태의 기하 도형으로 이루어진 원형의 꽃무늬인 선화旋花 도안을 사용한 채화를 말한다.

40 호도弧度가 반원에 가까운 기와를 말한다.

41 호도가 원통의 4분의 1 또는 6분의 1인 기와로, '평기와'와는 차이가 있다.

군성郡城의 성문은 두 개, 현성縣城의 성문은 하나만 낼 수 있었다. 주성·부성府城과 현성은 성의 크기와 관청의 규모에서 모두 등급 차이가 있었다. 주성과 부성의 관청 앞에만 '초루譙樓'라고 하는 문루門樓를 세울 수 있었다.

이러한 등급의 제한에는 이로움과 폐단이 동시에 존재했다. 폐단은, 형태가 유사한 건물이 너무 많아서 같은 유형에 같은 등급의 건축일 경우 개성이 두드러지지 않고 매우 단조롭다는 점이다. 금지와 제한 속에서 발전은 더디게 마련이며 어떠한 개혁이라도 승인을 받는 것은 매우 어려웠다. 새로운 방법이 일단 황제에 의해 채택되면 그 즉시 황제의 독점물이 되어 신하는 따라하는 것이 금지되었다. 이는 건축의 발전에 불리했다. 등급 제한의 이로운 점은 풍격을 통일하고 조화를 이루기가 비교적 쉽다는 것이다. 또한 대량의 유사한 건축 또는 정원이, 처마 아래 가득 모여 있는 공포와 날아갈 듯한 추녀와 찬란한 누각과 눈부신 유리가 있는 소수의 궁전·사원·종루·고루를 두드러지게 해주는 효과를 만들어낼 수 있다는 것이다. 건축에 표현된 이러한 존비와 주종의 질서는 바로 봉건사회의 삼강오륜三綱五倫과 윤리 도덕이 인간의 거주 환경에 반영된 것이다.

3. 중국 고대 건축의 주요 유형

중국 고대 건축은 장기간 발전하면서 여러 용도를 충족시키기 위해 몇 가지 다른 유형이 점차 형성되었다. 대체로 궁전, 단묘壇廟, 주택, 원림, 성과 도시의 공공건축, 상업용 건축, 종교 건축, 능묘, 교량 등 몇 가지 큰 범주로 귀납할 수 있다. 건축의 성격에 따라 그 건축 예술에 대한 요구 사항도 다르다. 고대의 훌륭한 장인은 장기간에 걸쳐 형성된 건축 체계 속에서 다양한 기법을 유연하게 운용하여 각 유형의 건축이 지닌 독특한 풍모를 창조해냈다.

(1) 궁전

하·상·주부터 청나라 말까지 3000여 년 동안 중국의 모든 나라는 세습 군주가 세운 왕조였다. 궁전은 황제가 거주하고 통치했던 곳이자 국가 권력의 중심으로, 국가 정권과 가족 황권의 상징이다. 궁전 건축은 왕조의 공고함과 황제의 최고 권위를 건축 예술이라는 수단으로 표현해야 한다. 한나라의 소하蕭何가 말하길 궁전이 "웅장하고 화려하지 않으면 위엄을 세울 수 없습니다非壯麗無以重威"[42]라고 했으며, 당나라 낙빈왕駱賓王의 시[43]에서는 "황제가 거하는 곳의 웅장함을 보지 않으면 천자의 존엄함을 어찌 알리오?不睹皇居壯, 安知天子尊"라고 했다. 이는 궁전 건축의 요구 사항을 명확하게 설명한 것이다.

중국 역대 왕조는 모두 많은 궁전을 건설했다. 한나라의 미앙궁未央宮, 수·당의 낙양궁洛陽宮, 당나라의 태극궁太極宮과 대명궁大明宮, 원나라 대도의 황궁, 명나라 베이징의 자금성은 비록 시대가 다르고 배치와 건축 풍격의 차이가 자못 크지만 그 안에 거주와 행정 두 부분이 포함되어 있고 궁전을 통해 황제의 비할 바 없는 존귀함을 나타낸다는 점에서 일치한다. 전한은 수·당과 700년의 간격이 있지만 한나라의 미앙궁과 수·당의 낙양궁과 당나라의 대명궁 모두 궁중에서 가장 중요한 주전을 전체 궁

---

42 『사기史記』「고조본기高祖本記」에 나오는 말이다.

43 「제경편帝京篇」을 가리킨다.

성의 기하학적 중심에 둠으로써 황제가 국가의 중심임을 나타낸 것이 바로 그 예다.

고대 궁전 중에서 오직 베이징 자금성 궁전만 보존되었다.[44] 황제의 최고 권위를 부각하고자 자금성의 건축 배치와 예술적 처리에 사용한 수법을 다음에서 찾아볼 수 있다.

자금성은 남북으로 긴 직사각형으로, 사면에 각각 문이 나 있다. 남문이 정문이며, 중축선이 남문과 북문을 관통한다. 궁의 내부는 크게 외조外朝와 내정內廷 두 부분으로 나눌 수 있다. 앞쪽에 자리한 외조는 의례와 행정 업무 구역이다. 뒤쪽에 자리한 내정은 황제와 황후의 거주지다. 궁성은 몇 개의 크고 작은 정원으로 구성되어 있다.

내정의 주요 부분인 '후양궁後兩宮'[45]은 건청궁乾淸宮·교태전交泰殿·곤녕궁坤寧宮을 위주로 하며 궁 전체 중축선상의 뒤쪽에 자리하는데, 전문殿門과 회랑回廊이 주위를 둘러싼 직사각형 정원 구조다. 건청궁과 곤녕궁은 모두 폭이 9칸이고 중첨무전정重檐廡殿頂[46]인 대전이다. 이는 황제와 황후의 정전正殿에 속하는 표준 규격으로, 가족 황권의 상징이다.

외조는 중축선상의 앞쪽에 자리하는데, 주요 부분은 '전삼전前三殿'이

---

44 선양瀋陽 고궁故宮 역시 잘 보존된 궁전으로 자금성과 더불어 세계문화유산임을 밝혀둔다.

45 저자가 사용한 용어대로 '후양궁後兩宮'이라고 번역했지만 일반적으로는 '후삼궁後三宮'으로 칭한다는 것을 밝혀둔다. 건청궁乾淸宮과 곤녕궁坤寧宮 사이에 자리하고 있는 교태전交泰殿이 '궁'이 아닌 '전'인 데서 지칭의 차이가 생긴 듯하다. 애초에는 건청궁과 곤녕궁뿐이었고 교태전은 나중에 세워졌다. 저자가 후양궁이라고 하긴 했지만 본문에서 후양궁이 건청궁·교태전·곤녕궁을 위주로 한다고 언급한 데서 알 수 있듯이, 후삼궁 구역과 후양궁 구역은 동일한 것으로 보아도 무방하다.

46 다중 처마의 우진각지붕을 의미한다. 중첨重檐은 처마가 여러 개인 것으로, 처마 끝의 서까래 위에 부연을 잇대어 달아낸 겹처마와는 다른 것이다.

다. 즉 8미터 높이 '공工'자 형태의 기단 위에 세워진 태화전太和殿·중화전中和殿·보화전保和殿이다. 전삼전 역시 전문과 회랑과 배루配樓[47]가 주위를 둘러싼 직사각형 정원 구조다. 전삼전은 황제가 대조회大朝會 및 국가의 여러 대전大典을 거행한 곳으로, 국가 정권의 상징이다. 주전인 태화전은 폭이 11칸이며 중첨무전정이다. 태화전 내부에는 황금 용으로 장식한 기둥을 사용했는데, 이는 건청궁보다도 한 등급 높을뿐더러 자금성 전체에서 가장 격식이 높은 건축이다. 태화전 좌우의 체인각體仁閣과 홍의각弘義閣은 배루임에도 가장 격식이 높은 무전정을 사용했는데, 이것은 전국을 통틀어 유일한 사례다. 태화전이 자리한 정원의 규모는 길이 437미터, 폭 234미터로 역시 자금성 전체에서 가장 크다. 전삼전은 정원의 규모, 건축의 크기, 형식과 격식의 등급을 놓고 봤을 때 자금성 전체는 물론이고 당시 전국에서 최고 등급이자 유일무이했다. 측량한 결과, 후양궁 구역의 길이와 폭은 전삼전 구역의 절반이다. 즉 전삼전 구역의 면적이 후양궁 구역의 4배다. 고대에는 일개 성을 가진 이가 왕이 되어 왕조를 건립하는 것을 두고 '화가위국化家爲國'[48]이라고 했다. 가족 황권을 상징하는 후양궁 구역을 4배로 확대하면 국가 정권을 상징하는 전삼전 구역이 된다. 이것이 바로 궁전 설계에 있어서 '화가위국'을 구현한 것이다.(그림 15)

후양궁 동쪽과 서쪽에는 비빈과 황자가 거주하는 동육궁東六宮과 서육궁, 건동오소乾東五所와 건서오소가 각각 대칭을 이루며 자리해, 동쪽과 서쪽에 각각 11개씩 모두 22개의 정원이 있다. 이 11개 정원의 총면적은 후양궁 면적과 같은데, 이는 궁전을 설계할 때 후양궁의 면적을 모듈로

---

47 정루正樓 앞쪽의 좌우 양측에 있는 건물로 상루廂樓라고도 한다.

48 일가一家가 변하여 나라가 된다는 의미다.

삼았으며 기타 정원은 이 모듈의 배수 또는 분수임을 나타낸다. 즉 궁전 설계의 언어를 통해 이 '나라'가 가족 황권을 중심으로 한다는 사실을 말해주는 것이다.

한·당 이래로 주전을 궁전 전체의 중심에 두는 전통은 여전히 유지되었지만 방법에는 변화가 있었다. 예를 들면, 전삼전과 후양궁의 정원 네 모서리에 각각 대각선을 그으면 태화전과 건청궁이 각각 전삼전 구역과 후양궁 구역의 기하학적 중심에 위치한다. 이는 국가에서든 황실에서든 황제가 중심임을 나타낸다. 옛사람은 『주역周易』에 근거해서 황제를 '구오지존九五之尊'으로 보았다.[49] 전삼전과 후양궁은 모두 '공工'자 형태의 기단 위에 세워졌는데, 두 기단의 길이와 폭의 비율은 모두 9:5로 '구오지존'의 사고방식을 구현한 것이다.

상술한 계획적 배치의 상징 수법 외에 더 중요한 것은 건축의 분위기가 주는 힘을 이용해, 모든 것을 압도하는 황제의 위세를 그곳에 있는 사람이 느끼도록 한다는 점이다. 중축선상의 전삼전과 후양궁을 돋보이게 하고자 그 앞에는 각각 태화문太和門 앞의 광장과 건청문乾淸門 앞의 길[50]을 배치했으며, 궁 앞과 궁 안의 중축선 양쪽에 대량의 건축군을 대칭으로 배치했다.

전삼전의 남쪽으로는 멀리 궁 바깥에 대명문大明門(청나라 때 명칭은 대청문大淸門), 천안문天安門, 단문端門을 배치했는데, 총 길이가 1000여 미터에 달하고 문과 문 사이에는 장랑長廊과 협도夾道[51]가 있다. 엄숙하고 위

---

49 첫 번째 괘인 건괘乾卦의 아래에서 다섯 번째 효爻가 구오九五인데, 『주역周易』「계사繫辭」에서는 "왕이 된 자는 구오의 부귀한 자리에 거한다王者居九五富貴之位"라고 했다.

50 천가天街를 가리킨다.

51 담장 사이의 좁은 길을 의미한다.

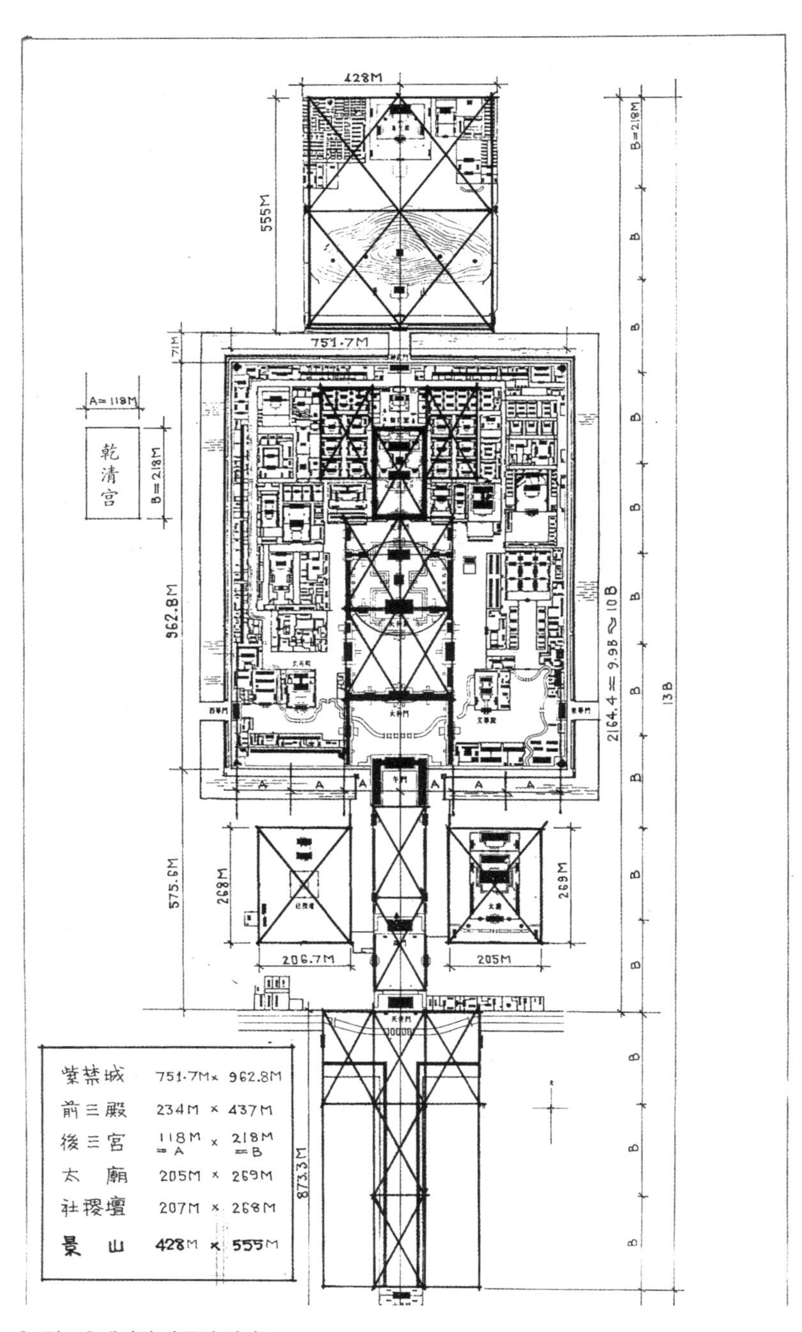

[그림 15] 베이징 자금성 평면도

압적인 이곳을 지나 북쪽으로 가면 성벽 위로 웅장한 누각이 세워져 훨씬 더 위압적인 오문午門이 나온다. 오문 안으로 들어가면 가로로 긴 형태의 태화문 앞 광장이 나온다. 겹겹의 문과 긴 길을 지나온 사람은 이곳에 이르러 한숨을 돌리게 된다. 다시 북쪽으로 가서 태화문으로 들어가면 더 거대한, 세로로 긴 형태의 넓은 정원이 나온다. 그 북쪽 기단 위에 태화전이 우뚝하게 자리하고 있다. 그에 비해 태화문 앞 광장은 매우 작아 보이기 때문에 비로소 '황제가 거하는 곳'의 '웅장함'과 천자의 '존귀함'을 진정으로 느끼게 된다.

설계자는 궁 앞의 건축과 정원 공간의 종과 횡, 수렴과 발산의 변화와 대비를 통해 웅장하고 광활하고 장중하고 엄숙하며 비할 바 없는 전삼전의 기세를 부각시켰다. 전삼전과 후양궁 좌우에 대칭으로 배치된 더 낮고 작은 규모의 문화전文華殿과 무영전武英殿과 동·서 육궁 역시 전삼전을 부각시키는 역할을 하는데, 중축선상의 오문·태화문·전삼전·후양궁이 남북을 가로지르며 양쪽의 건축보다 높이 솟은 등마루를 형성하도록 함으로써 측면에서 볼 수 있는 입체적인 윤곽선을 만들어낸다.

궁의 각 정원과 전당은 칸수와 지붕의 형식에 있어서 모두 등급의 차이를 나타내는데, 그 규칙은 다음과 같다. 중축선상의 것은 크고 양쪽의 것은 작다. 각 정원에서 정전은 크고 배전은 작다.

정원 문의 경우, 궁 전체에서 전삼전과 후양궁만 사면에 모두 문이 있다. 전삼전과 후양궁 중에서 전삼전만 남쪽에 세 개의 문이 나란히 있는데, 이는 외조와 내정의 주요 건축군의 차이다. 다음으로 태상황太上皇과 황태후皇太后의 주정원은 남쪽·동쪽·서쪽의 삼면만 문이 있다. 그 나머지 각 정원에는 대부분 남쪽에만 문 하나가 있다.

폭의 경우, 궁 전체에서 오직 태화전만 11칸이며 다음으로 오문·태화문·보화전·건청궁·곤녕궁은 9칸이다. 그다음으로 황태후의 정전과 태묘太廟인 봉선전奉先殿은 7칸이다. 일반 전당, 외조의 문화전과 무영전, 내정의 동·서 육궁은 모두 5칸밖에 없다. 칸수는 이렇게 차례대로 감소한다.

지붕 형식의 경우에는 오문, 태화전, 건청궁, 곤녕궁, 태상황의 정전인 황극전皇極殿, 태묘인 봉선전만 최고 등급인 중첨무전정을 사용했다. 황태후의 정전인 자녕궁慈寧宮마저도 남존여비 사상 때문에 부득이하게 한 등급을 내려 중첨헐산정을 사용했다. 외조의 문화전과 무영전, 내정의 동·서 육궁은 단첨單檐헐산정만 사용할 수 있었고, 배전은 현산정 또는 경산정을 사용했다. 지붕 형식 역시 이렇게 차례대로 등급을 내렸다. 어떤 경우에는 헐산정과 경산정에 용마루를 세우지 않고 활 모양의 곡면을 이루는 권붕卷棚 형식을 사용하기도 했는데, 이는 용마루가 있는 것보다 한 등급 아래다.

채화의 경우 화새채화, 선자채화, 소식蘇式채화[52]의 세 등급이 있다. 중축선상의 주문主門, 주전, 태상황과 황태후의 정전에는 화새채화를 사용했다. 차문次門 및 중축선 바깥에 자리한 정원의 건축은 대부분 선자채화를 사용했으며, 원유苑囿의 정亭과 헌軒은 대부분 소식채화를 사용했다. 채화 역시 이렇게 등급이 분명했다.

총괄하자면, 자금성에는 100개 이상의 정원이 있고 각 정원의 건축에는 중심이 되는 것과 종속된 것이 있어서 배전이 주전을 부각시켜준다. 궁 전체를 놓고 보자면, 규모가 다른 수많은 부副정원이 질서 있게 조직

---

52 쑤저우蘇州·항저우杭州 지역의 민간 전통에서 유래했으며, 주로 원림 건축에 사용되었다.

되어 외조와 내정의 주主정원과 중축선상의 주전을 둘러싸고 있다. 전체 궁성은 바로 그 건축의 형상을 통해 고대 사회의 군신君臣·부자父子·부부夫婦의 윤리적 관계 및 이러한 관계의 정점에 자리한 군권君權과 황권의 지고무상의 지위를 구현한 것이다.

자금성의 건축은 예제禮制의 제약을 받아 비교적 엄숙한데, 내정의 거주 구역마저도 생활의 숨결이 결핍되었다. 궁정에는 일련의 복잡하고 자질구레한 일상생활의 예절이 대대로 전해졌는데, 황제 본인조차도 '조상의 가르침祖訓'이라는 속박을 받아 자주 불편함을 느꼈다. 그래서 역대 왕조에서는 모두 별궁 또는 원유를 즐겨 지었다. 명나라 정덕제正德帝는 서궁西宮에 토목 공사를 대대적으로 벌였고, 가정제嘉靖帝도 그 뒤를 이었다. 청나라 때는 서쪽 교외에 원명삼원圓明三園[53]을 건설했다. 원명원의 외조 구역은 자금성보다 훨씬 단순하고, 거주 구역은 호화로운 원림식 저택이다. 청나라 황제는 일반적으로 동지 이전에 자금성으로 가서 동지와 원단元旦 대조회를 거행하고 정월이 지난 뒤에 다시 원명원으로 돌아갔다. 이러한 상황은, 궁전이란 주로 국가 정권과 가족 황권의 정치적 요구를 충족시키고자 건설된 것이며 생활의 측면에서 보자면 황제마저도 궁전에서 오래 머물다보면 불만족하게 마련이었음을 말해준다. 이궁離宮과 원유는 실제로 황실의 생활 환경에 일종의 조정과 보충을 제공하는 것이었다.

(2) 단묘

단壇은 황제가 천지·일월·오악五嶽·사독四瀆·사직社稷·선농先農에게 제

53 원명원圓明園·장춘원長春園·기춘원綺春園을 가리킨다.

사지내는 제단을 말한다. 묘廟는 황제가 선조에게 제사지내는 태묘太廟를 말한다.

고대의 모든 왕조는 "하늘로부터 명을 받았다受命於天"고 자처했으며, 황제는 하늘의 아들인 '천자天子'라고 칭했다. 제위를 계승한 황제는 그 권력을 부친과 선조로부터 물려받았다. 따라서 '하늘을 우러르는 것敬天'과 '선조를 본받는 것法祖'은 황제가 정권을 갖는 '합법적 근거'였으며, 수시로 외쳐야만 하는 구호였다. 단묘는 황제가 자신이 하늘을 우러르고 선조를 본받는다는 것을 표명하는 장소로서, 모든 왕조에 없어서는 안 될 건축이었다.

제단에는 천단天壇·지단地壇·일단日壇·월단月壇·선농단先農壇·사직단社稷壇 등이 있는데, 모두 지면보다 높은 노천 제단이다. 제단 밖에는 보호벽과 극소수의 부속 건축이 자리하며 주위에는 측백나무를 빽빽하게 심었다. 이는 고대에 숲의 빈터에서 제사지낸 데서 유래한 것이다. 명·청 시대 베이징 천단을 예로 들자면, 황제가 하늘에 제사지냈던 곳으로 천단의 설계에서 요구되는 바는 건축 예술의 수법을 통해, 하늘에 제사지내는 황제가 "신에게 제사지낼 때는 마치 신이 그 자리에 계신 듯이 한다祭神如神在"[54]는 것을 느끼도록 함으로써 그 의례를 지켜보는 사람으로 하여금 정말로 황제가 '지극한 정성이 하늘에 닿게至誠格天' 할 수 있어서 마땅히 천하를 다스려야 한다는 생각이 들도록 만드는 것이다.

천단은 역대 전통에 따라 남쪽 큰길의 동쪽에 건설했는데, 처음 건설할 당시에 천지를 합사合祀하고자 했으므로 평면상 남쪽은 방형이고 북쪽은 원형이다. 이는 하늘은 둥글고 땅은 네모지다는 고대의 천원지방天

54 『논어論語』「팔일八佾」에 나오는 구절이다

圓地方 사상을 상징한다. 현재는 베이징 명·청 시대의 천단만 보존되어 있는데, 그 남북 중축선의 북단에는 원래[55] 천지를 합사하기 위한 대사전大祀殿을 지었다. 나중에는 대사전 남쪽에다 하늘에 제사지내기 위한 원구圜丘[56]를 따로 지었으며, 북쪽의 대사전은 풍년을 기원하는 기곡단祈穀壇으로 바꾸고 그 위에 기년전祈年殿을 세웠다. 모두 원형으로 만들었는데, 이는 하늘을 상징한다.

남쪽에 자리한, 하늘에 제사지내기 위한 원구는 흰 돌을 쌓아 만든 3층의 원형 단이다. 바깥으로 원형의 담장과 방형의 담장이 둘러 있으며 담장 사방으로 문이 나 있다. 방형의 담장 밖에는 측백나무가 빽빽하여 외부 세계와 단절되어 있다. 제사 시간은 동지 새벽, 해가 뜨기 7각刻[57] 전을 택하여 조용한 환경 속에서 여명이 비칠 무렵에 제사를 올린다. 보이는 것은 오직 짙은 녹색의 측백나무와 새하얗고 장중한 형체의 원형 제단과 제단을 둘러싼 방형과 원형의 담장뿐이다. 짙푸른 하늘빛이 사방으로 드리워져 측백나무와 만나며 제단을 뒤덮어, 제사지내는 이로 하여금 제단이 지면에서 높이 솟구쳐 수풀 위로 떠올라 위의 하늘과 닿을 듯한 연상을 하게 만든다. 원구 바깥의 방형과 원형의 담장은 제단 가운데의 음파를 모아 반사한다. 황제는 제단 위에서 아주 작은 소리를 내더라도 강한 메아리를 얻을 수 있다. 과학이 발달하지 않았던 고대에는 이런

---

55 영락永樂 18년인 1420년을 말한다.

56 圜丘의 '圜'은 한국 한자음으로 '원'과 '환' 두 가지가 있다. 圜丘를 국내에서는 일반적으로 '환구'로 읽지만 '원구'가 맞다. 당나라 육덕명陸德明의 『경전석문經典釋文』 권13 「예기음의禮記音義·제법祭法」에서 "圜丘, (圜의) 음은 '원'이다圜丘音圓"라고 했다. 현대 중국어에서 圜은 '위안'과 '환' 두 가지 발음이 있는데, 圜丘는 '위안추'로 읽는다.

57 1각이 15분이므로 7각은 1시간 45분에 해당한다.

현상을 통해, 아주 작은 움직임까지 하늘이 다 알고 있다는 연상을 자아낼 수 있었다.

북쪽의 기곡단은 높고 큰 방형의 기단 위에 세워져 있는데, 기단 주변에는 낮은 담장이 둘러 있다. 기단 밖으로는 측백나무 숲이 둘러싸고 있어 세상과 단절되어 수풀 위에 떠 있는 듯한 느낌을 자아낸다. 방형의 기단 가운데 흰 돌을 쌓아 만든 3층의 원형 단이 바로 기곡단이다. 기곡단 중심에는 세 겹 처마에 원형인 기년전이 자리하고 있다. 기년전의 처마는 층마다 작아져 위쪽으로 수렴되고, 꼭대기 층의 원뿔형 지붕은 유려한 호선弧線을 따라 수렴되면서 우뚝 솟아 있다. 기년전은 이렇게 외관상 위로 향하는 강렬한 기세를 보여준다.

기년전의 지붕은 짙은 남색의 유리기와를 사용했는데, 색조가 깊고 중후하다. 맑은 하늘을 올려다보면 원뿔형 지붕의 반사광이 지붕 일부를 하늘과 같은 색으로 만들어, 푸른 하늘 속으로 깊이 들어가 혼연일체가 되는 느낌을 자아낸다. 기년전 내부 공간 역시 층마다 작아지면서 위쪽으로 수렴되어 마지막에는 둥근 천장의 조정藻井으로 집중된다. 조정의 금룡金龍이 그림자 속에서 번뜩이며 신비로운 분위기를 더한다. 이상의 기법들을 이용하여 기년전 안팎은 모두 위로 향하는 강렬한 기세를 보이며 마치 위로 하늘과 닿을 듯한 형세를 빚어낸다.

이 밖에도 궁전과 마찬가지로 천단 역시 설계상 여러 상징 수법을 사용했다. 원형과 방형이 하늘과 땅을 상징하는 것 외에도 하늘은 양陽이고 양의 수가 3·5·7·9이므로 원구의 기단과 난판欄板[58]은 모두 9의 배수다. 3층 제단의 직경은 위에서부터 각각 9장丈,[59] 15장, 21장으로 모두

---

58 난간 기둥 사이의 석판을 의미한다.

3·5·7·9 등 양수의 배수다. 3층 기단의 난판의 개수는 모두 360개로, 이는 천구天球의 360도를 상징한다. 기년전의 설계에서 4개의 금주金柱[60]는 사계절을 상징하고, 안쪽과 바깥에 각각 12개씩 둥글게 자리한 기둥은 열두 달과 십이진十二辰을 상징한다. 이는 모두 농사짓는 시기와 관계가 있다.

이상의 상징 수법은 고대에 자주 사용되었다. 일일이 밝히지 않으면 보는 사람이 알아차리기 쉽지 않지만 천단에서 하늘과 닿는 분위기만큼은 뚜렷이 느낄 수 있는데, 앞에서 말한 건축 예술의 처리를 통해 이러한 분위기의 효과를 진정으로 빚어낸다는 것을 알 수 있다. 최근 천단은 고층 건물로 둘러싸여, 원래 설계되었을 때의 분위기와는 다르다. 측백나무 숲이 빚어내는 속세와 단절된 분위기는 더 이상 존재하지 않는다. 하지만 직접 그곳에 가서 그 옛날 푸른 측백나무가 주위를 둘러싸 짙푸른 하늘빛이 사방으로 드리워진 장면을 상상하면 설계자의 의도를 충분히 느낄 수 있다.

기타 각 제단은 천단과 형식은 다르지만 설계상 동일한 수법을 사용했다. 즉 제단의 형태는 정연하며 색조는 단순하고 장중하며 담장이 그 주위를 둘러싸고 측백나무가 가득해 속세로부터 멀리 떨어진 환경을 조성했다.

태묘는 가족 황권 계승의 합법성을 나타내는 건축으로, 역대 왕조에서 가장 중요한 예제 건축에 속한다. 현재는 명·청 베이징의 태묘만 보존되어 있다. 「고공기」의 '좌묘우사左祖右社'[61]의 원칙에 따라 태묘는 천안문

---

59 실측에 따르면 23.65미터이다

60 실내 안쪽에서 평주平柱보다 더 안쪽에 평주보다 높게 세운 고주高柱를 의미한다.

에서 오문에 이르는 큰길의 동측에 세웠다. 태묘 주위에는 담장을 이중으로 두르고 담장 밖에는 측백나무를 빽빽하게 심어 속세와 단절된 그윽하고 고요한 환경을 조성했다. 태묘의 핵심 부분은 안쪽 담장 안 중축선상의 북단에 세워진 전전前殿·중전中殿·후전後殿이다. 셋 모두 흰 돌로 된 기단 위에 자리하고 있으며 좌우에 각각 배전이 있어 직사각형의 정원을 이룬다. 전전은 제사 용도의 제전祭殿이며, 중전과 후전에는 선왕들의 위패가 모셔져 있다.

전전·중전·후전은 모두 원래 폭이 9칸이었다. 청나라 건륭 연간에 전전을 11칸으로 바꿔 자금성 태화전과 동일한 규격으로 만들었다. 태묘에 제사지내는 것은 황제의 집안일로, 태화전에서 거행하는 국가 의례보다 규모가 훨씬 작기 때문에 전정殿庭은 태화전에 비해 작다. 비교적 작은 전정은 삼전(전전·중전·후전)의 웅대함을 더 부각시킨다. 삼전의 채화는 금빛이 화려하고 아름다운 화새채화를 쓰지 않고 선자채화를 썼다. 문과 창문 역시 태화전보다 단순한데, 오래되고 장중하고 엄숙한 분위기를 만들고자 하는 것이다.

전의 내부 가운데 3칸은 금색이 아닌 자황색赭黃色을 사용하여 내부의 어두컴컴한 광선 아래 신비감을 한껏 더할 수 있다. 전의 내부 뒤쪽에는 원래 병풍을 설치했으며 소목昭穆[62]에 따라 선왕들의 어좌御座와 궤안几案을 일자一字로 배열했다. 가구는 크고 견고하며 장식이 적은데, 오래되고 중후한 효과를 추구하려는 것이다. 중전과 후전의 내부는 뒤쪽 부분을

---

61 왼쪽에 종묘를 두고 오른쪽에 사직을 둔다는 뜻이다.

62 사당에 조상의 위패를 모시는 차례를 말한다. 가운데의 태조를 중심으로 그 왼쪽의 2세·4세·6세는 소昭라 하고 오른쪽의 3세·5세·7세는 목穆이라 한다.

칸막이해 방을 만들어서 위패를 보관해두었는데, 장막이 묵직하게 드리워져 어두컴컴해서 신비감이 전전보다 한층 더하다.

태묘는 환경, 정원, 전당, 실내 장식을 포괄하는데 그 설계는 최고급 궁전의 격식을 유지하는 동시에 살아 있는 사람의 궁전과는 달라야 했다. 화려함을 추구하지 않고 차라리 약간은 예스럽고 질박해 보이며 심지어는 어느 정도 억눌리고 음울하기까지 하여 마치 흘러간 과거로 돌아간 듯한 신비로운 분위기를 빚어냄으로써 제사지내는 이로 하여금 연대가 오래되었지만 고인의 영혼이 아직 존재하는 것처럼 느끼게 하여 그리워하는 마음을 격발한다. 또한 옆에서 지켜보는 사람으로 하여금 제위가 대대로 계승되는 근거가 있으며 한 성씨의 가족 황권이 공고함을 느끼게 한다.

고대 황제들이 충과 효를 표방하였으므로 관리들 역시 법령의 규정에 근거하여 벼슬의 등급에 따른 가묘家廟를 세울 수 있었다. 마땅히 세워야 함에도 세우지 않으면 세상 사람들의 비난을 받았으며 심지어 황제가 관여하기도 했다. 서민은 사당을 세우는 것이 금지되었으며 "침소에서 제사祭於寢"지낼 수밖에 없었다.[63] 큰 종족宗族일 경우에는 종사宗祠를 세워 일족의 공동 조상을 제사지낼 수 있었는데, 그 규모는 재력 및 선조의 최고 관계官階에 따라 정해졌다.

경성과 성성省城[64]에서 멀리 떨어진 일부 유력한 종족은 규정을 벗어나 매우 큰 종사를 짓기도 했다. 종사 건축은 주택과 유사하되 격식이 조금 더 높은데, 이곳에서는 조상에게 제사지내는 것 외에도 동족이 모여

---

63 "서민은 침소에서 제사지낸다.庶人祭於寢."(『예기禮記』「왕제王制」)

64 성 정부 소재지를 의미한다.

우호를 다질 수도 있었다. 필요한 경우 족장이 이곳에서 족장의 권력을 행사하여 종족 구성원 간의 분쟁을 중재하거나 처벌할 수도 있었다. 종사 안에는 동족의 자제를 가르치는 서당을 설치한 경우가 많았는데, 이는 종족 내부의 복지 사업에 가깝다.

초기에는 예법을 중시하여 가묘와 종사 모두 "지극한 공경에는 꾸밈이 없다至敬無文"[65]는 취지를 지키며 질박함과 장중함을 추구함으로써 집에서의 생활의 숨결과는 구별되도록 하여 추모의 분위기를 조성했다. 청나라 때는 가문의 권세와 재부를 드러내고자 어떤 종사들은 규모가 방대하고 장식이 번쇄하며 보와 기둥을 조각하고 금박을 입히고 상감을 했는데, 심지어는 도좌倒座[66]와 희루戲樓를 짓기도 했다. 장식 공예의 측면에서 칭찬할 만한 점이 있긴 하지만 장엄함과 추모의 분위기는 모두 사라졌다. 제사 건축의 측면에서 말하자면 결코 성공작으로 볼 수 없다.

제사 건축으로는 또 오악묘와 공묘孔廟 등이 있는데 모두 국가급 제사 건축이다. 현존하는 타이안泰安의 대묘岱廟, 덩펑登封의 중악묘中嶽廟, 화인華陰의 서악묘西嶽廟, 취푸曲阜의 공묘 등의 격식은 대부분 북송 때 비롯되었는데 국가가 정한 제도에 따라 건설되었다. 기본적으로 모두 작은 성인데, 성루城樓와 각루角樓가 있고 내부에는 낭원廊院[67]을 두고 중축선상에 정문이 있으며 내부의 정원은 공자전工字殿[68]이다. 정문 밖에는 역대의 비정碑亭이 자리한다. 성 내부의 낭원 주변은 측백나무가 빽빽하게 에워싸고 있다.

---

65 『예기』「예기禮器」에 나오는 구절이다.

66 사합원에서 정방正房 맞은편에 자리한 건물을 말한다.

67 회랑이 있는 정원을 말한다.

68 전전과 후전이 회랑으로 연결되어 '공工'자 형태를 이룬 건축 평면을 말한다

이 밖에도 유명인의 사당이 있는데 실제로는 기념관이며 정기적인 공적 제사가 없기 때문에 엄숙한 분위기를 그다지 강조하지 않는다. 심지어는 쓰촨 청두成都의 무후사武侯祠[69]와 메이산眉山의 삼소사三蘇祠[70]처럼 사당에 원림을 지은 경우도 있다.

(3) 주택

중국은 영토가 광활하고 민족이 많다. 기후, 지형, 각 민족의 전통과 문화와 풍속과 습관이 다르기 때문에 주택 형식도 다른 것이 고대 건축에서 가장 특징적인 부분이다.

가장 널리 분포된 한족 거주지는 예로부터 정원식 배치였다. 즉, 안쪽을 향한 가옥들로 둘러싸인 폐쇄형 정원으로, 대문만 외부를 향해 있다. 이러한 형태는 고대에 가정을 단위로 하고 존비와 장유長幼의 질서 및 남녀유별男女有別을 중시하는 예법의 요구에 비교적 적합했고, 조용한 거주 환경을 유지할 수 있었다. 정원을 기본 단위로 하는데, 작은 주택일 경우 정원이 하나뿐이다. 중등 주택일 경우 주정원 앞뒤로 작은 정원이 있다. 대형 주택은 다시 내택과 외택으로 나뉜다. 외택은 남자 주인의 거처이자 손님 접대에 사용되며, 청廳이 중심이다. 내택은 부녀자의 거처로, 당堂이 중심이다. 이상에 전정前庭 및 후조방後罩房[71]또는 후조루後罩樓[72]까지 더하여 적어도 4진 정원이 된다.

---

69 제갈량諸葛亮을 모신 사당이다

70 북송의 소순蘇洵·소식蘇軾·소철蘇轍 삼부자를 모신 사당이다.

71 사합원에서 정방 뒤쪽에 정방과 평행하게 지은 건축을 말한다.

72 후조방後罩房을 2층으로 지은 경우 후조루라고 한다

더 큰 주택일 경우, 동쪽과 서쪽에 각각 과원跨院[73]이 있다. 외택에는 서재와 응접실花廳이 자리하고, 내택에는 별원別院[74]이 있어서 아버지와 아들과 형제가 함께 살아야 하는 필요에 부응했다. 왕후王侯의 큰 저택일 경우에는 중축선상의 주택 좌우에 동로東路와 서로西路를 두어 나름의 또 다른 중축선이 생겨났다. 여러 세대가 함께 모여 거주하는 대가족 주택일 겨우 종종 이러한 방식으로 만들어졌다. 이런 종류의 주택은 정원에서 북쪽에 자리한 건물이 상위다. 북쪽 건물에서 명간明間[75]은 당堂이다. 명간의 동쪽과 서쪽 칸[76] 및 이방耳房[77]은 거실인데, 동쪽 칸이 상위다. 정원이 여럿인 주택에서는 중축선상에 자리한 정원이 상위다. 이렇듯 전통 예법의 부자·형제·존비·장유의 순서에 따라 거처가 정해졌다.

주택에서 정원은 통로이자 가족 야외 활동의 중심이다. 중소형 주택의 정원에서는 북쪽에 해당海棠과 정향丁香을 많이 심고 남쪽에는 금계金桂와 납매臘梅를 즐겨 심었으며, 꽃 분재를 올려놓은 긴 돌 탁자도 있었다. 여름밤 나무 그림자가 일렁일 때 온 식구가 정원에 둘러앉아 있으면 가족적인 정취가 충만하다. 건물이 높고 정원이 넓은 대형 주택은 호화롭고 화려하지만 주원主院에는 대부분 나무를 심지 않았으며, 온통 벽돌 바닥이고 꽃 분재가 진설되었다. 한여름과 생신을 축하할 때면 주원에 천막을 설치하고 탁자와 의자를 벌여놓는데, 이는 당堂의 연장이다.

---

73 주택 중앙에 자리한 정원正院의 양쪽에 자리한 정원을 가리킨다.

74 본가에 해당하는 정택正宅 외의 주택이 딸린 정원으로 편원偏院이라고도 한다.

75 외간外間이라고도 하며 바깥과 통하는 문이 나 있는 칸을 의미한다.

76 명간明間을 중심에 두고 그 좌우에 있는 칸이 차간次間, 차간 옆의 칸이 초간梢間, 가장 바깥쪽 칸이 진간盡間이다.

77 사합원에서 정방 양쪽에 자리한 작은 건물을 말한다.

주원과 달리 과원跨院과 화청花廳은 크기가 적당했으며, 정원 안에는 그윽한 대나무와 꽃과 나무를 많이 심었다. 또한 처마 쪽 괘락挂落[78]이 난간과 어우러졌다. 이처럼 과원과 화청은 집에서 살아가는 정취가 가득했다. 이상에서 설명한 내용은 『홍루몽紅樓夢』에 묘사된 가부賈府 건축에 많이 반영되어 있다.

동서남북 지역의 기후 차이로 인해 같은 정원식 주택이라도 매우 다르다. 북방의 주택은 정원이 넓은데, 예를 들어 베이징 사합원四合院은 사면의 가옥이 일정한 거리를 두고 있으며 회랑으로 연결된다. 정원은 대부분 가로로 긴 형태라서 겨울철에 햇빛을 많이 받아들이기에 유리하다.

남방의 주택은 정방과 상방廂房이 밀접해 있고 지붕이 연결되어 있어서, 전체적인 형태가 마치 우물井의 테두리 같다. 이러한 주택을 속칭 '사수귀당四水歸堂'[79]이라고 하며, 그 정원을 '천정天井'이라고 실감 나게 부른다.

남방의 주택은 햇빛 차단과 통풍에 중점을 두었기 때문에 청廳은 대부분 훤히 트인 창청敞廳으로, 공간적으로 천정과 연결되어 일체화된 느낌을 준다. 거실에만 문과 창문을 둔 점은 북방의 주택과 사뭇 다르다. 실내 설비에 있어서는 허虛와 실實의 각종 칸막이 방법을 통해 생활하는 데 있어서의 다양한 요구를 충족시킬뿐더러 실내 공간의 변화도 풍부하

---

78 투조로 장식한 나무판이다. 실외에서는 처마 쪽 액방 밑에 자리하며 아래쪽의 난간과 위아래로 호응을 이룬다.

79 사방의 물이 당堂으로 모여든다는 뜻이다. 남방의 주택에서는 'ㅁ'자 형태의 정원인 천정天井 위 처마가 집 안쪽을 향해 기울어져 있으므로 빗물이 천정으로 모이게 된다. 이런 형태의 주택에서 당은 천정의 바닥과 같은 면에 자리하며 천정을 향해 완전히 개방된 형태이므로, 당과 천정은 공간적으로 일체화되어 있다.

게 만들었다. 이에 관한 자세한 방식은 앞에서 말한 '중국 고대 건축의 기본적 특징' 부분을 참고하면 된다.

대량의 정원식 주택 외에도 특수한 형식과 방식의 주택도 있다. 예를 들면 허난河南과 산시陝西에는 황토 고원에 동굴을 뚫어 만든 요동窯洞 주택이 있고, 푸젠福建 동북에는 가로로 길게 연립해 있는 주택이 있다. 푸젠과 광둥廣東이 맞닿아 있는 일대에는 하카客家가 모여서 사는, 흙을 다져 만든 두꺼운 벽의 방형 또는 원형의 커다란 층집[80]이 있다. 또 수향과 산간 지대의 배산임수背山臨水 주택이 있다. 이상의 주택은 모두 규격화된 정원식 구조에서 벗어나 나름의 특징을 지닌다. 그중에서 푸젠 서쪽의 토루土樓는 규모가 거대하며 형상이 중후하고 질박하고 웅장하다. 강남의 물에 인접한 민가는 수려하고 영롱하며 수면에 비친 그림자가 빛을 더한다. 이는 모두 고대 민가 중의 일품이라고 할 만하다.

소수민족의 주택으로는 다이족傣族의 간란식 죽루竹樓, 좡족壯族의 마란식麻欄式[81] 목루木樓, 티베트족의 돌을 쌓아 만든 조방碉房, 위구르족의 벽돌을 쌓아 만든 아이왕阿以旺,[82] 몽골족과 티베트족의 원형 및 방형의 이동식 천막집氈帐 등이 있다. 이는 모두 서로 다른 기능의 방이 모여서 이루어진 독채 건물로, 정원식 주택과는 완전히 다르다. 나름의 독특한

---

80 토루土樓를 말한다.

81 간란식과 동일한 양식으로, 완전한 마란식 건축은 전체를 목재로 만든다. 아래층, 위층, 그리고 다락방에 해당하는 각루閣樓로 구성된다. 아래층에는 물건을 두고 가축을 키우며 위층에 사람이 살고 각루에 양식을 보관한다.

82 위구르어로 '밝은 처소'라는 의미다. 전실에 해당하는 아이왕청阿以旺廳에서 유래한 명칭으로 아이왕청은 하실夏室이라고도 하는데, 지붕창이 있어 가장 밝은 곳이며 일상생활 및 손님 접대가 이루어지는 공간이다. 동실冬室이라고 부르는 후실은 침실로 상용되며 창문을 내지 않는다.

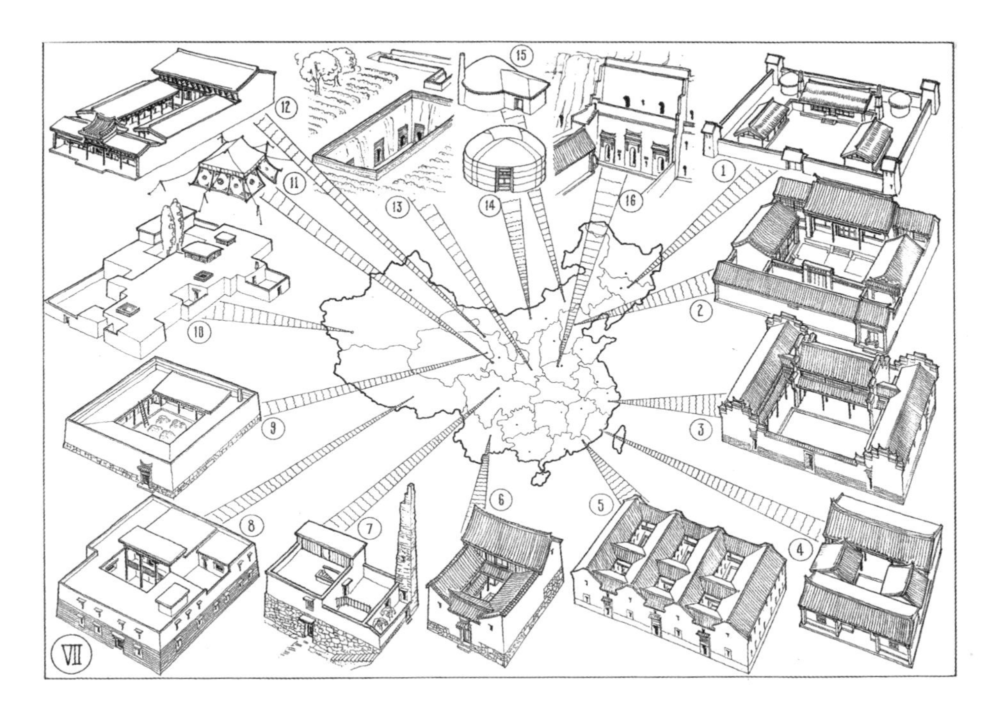

[그림 16] 지방의 민가 분포도

①지린吉林의 민가
②베이징 '사합원'
③저장浙江의 '십삼간두十三間頭'•
④취안저우의 민가
⑤(광둥)메이현梅縣 하카의 주택
⑥윈난雲南의 '일과인一顆印'••
⑦(쓰촨)마오원茂汶 창족羌族의 주택
⑧(티베트)라싸拉薩 티베트족의 주택
⑨칭하이靑海의 장과庄窠•••
⑩신장 위톈于闐 위구르족의 민가 '아이왕'
⑪간쑤甘肅 티베트족의 천막집
⑫간쑤 장예張掖의 민가
⑬시안西安의 평지식 요동
⑭내몽골의 '몽골 파오蒙古包'
⑮'몽골 파오'식 흙집
⑯허난 궁현鞏縣의 흙 벼랑에 만든 요동

• 정방 3칸, 좌우의 상방이 각각 5칸인 13칸의 삼합원三合院 구조의 주택이다.

•• 사합원 형태이며 평면 구조 및 외관이 방형으로 사각 도장과 비슷한 데서 새겨난 명칭이다.

••• 칭하이 동부에 거주하는 회족回族·토족土族·사라족撒拉族 등의 주택이다. 사방이 두꺼운 흙 담장으로 둘러싸여 있으며, 정원과 건물이 회랑으로 연결되어 있는 구조다.

풍격과 장점을 지닌 소수민족의 건축은 중국 고대 민가의 풍부하고 다채로운 면모를 함께 빚어냈다.(그림 16)

(4) 원림

중국은 원림 조성의 유구한 전통을 지니고 있다. 한나라의 궁정과 원유苑囿는 신선을 추구하는 사상의 영향을 받아 연못에 선경仙境을 상징하는 봉래 삼도蓬萊三島[83]를 즐겨 조성했다. 이궁離宮과 별원別苑은 공간이 광대한데, 유람·수렵·양식·농장 등 여러 기능을 포함한다. 고관과 부호의 사원私園이 한나라 때 등장해 남북조·수·당 시기에 성행했으며 송나라 이후에는 시와 산수화의 영향을 받아 더욱 정교해졌고 명·청 시기에 이르러 절정에 도달했다.

정원은 크게 황가 원유와 사가 원림의 두 부류로 나눌 수 있는데, 지리적·기후적 요인으로 인해 북방과 남방의 원림 역시 풍격이 다르다.

사가 원림은 주인이 보고 즐기며 쉬고 거주하는 용도의 원림으로, 주택이 딸려 있다. 사가 원림은 은일과 고요와 숲에서의 유유자적한 행복을 추구하는 것을 핵심 사상으로 삼아 주인으로 하여금 비록 몸은 도시에 있지만 산과 숲의 즐거움을 누릴 수 있도록 한다.

도시 용지用地의 제한으로, 원림이 실제 경관을 그대로 재현하는 것은 불가능했다. 원림은 중국의 시와 산수화의 예술적 경계를 결합함으로써 '대의大意를 본뜨는' 상징적 수법을 통해 작은 것에서 큰 것을 보고 경관에 정감이 깃들도록 하며 자연 경물의 아름다움을 더 잘 개괄할 수 있는, 정신과 형태神形를 겸비한 경물을 창조해냈다.

---

83 봉래蓬萊·방장方丈·영주瀛洲의 삼신산三神山을 말한다.

정원식 배치를 채택하고 평면상에서 펼쳐지는 중국 고대 건축의 특징은 원림에도 마찬가지로 응용되었지만 오롯이 건축만을 사용한 것이 아니라 산·물·나무·돌을 적당한 간격으로 섞어 배치함으로써 다양한 공간 변화를 만들어냈다. 일반 원림은 대부분 주요 청廳·당堂·헌軒·관館이 못을 마주 보며 비교적 트인 주요 경관을 빚어내는 한편 사방 둘레에는 정亭·낭廊·가산·숲을 두어 몇 개의 작은 경관과 작은 정원을 형성했다. 꼬불꼬불한 작은 길이 그윽한 곳으로 이어지기도 하고 바라볼 수는 있으나 도달할 수 없기도 했다. 작은 경관이 주요 경관을 둘러싸는 것은 건축에서 주정원의 둘레에 몇몇 작은 정원을 만든 것과 동일한 원리다.

집이 딸린 원림의 대부분은 인공 언덕과 계곡, 그리고 특정한 필요에 따라 재배한 꽃과 나무다. 따라서 가산假山을 쌓고 물을 관리하고 나무와 돌을 배치하는 데 두드러지는 성취를 거두었다. 높은 수준의 원림들은 평지에 산과 못을 만들긴 했지만, 높았다가 낮았다가 하는 산의 맥락과 구불구불한 물의 흐름을 교묘하게 배치함으로써 그것이 빼어난 자연 경관의 일부인 것처럼 느끼게 한다. 그중 첩산疊山[84]은 중국 고대 원림의 가장 두드러진 특징이라고 할 만하다. 첩산의 외형과 배치는 중국 산수화의 영향을 많이 받았는데, 심지어는 산의 결에 있어서도 자연 및 산수화 준법皴法[85]의 장점을 모두 채택했다.

정교하게 만든 원림은 아주 작은 면적 안에 솟은 봉우리, 흐르는 물, 골짜기, 바위굴의 경지를 만들 수 있어서 마치 심산유곡深山幽谷이나 험한

---

84 인공으로 가산假山을 쌓아 만드는 방법으로, 퇴산堆山 또는 철산掇山이라고도 한다.

85 동양화에서 산과 바위의 질감과 입체감을 나타낼 때 사용하는 화법이다.

절벽에 있는 듯한 의취意趣를 창조해낸다. 관상·연회·휴식·거주의 요구를 충족하기 위하여 중국의 사가 원림은 건축 밀도가 비교적 높지만 되도록 대칭을 피하고 차경借景[86]으로 경관을 창조하는 원칙을 채택했다.

원림 안의 청·당·정·사榭·헌·관은 실제적 용도가 있을뿐더러 그 자체가 관람 지점이자 관상 경물이다. 회랑과 원림의 작은 길은 가장 빼어난 관상 노선을 만들어내는데,[87] 공간을 분리함으로써 원림 경관의 레벨과 심도를 증가시키는 역할을 한다. 정과 사는 문과 창문에 투조로 장식한 나무판挂落을 경관의 틀로 삼는데, 정과 사에 앉아 그 틀 안의 경물을 즐기노라면 마치 한 폭의 입체화를 마주한 듯하다. 회랑과 작은 길을 따라 관상하면, 걸음을 옮길 때마다 경치가 달라져 마치 산수화가 그려진 두루마리를 펼쳐 보는 것 같다. 이렇게 원림 건축은 서로를 보완하며 동動과 정靜이 적당히 어우러지면서 각각 그 절묘함을 다한다. 이것이 바로 중국 원림의 두드러진 특징이다.

원림 건축에는 대부분 편액匾額과 대련對聯을 걸었으며, 돌에는 시를 새겼다. 이렇게 경관 조성의 취지를 밝힘으로써 원림을 노니는 이가 음미하도록 했다. 시와 회화와 밀접한 관련이 있는 중국 고대 원림은 높은 수준의 문화가 건축 및 원림 조성 예술과 결합된 산물이다. 따라서 원림의

---

86 원림 예술에서 원림 밖의 경관을 빌거나 원림 안의 풍경을 서로 두드러지게 조화시키는 것을 말한다.

87 청廳에서는 주로 모임과 연회가 열린다. 당堂 역시 모임과 연회의 기능을 갖지만 동시에 원림의 주인이 기거하는 곳이기도 하다. 정亭은 정자이고, 헌軒은 정자와 비슷한데 내부에 탁자와 의자 등이 간단하게 갖추어져 있으며 문인들이 모임을 갖는 장소다. 사榭는 물가에 세운 정자다. 관館은 휴식과 모임의 장소로, 작은 규모의 청·당이라고 할 수 있다.

의경意境[88]과 문화적 속성에 대한 이해 역시 원림을 감상하는 사람의 문화적 소양에 따라 다 달랐지만 풍경의 아름다움은 모두가 감상하는 바였다. 중국 고대 사가 원림의 가장 대표적인 곳은 쑤저우다. 액자 역할을 하는 건축과 가산이 서로 대경對景[89]을 이룬 걸작으로는 쑤저우의 환수산장環秀山莊과 유원留園이 최고의 경지라고 할 수 있다.

황가 원유의 설계 사상은 상상 속의 신선이 사는 선경仙境을 추구하고 천하의 명승지를 모방하는 것에서 벗어나지 않았다. 호수에 건설한 세 개의 섬은 동쪽 바다의 삼신산三神山을 상징한 것으로, 전한의 건장궁建章宮부터 명·청 시기 베이징의 삼해三海[90]와 청나라의 원명원圓明園에 이르기까지 계속 사용되었으니, 쇠퇴하지 않고 오래도록 성행한 전통적 주제라고 할 수 있다.

청나라 베이징의 삼산오원三山五園과 청더의 피서산장에서는 각지의 명승지를 대량으로 모방했다. 예를 들면 이화원頤和園은 항저우의 서호西湖를 모방했고, 원명원圓明園은 쑤저우의 사자림獅子林을 모방했으며, 피서산장은 전장鎭江의 금산을 모방했다. 황가 원유는 면적이 광대하며 경관은 대부분 자연 그대로의 산수와 인공적인 것을 결합한 것이다.

황가 원유 배치의 특징은, 몇몇 풍경구로 나누어 서로 대경對景을 이루며 멀리서 서로 호응을 이루도록 한 것이다. 어떤 배치는 축선과 방사형 선의 복잡한 관계를 보여준다. 예를 들면 베이하이北海는 경화도瓊華島

---

88 객관적 경물과 주관적 정감이 상호 융합하여 만들어지는 예술 경계를 가리킨다.

89 원림의 경관 구성 방법의 하나로, 관상 지점 A에서 관상 지점을 B를 바라보고, 관상 지점 B에서 관상 지점 A를 바라보는 방법을 말한다.

90 베이하이北海·중하이中海·난하이南海의 합칭으로, 베이징 고궁故宮과 경산景山의 서쪽에 있다. 명·청 시기에는 서원西苑이라고 불렀다.

가 중심이며 경화도의 동서남북에서 사방으로 뻗은 축선에 모두 건축이 있지만, 그 남쪽의 단성團城은 남북 축선에 자리하지 않고 서쪽에 치우쳐 있다. 호응 관계를 만들기 위해서 경화도 앞의 다리는 세 구획으로 꺾어지게 만들었다. 즉 북쪽 구획은 경화도의 남북 축선상에 있고, 남쪽 구획은 경화도에서 단성에 이르는 연접선상에 있으며,[91] 중간 구획은 남쪽과 북쪽 구획을 연결한다. 이렇게 하나의 다리로 경화도와 단성이 연결된다. 경화도의 남북 축선과 북쪽 기슭의 건축 역시 서로 대응되지 않는다.[92] 그래서 경화도 북쪽 한가운데 자리한 의란당漪瀾堂의 서쪽에 도녕재道寧齋를 지어서 북쪽 기슭의 서천범경西天梵境과 마주하게 함으로써 경물이 호응 관계를 이루도록 했다.(그림 17) 이화원 역시 이러한 축선의 호응 또는 이동 관계를 보여준다.(그림 18) 이러한 상황은 황가 원유가 총체적인 계획에 있어서 세심한 설계를 거쳤음을 말해준다.

원유의 건축은 대부분 조組를 이루어 건설되었는데, 이를 '좌락座落'[93]이라고 한다. 각 조는 하나의 독립적인 작은 원림으로, 전체 판국에 있어서 그것이 자리한 구역의 명소이자 다른 구역과 호응한다. 전체 원유는 실제로 통일된 계획에 따라 대경對景, 상호 호응, 상호 대비 등의 관계를 지닌 일련의 원림 그룹으로 구성되어 있다. 각각의 작은 원림과 풍경에 정취를 더하는 정자에서는 명승의 뛰어난 경치의 정수를 취할 수 있는데, 감추어져 있기도 하고 뚜렷이 드러나기도 한다. 높이 솟은 누대樓

91 정확하게 말하자면, 남쪽 구획은 경화도瓊華島의 백탑白塔에서 단성團城에 이르는 연접선상에 있다.

92 베이하이 북쪽 기슭의 건축군이 경화도의 남북 축선에 자리하고 있지 않다는 의미다.

93 건축물이 자리하고 있는 구체적인 위치를 의미한다.

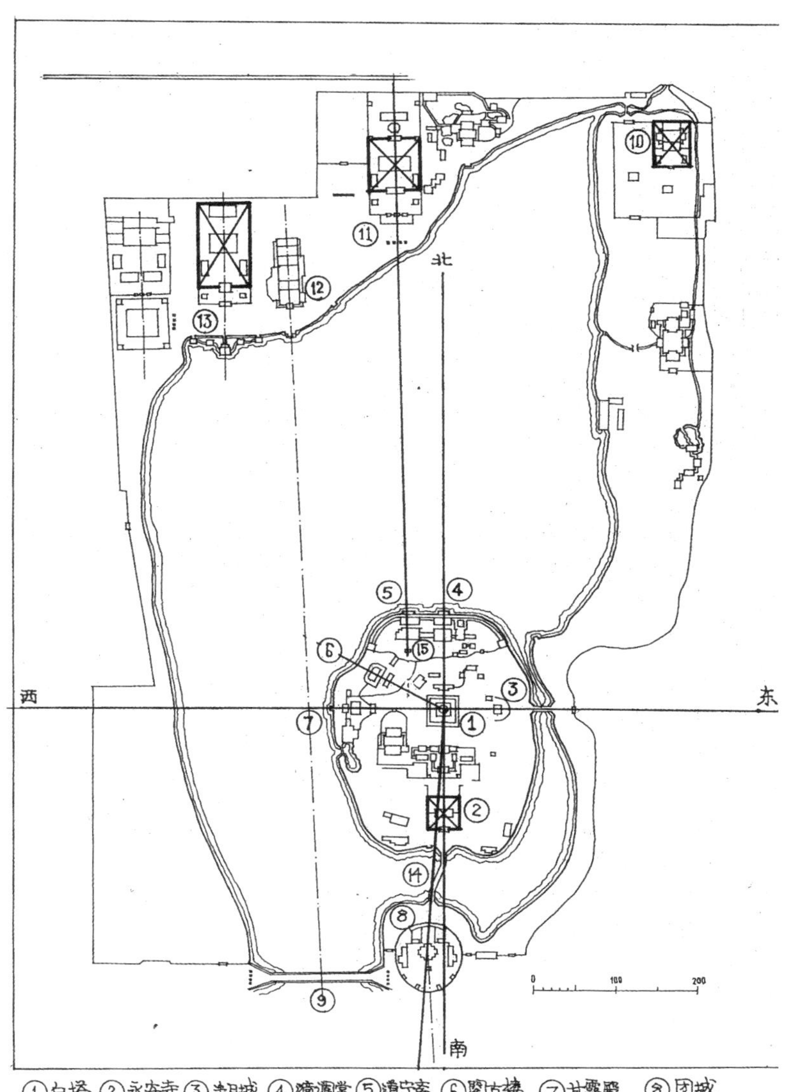

[그림 17] 베이하이 평면 배치도

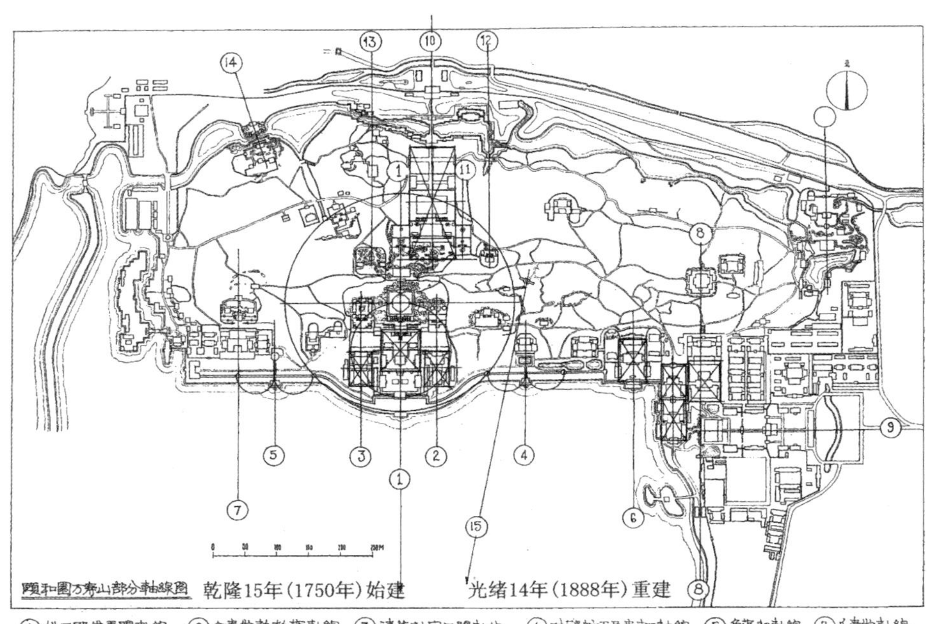

[그림 18] 이화원 만수산萬壽山 배치도

臺, 날아갈 듯한 전각殿閣, 화려한 건축 등 소수의 주요 경관이 요점을 쥐고 전체 판국을 제어하면서 원유의 특수한 면모를 결정한다.

황가 원유는 화려하고 광활하며 사가 원림은 아담하고 그윽하여 서로 풍격이 다르다. 서로 다른 풍격의 산수화에 비유하자면, 강남의 사가 원림으로 대표되는 '도시 산림'형 원림은 구상이 정밀하며 아득하고 빼어나게 아름다운 수묵 사의寫意[94] 소경小景으로, 사색에 잠기게 만든다. 호화롭고 광활한 황가 원유는 청색과 녹색으로 색칠한 선산仙山과 누각을 담은 거대한 화폭으로, 경탄하고 극찬하게 만든다. 청록青綠 산수와 수묵 산수가 모두 가장 특징적인 중국 산수화인 것과 마찬가지로 사가 원림과 황가 원유 역시 모두 가장 특징적인 중국 고대 원림이다.

(5) 성과 도시의 공공건축

고대 도시는 방어를 위해 성벽과 해자를 만들었고 성문을 내어 출입하도록 했다. 일찍이 4000년 전의 룽산龍山 문화 시기에 이미 항토 공법으로 성을 쌓을 수 있었는데, 이는 이후에도 계속 사용되었다. 해자를 파낸 흙으로 성을 쌓으면 토목 공사에서 파낸 대량의 흙을 운송하는 부담을 줄일 수 있는데, 이 역시 옛사람이 오래전부터 장악한 바다. 남북조 때의 업성鄴城과 쉬저우徐州에서는 이미 항토 공법으로 쌓은 성벽의 바깥에 벽돌을 쌓는 방식을 사용했다. 하지만 당·송·원 시기에는 도성을 포함한 모든 성벽에 여전히 항토 공법을 사용했으며 궁성만 벽돌을 둘렀다. 명나라 때부터 비로소 도성 및 주요 주성과 현성에 벽돌을 둘러싼 성

---

94 사실寫實에 상대되는 개념으로, 예술 대상의 외재적 핍진성보다도 그 내재된 정신과 본질의 표현을 강조하는 창작 경향을 말한다.

벽을 쌓았다. 성벽 위에는 외부를 향한 면에 타구垜口[95]를 만들어 성을 지키는 이를 엄폐하는 동시에 화살 구멍을 제공했다. 내부를 향한 면에는 방호 성격의 성가퀴女墻를 만들었다. 성 위에는 30~50미터 간격으로, 돌출된 돈대墩臺를 만들어 측면을 향해 화살과 쇠뇌를 쏘아 성을 철통같이 지키면서 적이 성벽을 기어오르는 것을 막았는데, 이 돈대를 마면馬面[96]이라고 한다. 마면 위에는 엄폐용 오두막을 지었는데 이를 전붕戰棚이라고 한다.

북송 이전에는 나무 기둥을 사용해 사다리꼴 목구조를 지지하는 방식으로 성문을 만들었다. 남송 이후에는 화약이 전쟁에 사용되면서 벽돌을 쌓아 만든 아치문으로 바뀌었다. 성문 위에는 성루城樓를 세워 방어와 전망 역할을 겸하게 했다. 한나라 이후에는 변경 도시에서 대부분 성문 바깥쪽에 곱자 형태의 담장이나 가림벽影壁을 세워, 성문이 열리고 군사가 출동할 때 적에게 보이지 않도록 했다. 이 담장과 가림벽을 옹문壅門과 호문장護門墻이라고 한다. 이후에 이것이 성문 바깥의 반원형 작은 성으로 발전했는데, 이를 옹성甕城이라고 한다.

남송 시대부터 옹성 정면에 대형 전붕을 세웠다. 또한 활을 쏘기 위한 건물을 두었는데, 이를 '만인적萬人敵'이라고 하며 명나라에 이르러서는 화살 쏘는 구멍이 여러 층에 있는 전루箭樓로 발전했다. 옹성 측면의

---

95 성벽 위에 凹 凸 형태가 연속된 담장이 있는데, 그중 凹 형태의 아랫부분(장방형)이 타구垜口이고 튀어나온 부분이 타구장垜口墻이다. 타구장은 엄폐 역할을 하며, 타구를 통해서는 적의 동태를 관찰하고 무기를 사용할 수 있다.

96 일정한 간격을 두고 성벽 일부를 바깥으로 돌출되도록 만든 돈대로, 말의 얼굴처럼 길고 좁게 생겼기 때문에 마면馬面이라고 한다. 성 아래쪽에 있는 적을 성 위쪽의 삼면에서 공격할 수 있다는 게 마면의 특징이다.

문에는 갑판閘板을 설치하여 문을 봉쇄할 수 있게 했는데, 이것이 설치된 건물을 갑루閘樓라고 한다. 벽돌을 쌓아 만든 다층 전루는 견고함이 뛰어나고 목구조의 성루는 높이와 크기와 아름다움이 뛰어나다. 양자는 앞뒤에서 서로 대비되며 서로를 돋보이게 함으로써 성의 웅장함과 견고함이 금성탕지金城湯池와 같다는 깊은 인상을 준다. 현존하는 가장 웅장하고 아름다운 성루와 전루는 시안 성벽의 서문西門으로, 명나라 때 세워진 것이다. 그 규모와 기세가 모두 베이징 성루와 전루를 능가한다.

송나라 이전에 방시제坊市制[97]가 시행되었을 때는 성 내부의 거리 양쪽에서 볼 수 있는 것은 가로수 뒤의 방장坊墻뿐이었다. 소수의 고관만 방장의 문을 열 수 있었으며, 거리 풍경은 가지런하고 광활했지만 단조로웠다. 송나라 이후 가항제街巷制 도시에서는 거리에 면하여 가게를 열 수 있어 거리 풍경이 변화하긴 했지만 거리가 종종 점유되었기 때문에 좁은 느낌이 들었으며 방시제의 거리와는 풍격이 완전히 달랐다.

고대에는 북소리로 시간을 알렸다. 당나라 도성 장안은 궁성의 정문인 승천문承天門에 북을 설치해 성문·궁문·방문坊門의 개폐 시간을 북소리로 알렸다. 각 주에서도 아성衙城 정문에 북을 설치해 시간을 알렸다. 북을 설치한 건물을 초루譙樓 또는 고각루鼓角樓라고 하는데, 높고 큰 성루다. 원나라 때부터 도성 북쪽과 황성 북쪽에 종루와 고루를 세워 시간을 알렸다. 명나라 베이징은 원나라의 이 제도를 이어받아 도시의 중축선 북단에 종루와 고루를 세웠다. 명나라 때는 각 주성·부성府城·현성에서 고루와 종루를 세웠는데, 대부분 네거리에 설치되었으며 고루와 종루가 아성 앞의 초루를 대체했다.

---

97 주택 지구인 방坊과 교역 지구인 시市에 관한 제도를 말한다.

종루와 고루는 높고 큰 돈대 위에 세워진 거대한 누각으로, 우뚝 솟아 있으며 도시의 중심 건축이 되었다. 종루와 고루는 도시의 거리 풍경과 입체적 윤곽을 형성하는 데 중요한 역할을 하며, 중국 옛 성의 특징 중 하나이기도 하다. 현존하는 베이징의 종루와 고루, 시안의 종루와 고루는 모두 명나라 초에 세워졌는데, 높고 크고 웅장하고 아름다우며 지금까지도 옛 성의 전통적인 풍모를 유지하는 데 중요한 역할을 하고 있다.

(6) 상업용 건축

송나라 이전의 방시제 도시에서는 상업이 시장市에 집중되어 있었다. 시장은 담으로 둘러싸여 있었고 담에 시장 문이 나 있었다. 시장 중간에는 시장을 관리하는 관원의 사무실인 시루市樓를 설치했다. 시루 주위에는 상점이 줄을 이루어 배치되었는데, 이를 '사肆'라고 한다. 줄을 이룬 상점들 사이의 도로를 '수隧'라고 한다. 시장의 담 안쪽 둘레를 따라 창고를 두었다. 이러한 시장의 모습은 한나라 화상전畫像磚에서 찾아볼 수 있다.

북송 이후의 가항제 도시에서는 거리를 따라 상점을 열 수 있었다. 상점이 밀집하여 상업가商業街가 되었고, 상업가가 집중된 곳이 상업 중심지가 되었다.

상업용 건축의 특징은 상품의 진열이 용이한 것 외에도 외관이 화려해야 하고 역량이 충분함을 과시해야 하며, 해당 상점의 특징을 갖춰 고객이 쉽게 식별할 수 있어야 한다는 것이다. 시간이 지나면서 서로 다른 상점의 특징이 형성되었다. 다양한 상점 중에서 은루銀樓·주단점綢緞店·다점茶店·약재점藥材店·주루酒樓가 가장 화려했다. 상점 앞면은 2층 또는 3층 누각으로 만들었는데, 정교한 조각으로 장식했으며 정교하고 호화

롭기까지 한 간판을 달았다. 고객을 유인하기 위해 물자가 풍부함을 과시하고자 상점 앞에 패루牌樓를 세운 상점도 있었다.

전통적인 정원식 배치는 상점에도 적용되었다. 일반적인 상점은 대부분 거리를 향해 상점의 전면을 두었고, 후원後院은 창고였다. 대형 상점은 1진進 또는 2진 정원이었으며, 심지어는 앞쪽과 뒤쪽 정원에 모두 층집을 짓고 복도로 연결되도록 했다. 원림의 소경小景을 갖춘 상점도 있었다. 지금까지 보존된 전통 상점은 비교적 적은데, 항저우의 호경여당 중약점胡慶餘堂中藥店은 호화형 정원식 상점의 전형이다. 청나라 중기와 후기에는 베이징 전문前門 안의 기반가棋盤街 앞쪽 동측과 서측에 '천가天街'라고 하는 호화 상가를 건설했다. 실제로 천가는 도시의 외관을 꾸미기 위한 것이었으며, 당시 베이징의 상업 중심은 결코 이곳이 아니었다. 청나라 말에 닝보寧波의 일부 찻집茶店과 금은방金店은 조각 장식에 온통 금칠을 하여 위용을 한껏 과시하는 데 있어서 대표성을 띠었는데, 안타깝게도 이미 존재하지 않는다.

(7) 종교 건축

중국의 고대 종교 건축은 주로 불교 사원佛寺, 도교 사원道觀, 이슬람 사원淸眞寺인데 불교 사원의 수가 가장 많다. 종교 건축은 종교 활동을 하기 위한 것 외에도 건축 예술을 통해 특정한 환경과 분위기를 조성하여 신도를 끌어들이고 신앙을 강화해야 한다.

① 불교 사원

불교는 전한 말에 중국에 전래되었는데, 처음에는 사리를 공양하는 탑을 숭배 대상으로 삼았다. 불교의 심오한 유심주의 철학 역시 중국의 위·진 시기에 성행한 현학玄學과 서로 보완을 이루며 상류층 사족士族의 존경과 신뢰를 얻었다. 하지만 외래 종교인 불교가 천년 전통의 유학이 성행하는 중국에서 크게 발전하기 위해서는 반드시 중국화·세속화됨으로써 중국인이 알기 쉬운 표현과 기꺼이 받아들일 형식으로 전파되어야 했다. 16국 시대 이후 중국은 300년 동안 분열과 동요에 휩쓸려 백성은 고난에 시달렸다. 불교는 인간을 고해에서 구제하여 열반으로 가게 해주는 부처의 위력과 인과응보설을 선양함으로써 고난에 시달리던 수많은 백성과 어지러운 시기에 종종 자신조차 지키기 어려웠던 상류층 인사를 끌어들여 크게 성행했다. 관념 속의 부처와 불국佛國 낙토樂土를 가시적인 형상으로 만들기 위해서 불상을 만들고 불사佛寺를 짓는 일이 성행했다. 불상과 불사는 각각 인도인 형상과 서역식 양식에서 중국인 형상과 중국식 양식으로 점차 변화했다. 불사는 탑 중심에서 불상을 공양하기에 더 적합한 불전 중심으로 점차 변화했다. 탑은 인도식에서 중국 전통의 누각식으로 변했으며, 전殿의 경우 중국 전당으로 지었다. 중국인 형상의 부처와 보살이 화려한 대 위에 좌정해 있고 그 위로는 칠보七寶 장식의 술流蘇이 달린 휘장이 드리워져 있어 중국의 황제·귀족·고관과 비슷하다.

당시에는 귀족이 자신의 집을 시주하여 사원으로 만드는 게 유행이었다. 주택의 전청前廳은 불전이 되고 후당後堂은 강당이 되었는데, 원래의 정원도 보존되어 마침내 불사 원림의 맹아가 되었다. 일반인이 평생 한 번도 볼 수 없는 궁전과 저택을 모델로 삼아 사원을 지음으로써 부처의 존귀함을 드러낼뿐더러 불국의 풍요와 안락을 시각적으로 표현하여, 부처를 향한 일반 신도의 의지를 견고히 하고 더 많은 이들의 호기심을 불러일으켰다. 이는 불교 전파에 유리한 것이었다. 북위의 영녕사永寧寺, 당나라의 장경사章敬寺 등 남북조·수·당의 큰 사원은 모두 궁전과 별반 다르지 않으며 대부분 대중에게 개방되었다.

불사 건축은 주로 종교 활동 공간과 생활용 공간의 두 부분으로 나뉘며 역시 정원식 배치를 채택했다. 종교 활동 공간은 중축선상의 주정원을 중심으로 하며 그 좌우에 몇몇의 작은 정원이 있다. 주로 불전·불탑·강당·경장經藏·종루 그리고 특정 부처와 보살을 전문적으로 공양하는 작은 정원이나 전당이다. 승려들의 생활공간에는 승방·식당·욕실·부엌·창고 등이 있는데, 대부분 뒤쪽에 자리했다. 불사의 배치는 초기에는 불탑이 중심이 되어 주정원의 중앙에 불탑을 세웠는데, 이후에는 불전이 중심이 되었다. 당나라 초에는 불전이 중심에 자리하고 불전 앞쪽의 좌우에 각각 불탑을 세웠다. 당나라 중기 무렵에는 주정원에 불전만 자리했고, 주정원 바깥의 동측과 서측에 각각 탑원塔院을 만들었다. 중당中唐 이후 불사 역시 궁실과 저택을 따라, 회랑을 사용하던 데서 배전을 사용하는 것으로 바뀌었고 사방의 건물이 정원을 둘러싼 사합원 형식이 되었다. 이는 청나라 때까지 계속 사용한 일반적인 방식이 되었다.

중당 이후 불사는 더 광범하게 대중에게 개방되었는데, 극장을 설치한 곳도 있고 '속강俗講'(이야기와 노래가 섞인 설창說唱 형식과 비슷하다)으로 불교를 선전하는 곳도 있어서, 불사가 도시의 중요한 공공장소가 되었다. 송나라 때는 사원 안에서 정기적으로 시장이 열려 교역이 이루어지는 단계까지 발전했다. 북송 변량(지금의 카이펑)의 대상국사大相國寺는 유명한 시장이기도 했다. 주정원의 대전 앞, 동·서 배전과 곁채 쪽에 온갖 물품이 진열되어 판매되었다. 이 전통은 청나라 때까지 이어졌다. 베이징의 융복사隆福寺·백탑사白塔寺·호국사護國寺는 모두 일찍이 거대한 정기 시장이었다. 소수의 이런 불사를 제외한 대다수의 불사에서는 여전히 참선 수행을 주된 것으로 삼았다.

당나라 불사는 일부 전당만 잔존하는데, 전체적인 면모는 벽화와 석각을 통해서만 볼 수 있다. 송나라 불사는 허베이 정딩正定의 융흥사隆興寺만 아직 온전하긴 한데, 송나라와 금나라 두 시대에 걸쳐서 지어진 것이다. 명·청 시대 불사 중에는 지금까지 완전히 보존된 것들이 있는데, 베이징의 지화사智化寺·와불사臥佛寺·벽운사碧雲寺 등이다. 배치에 있어서 공통된 특징은 앞에 산문山門이 있고 문 안쪽 좌우에 종루와 고루를 세웠으며 정북 중축선상에 주정원을 두었는데, 천왕전天王殿으로 칭해지는 남문南門과 배전과 곁채가 정원을 둘러싸 직사각형을 이룬다는 것이다. 또한 정원 가운데에 정전인 대웅보전大雄寶殿을 세우고 그 뒤에는 하나 또는 이중으로 후전後殿이 있기도 하다. 그리고 주정원 좌우로는 몇몇 작은 정원이 있다. 북쪽에 세 정원이 병렬해 있는데, 정중앙에 장경루藏經樓가 자리하고 그 좌우에 방장원方丈院이 있다. 승방과 주방과 창고는 좌우의 작은 정원에 있다.

명나라 초의 제도에 따라 각 주의 부아府衙[98]에서도 앞에는 대문을 두고, 문 안의 주정원 정중앙에 대당大堂을 세우고, 주정원의 좌우에 몇몇 작은 정원을 대칭으로 두었다. 북쪽에 자리한 세 개의 작은 정원에는 관리의 주택이 자리했는데, 배치는 기본적으로 동일하다. 이를 통해 그 당시 칙명을 받아 세운 사원은 기본적으로는 주부급州府級의 관청과 체제였음을 알 수 있다. 하지만 관청의 주정원에는 나무를 심지 않은 반면 사원의 정원에는 소나무와 측백나무를 심고 석비를 두었다. 사원의 정전에는 유리기와를 사용했으며 작은 정원에는 꽃과 대나무가 어우러지고

---

98 부府의 일급 아문衙門을 의미한다.

종소리와 범패梵唄가 더해져 관청과는 분위기가 달랐다.

불전에는 1불 2보살을 모셨는데, 어떤 경우에는 3불이나 5불 심지어는 7불까지 모셨으며 부처는 모두 불단佛壇의 연화대蓮花臺 위에 단정히 앉아 있다. 보살은 대부분 입상이므로 보살을 모신 곳은 대부분 누각이다. 유명한 지현薊縣의 독락사獨樂寺 관음각觀音閣과 청더의 보녕사普寧寺 대승각大乘閣은 모두 2층 높이인데, 중앙 부분을 공정空井으로 만들어 보살상을 세웠다.[99] 아래층에서 그 위용 있는 형상을 바라보고 위층에서 겸손하면서도 단정하고 장중한 얼굴을 똑바로 보면, 비록 신도가 아닐지라도 깊은 인상을 받게 마련이다.

② 도교 사원

후한 후기에 창시된 도교는 중국의 토착 종교로, 노자老子를 교주로 받든다. 도교는 당·송 시대에 크게 성행했다. 도교 건축을 관觀 또는 궁宮이라고 하는데, 역시 정원식 배치를 채택했다. 중축선상의 주정원에 자리한 주전主殿에서는 천존天尊과 노군老君 등을 모셨다. 기타 작은 정원 및 주방과 창고와 거실은 주정원의 양쪽과 뒤쪽에 자리한다.

불교와 도교에 대한 역대 제왕들의 태도가 때로는 경중의 차이가 있긴 했지만 기본적으로는 양자를 병행했으며 어느 하나를 폐기하지 않았다. 따라서 불사와 도관은 나라에서 정한 규모 및 사원의 배치에서 유사

---

99 독락사獨樂寺 관음각觀音閣과 보녕사普寧寺 대승각大乘閣 모두 외형상 2층이지만 내부는 실질적으로 3층 구조다. 두 곳 모두 11면 관음상이 1층부터 3층까지 관통하며 가운데에 자리하고 있다. 이렇게 상층의 바닥 중앙 부분을 비어 있게 만들어서 제일 아래층부터 꼭대기 층까지 뚫려 있는 구조를 공정空井이라고 한다.

점이 상당히 많다. 그러나 도교에는 타초打醮[100]와 같은 의식이 있어서 때로는 옥외 활동이 필요하므로 전 앞에는 대부분 커다란 월대月臺가 있다. 현존하는 가장 중요한 도관은 루이청芮城의 영락궁永樂宮과 베이징의 동악묘東嶽廟로, 모두 원나라 관부官府에서 짓거나 건설을 지원한 것이다. 영락궁과 동악묘의 전 앞에도 모두 거대한 월대가 있다.

③ 모스크

모스크清眞寺는 이슬람교 예배당이다. 이슬람교는 당나라 때 중국에 전래된 이후 점차 발전했다. 현존하는 남방 지역의 송·원 시대 모스크(취안저우의 청정사清淨寺, 광저우의 회성사懷聖寺, 항저우의 진교사眞敎寺 등)와 현존하는 신장 지역의 명·청 시대 모스크는 모두 중앙아시아와 아랍 형식을 비교적 많이 유지하고 있다.

하지만 내지에서는 명나라로 들어서면서 중국 전통의 목구조 전당과 정원식 배치를 많이 채택했다. 이런 종류의 모스크는 예배당을 중점으로 삼으며, 앞쪽에 대문과 이문二門[101]이 있고 문 안쪽의 양측에는 강당이 자리한다. 그리고 정원 정중앙에 예배당이 있고, 예배당 앞에는 신도가 신을 벗는 곳이 있는데 대부분 밖으로 튀어나온 포하抱厦[102]다.

예배당 뒤쪽 벽을 '키블라 벽正向墻'이라고 하며, 이 벽을 오목하게 파서 만든 벽감을 '미흐라브窯殿'라고 한다. 키블라 벽의 앞쪽 왼편에 민바르

---

100 도사가 제단을 차려 놓고 독경하면서 복을 구하고 액막이하는 의식을 말한다.

101 대문 다음에 나오는 문을 가리킨다.

102 몸채의 앞이나 뒤에 연결된 작은 건물로, 마치 몸채를 품에 안고 있는 형태에서 '포하抱厦'라는 명칭이 생겨났다. 거북 머리처럼 튀어나온 형태라서 '귀두옥龜頭屋'이라고도 한다.

宣諭臺가 있는데, 신자들을 향해 설교하는 곳이다. 신자들은 메카를 향해 예배해야 하므로 중국의 모든 모스크는 정면이 동쪽을 향해 있는데, 미흐라브가 동쪽을 향하게 하려는 것이다.[103] 모스크에는 또 '미나레트邦克樓'라는 탑루塔樓가 있는데, 신자들에게 예배 시간을 알려줄 때 사용된다. 그리고 신도의 세정 의식을 위한 물을 제공하는 시설도 있다. 정원식 배치와 웅장한 형태의 건물을 채택한 모스크 예배당 안에는 가늘고 긴 예배용 깔개가 가로로 펼쳐져 있다. 미흐라브는 아랍 건축 풍격을 유지했다. 건축 장식은 식물과 기하학적인 문양만 사용하되 아랍 문자를 예술적으로 가공한 글자체를 사용하기도 했는데, 한족 예술과 이슬람교 예술의 장점을 모두 갖추어 독특한 예술 풍모를 빚어냈다.

(8) 능묘

고대 유교에서는 효도를 매우 중시했으며 효도를 입신立身의 근본으로 여겼다. 부모가 살아계실 때는 효성스럽게 모시고 부모가 돌아가시면 장례를 극진히 치르는 것이 자식의 책임이었다. 무덤을 만들고 장례를 치르는 것은 효도를 다하는 중요한 표현이다. 상을 당한 이는 슬픔과 그리움이 지극해서든 남들의 시선이 두려워서든, 대부분 온 힘을 다해 장례를 후하게 치렀다. 고대인들은 죽은 이를 모시길 살아계실 때처럼 해야 한다고 여겼으므로 능묘에서 건축의 비중 역시 증가했다. 비교적 큰 분묘는 대부분 무덤·제당祭堂·묘장墓墻·신도神道 등 몇 가지 큰 부분으로

---

103 모스크에서 키블라 벽의 미흐라브가 메카의 방향(키블라)을 알려준다. 중국은 메카의 동쪽에 위치하므로 미흐라브가 동쪽을 향해 있어야 무슬림이 서쪽 메카를 향해 예배하게 되는 것이다.

구성된다.

고대 건축의 등급 제도에는 능묘 역시 포함되는데, 묘지의 경계를 정하고 신도神道를 내고 석상을 늘어놓고 묘비를 세우고 제당을 세우는 것이 가능한지 아닌지 또는 어떻게 해야 하는지에 관한 내용 및 무덤의 크기와 높이에 관한 내용까지 관리의 등급에 따라 각각 다른 규정이 있었다. 따라서 옛사람이 무덤을 조성할 때 결코 온전히 재력에 따라 임의로 만들 수 없었으며 사회적 지위의 제한을 받았다. 신하와 서민이 지은 묘가 조상을 추모하기 위한 기념지였다면, 제왕의 능묘는 고인의 '지극히 뛰어난 공덕神功聖德'을 찬미하는 데 더 중점을 두어 가족 황권 연원의 유구함과 번창함과 견고함을 나타냈다. 이는 능묘에 대한 건축 예술 측면에서의 요구 사항이다.

중국 고대 건축 예술은 평면상에 건축군을 배치하여 공간 환경을 창조하는 특징이 있는데, 이는 능묘에서도 두드러지게 표현되었다. 무덤(능산陵山 또는 분산墳山)을 가장 뒤쪽에 두고 주변은 능원陵垣으로 에워쌌다. 앞쪽에는 능문陵門을 세우고 신도를 열었는데, 능 앞의 제전祭殿(또는 제당)에 이르기까지 신도 양쪽에 화표華表·석수石獸·석인石人·비갈碑碣을 세웠다. 능원 안에는 소나무와 측백나무가 두루 심어져 있어 외부 세계와 단절된 독립적인 환경을 조성한다. 무덤 앞에 펼쳐진 일련의 전주곡을 통해 무덤을 찾는 사람은 엄숙한 심리 상태가 점점 더해지다가 마지막에 무덤 앞에 도달할 때는 숭배와 존경의 마음이 저절로 생겨나게 된다.

무덤은 모두 산야에 있다. 광활한 천지 속에서 인공 건축은 아주 작아 보이기 쉬운데, 지상에서 볼 수 있는 가장 높은 것은 산이므로 무덤은 자연 지형이나 산언덕을 통해 두드러져 보이는 효과를 얻고자 한다. 일반적으로 무덤은 고인 물이 없는 고지에서 선택하며, 배후와 좌우가 산언덕으로 둘러싸인 곳이 특히 이상적이다. 제왕의 능묘는 면적이 광대하므로 종종 산언덕을 이용해 불멸의 업적을 상징하게 했다. 진시황릉은 고대의 가장 큰 무덤으로 리산驪山이 병풍처럼 둘러싸고 있는데, 지형 활용의 중요성을 보여준다.

고대 무덤 앞에는 모두 궐闕을 세웠다. 웅위하고 단정한 주봉主峰 앞에 상대적으로 작은 산이 궐처럼 자리하고 있으면, 이는 제왕의 능묘를 세울 때 가장 좋은 자연 지형이었다. 당나라 고종의 건릉乾陵과 명나라 황제들의 13릉은 모두 이러한 지형을 선택해 최대의 성공을 거두었다.

건릉은 산시陝西 첸현乾縣의 북쪽 산에 자리하고 있다. 주봉인 량산梁山은 웅장하며 좌우에 작은 산이 보좌하고 있으며 사방의 산언덕은 멀어질수록 낮아진다. 주봉의 남쪽에는 남북 방향의 여맥餘脈이 있고 영마루가 좌우로 높이 솟았는데, 남쪽으로 평지에 이르기까지 1킬로미터 남짓 뻗다가 좌우로 나뉘어 두 개의 작은 산이 된다. 능을 만들 때 주봉인 량산을 무덤으로 삼아, 산허리에 묘도를 뚫고 묘실을 냈으며, 산 앞에 헌전獻殿(제전)을 세웠다. 주봉 주위에는 방형의 내능원內陵垣을 세우고 사면에 성문을 냈으며 바깥에 궐을 세우고 돌사자를 두었으며 성의 네 모퉁이에는 각궐各闕을 세웠는데, 이는 궁성과 같은 체제다.

건릉의 신도는 산 앞쪽 여맥의 영마루에 나 있는데, 남쪽 끝에 거의 평평한 곳에 외중능원外重陵垣[104]의 정문이 있다. 문 양쪽에 자리한 작은 산의 꼭대기에는 벽돌로 만든 거대한 삼중 자모궐子母闕[105]이 세워져 있는데, 능의 입구임을 표시하는 것이다. 내·외 이중 능원 사이에는 측백나무

104 무덤을 안팎 이중으로 둘러싼 두 개의 담인 외능원과 내능원 중에서 바깥쪽 담인 외능원을 가리킨다.

가 가득하여 '백성柏城'이라고 한다. 신도의 양쪽에는 북쪽 내능원 남문에 이르기까지 18쌍의 석주石柱와 석상, 1쌍의 석비, 61존尊의 번신상蕃臣像이 차례대로 서로 마주하며 세워져 있다. 외능원 입구에서 북쪽을 바라보면 앞쪽에 두 산이 서로 마주하며 솟아 있고 그 위에는 커다란 궐闕이 세워져 있다. 중간에는 신도가 멀리 무덤을 가리키며 산세를 따라 빙빙 돌며 위쪽으로 나 있다. 신도로 진입한 뒤에는 길 양쪽에 늘어선 좌우의 석상이 좌우의 고개 아래 있는 측백나무 숲을 돋보이게 만드는데, 마치 숲 위에 떠 있는 듯한 신도를 따라 한 걸음씩 위로 올라가면서 능 앞에 이르게 된다. 자연스럽게 만들어진 이상적인 이 지형은 능묘를 극도로 돋보이게 만든다. 사방을 둘러싼 산들이 높이 솟은 무덤 아래 엎드려 있는 형상은 천하에 군림하는 죽은 자의 위세와 산처럼 높은 그의 '공덕'을 상징한다. 길 양쪽에 늘어선 석상은 숭배와 존경의 마음을 자아내고, 숲 위로 보이는 신도가 산과 연결된 형상은 인간과 신이 교통한다는 연상을 하게 만든다.

당나라 때의 능이 대부분 산을 무덤으로 삼긴 했으나 건릉만 가장 성공적인 예다. 당나라 황제의 능은 지금까지 발굴되지 않았으며 지하 궁전地宮의 내부 제도는 명확하지 않다. 이미 발굴된 태자와 공주의 무덤은[106] 모두 앞뒤로 2개의 묘실이 있으며 두 묘실의 복도甬道가 연접해 있는데, 무덤 벽화에 그려진 가옥의 실내 이미지는 묘실이 지상의 궁실을 상징한다는 것을 말해준다. 황제의 능은 이와 비슷하지만 규모는 훨씬 더

---

105 커다란 궐 양쪽에 작은 궐이 함께 있는 것을 '자모궐子母闕'이라고 한다. 삼중 자모궐은 황제만 사용할 수 있는 삼출궐三出闕을 말한다. 궐에는 단궐單闕·이출궐二出闕·삼출궐이 있는데, 황제는 삼출궐, 제후는 이출궐, 일반 관리는 단궐을 사용할 수 있었다.

106 장회태자章懷太子 묘와 영태공주永泰公主 묘를 말한다.

크다.

명 13릉은 베이징 창핑현昌平縣 북쪽 산골짜기에 자리하고 있다. 동·서·북 삼면이 산으로 둘러싸여 있으며 주봉인 톈서우산天壽山이 북단에 자리한다. 산골짜기 입구가 있는 서남쪽에는 작은 산 두 개가 마치 천궐天闕인 듯 서로 마주하며 우뚝 솟아 있다. 능문은 산골짜기 입구에 세워져 있고, 그 안쪽 능역陵域에는 소나무와 측백나무가 가득하다. 전체 묘역은 북쪽 톈서우산에 의지해 있는 명나라 영락제의 장릉長陵을 중심으로 하며, 나머지 12개의 능도 각각 하나의 산봉우리에 의지한 채 좌우로 나뉘어 늘어서 서로 호응하면서 10여 킬로미터에 걸쳐 가로놓여 있다.

산골짜기 입구에서 장릉까지는 능묘로 이어진 약 7킬로미터의 능도陵道가 있다. 그 시작 부분에 묘역의 대문에 해당하는 대홍문大紅門이 있고, 대홍문 바깥으로 1킬로미터 남짓 되는 곳에 묘역의 표지물인 석패방이 세워져 있다. 대홍문을 들어서면 비정碑亭이 있고 비정 안에는 거대한 영락제의 석비[107]가 있다. 비정 북쪽으로는 약 1킬로미터에 달하는 신도가 있고, 길 양쪽에는 석주와 18쌍의 석상이 세워져 있다.

북쪽으로 더 올라가면 지세를 따라 능도의 높낮이가 바뀌는데, 3개의 다리를 건너면 장릉에 이르게 된다. 도중에 높은 곳에서 바라보면 소나무와 측백나무가 울창한 산봉우리에 의지하고 있는 각 능의 장관을 볼 수 있다. 낮은 곳에서는 장릉 주전主殿의 우뚝 솟은 모습을 올려다볼 수 있다. 샛길에서는 장릉 주전과 방성명루方城明樓[108]와 보성寶城[109]의 측면을 볼 수 있다. 이처럼 서로 다른 각도에서 각 능과 지형의 교묘한 결합을 볼

---

107 장릉신공성덕비長陵神功聖德碑를 말한다. 영락제의 아들인 주고치朱高熾(인종仁宗 홍희제洪熙帝)가 세운 석비로, 영락제의 공적을 적은 비문이 적혀 있다.

수 있다. 당나라 건릉의 경우 하나의 능이 하나의 산봉우리에만 의지해 있는 것과 달리, 명 13릉은 모든 능이 하나의 산골짜기로 모이면서도 각각 하나의 산봉우리에 의지해 있어 에워싼 형태를 빚어낸다. 이는 일종의 가족묘 형식인데, 무덤군이 지형과 능도의 노선을 이용한 데 있어서 가장 성공적인 예로, 당나라 건릉과 더불어서 제일이라고 할 만하다.

장릉의 건축은 기본적으로 온전히 보존되어 있는데, 붉은 담으로 둘러싸인 3진 정원식 구조다. 제2진 정원에 자리한 능은전祾恩殿은 전체 능의 중심 건축으로, 장중하고 웅위한 형태는 자금성의 태화전에 견줄 만한데, 좌우 배전은 이미 파괴되었다. 능은전 뒤편의 제3진 정원 북단에는 방성명루가 자리하고 있는데, 방형의 돈대 위에 비정碑亭[110]이 세워진 것이다. 방성 뒤쪽이 바로 무덤이다. 무덤은 평지에 돌을 쌓아 봉분을 만들었는데 직경이 약 400미터다. 그 둘레를 벽돌담이 원형으로 둘러싸 호위하고 있으며, 그 아래쪽에는 돌로 만든 묘실이 있다. 무덤 가운데 부분이 융기되어 있고 측백나무가 빽빽하게 심어져 있어, 멀리서 바라보면 기대고 있는 산과 혼연일체를 이루지만 실제로는 중간에 도랑과 물막이 벽이 있어서 서로 연결되어 있지는 않다. 이런 식의 능은 명나라 때 처음으로 만든 것으로, 이전 시대와는 다르다.

청나라의 능 역시 산골짜기에 집단적으로 조성했지만 각각 하나의 산

---

108 명·청 시대 황제의 무덤 앞에 세운 건축으로, 방형의 돈대 위에 누각이 놓인 형태다. 방형의 성대城臺를 '방성方城'이라 하고, 그 위에 놓인 누각을 '명루明樓'라고 한다. 명루의 지붕은 중첨헐산정重檐歇山頂이며 명루 안에는 묘시비廟諡碑가 있다.

109 제왕 능묘의 지하 궁전 위쪽을 한 바퀴 둘러 쌓은 벽돌 담을 말한다.

110 비정 안에는 '대명태종문황제지릉大明太宗文皇帝之陵'이라고 새겨진 석비가 놓여 있다.

에 의지한 형태는 결코 아니다. 묘역 앞부분의 건축은 대체로 명나라 제도를 따르되 조금 변화를 주었다. 청나라의 경우 명나라 능이 자리한 곳만큼 뛰어난 지형이 없었기 때문에 능이 모두 일자로 배열되고 기세가 분산되어 명나라 능에 훨씬 못 미친다.

(9) 교량

고대의 교량은 구조상 형교桁橋, 아치교, 캔틸레버교, 현수교, 부교浮橋 등으로 나뉜다. 거대한 내와 강을 가로지르는 많은 다리는 공학 기술의 역사에서 기적이 되었다. 일찍이 기원전 3세기에 진秦나라는 셴양咸陽에 웨이허渭河를 가로지르는 너비 6장丈(약 14미터), 길이 140장(약 326미터)의 교량을 건설했다. 서진과 당나라는 3세기 말과 8세기 전반기에 각각 지금의 허난 멍진孟津과 산시山西 융지永濟에 황허를 가로지르는 부교를 건설했다. 송나라는 11~12세기에 지금의 푸젠 취안저우와 진장晉江에 길이 800여 미터의 낙양교洛陽橋와 길이 2000여 미터의 안평교安平橋를 건설했는데, 형교 양식의 석교다. 금나라는 12세기 말에 중도(지금의 베이징)에 길이 265미터의 석조 아치교인 노구교盧溝橋를 건설했다.

길이가 길진 않지만 새로운 공법이 사용되거나 시공 조건이 매우 까다로운 다리도 있다. 예를 들어 수나라 때 7세기 초에 건설된 세계 최초의 개복식 아치교open-spandrel arched bridge인 자오저우趙州의 안제교安濟橋,[111] 청나라 때 18세기 초에 다두허大渡河의 급류 위 절벽 사이에 건설된 길이

---

111 아치교 중 아치 리브와 상판 사이의 공간인 스펜드럴Spendral의 개폐 유무에 따라 충복식 아치교, 개복식 아치교로 구분한다. 자오저우趙州의 안제교安濟橋는 개복식 아치교로, 가운데 큰 아치의 양쪽 위에 각각 작은 아치가 두 개씩 더 있는 형태다.

104미터의 철제 현수교인 노정교瀘定橋 등은 중국 교량의 역사에 영광을 더했다.

이상의 교량은 기세가 웅장할뿐더러 예술적으로 만들어져 건축 예술의 장관이라 할 수 있다. 진나라 때 센양에 건설된 교량은 다리 끝부분에 석조 인물상이 있고, 남조 시기 건강과 수·당 시기 뤄양의 부교는 다리 끝에 누각과 화표華表를 세웠으며, 당나라 시기 융지의 황허를 가로지르는 부교는 각각 무게가 70톤이나 되는 철로 만든 소의 상 4개를 교량 고정용으로 사용했다. 안평교에는 정자 다섯 개를 세우고 다리 끝에 석탑을 세웠으며, 자오저우의 안제교와 베이징의 노구교는 망주望柱에 놓여 있는 돌사자상과 난간에 새겨진 운룡雲龍이 세계적으로 유명하다. 광시廣西 둥족侗族의 정양교程陽橋는 다리 위에 누각이 있고 긴 복도로 연결되어 있는데, 교량 기술과 건축 예술이 결합한 훌륭한 예다.

일부 목조 교량은 프레임 구조가 질서정연하며 다리 자체가 예술미를 겸비하고 있다. 예를 들면 북송의 「청명상하도淸明上河圖」에 그려진 북송 변량의 목조 적층 빔laminated beam 아치교와 현대에 철거된 란저우蘭州의 악교握橋가 그렇다. 강이 그물처럼 분포한 강남 지역에는 배의 운행을 용이하게 하고자 대부분 작은 강을 가로질러 높이 솟은 형교식 또는 아치식 석교를 건설했는데 조각이 정교하고 형체가 아름다워, 수려한 강남 민가와 더불어 독특한 지방 풍모를 빚어냈다.

중국 전통 원림은 대부분 수경水景을 위주로 하며, 아름다운 다리는 원림에서 불가결한 경관이다. 수면 위로 나지막이 걸린 형교식 석교와 무지개처럼 솟은 아치형 석교가 수면에 비친 그림자와 어우러져 '작은 다리와 흐르는 물小橋流水'이라는 용어가 결국 원림의 대명사처럼 되었으며, 원림의 다리에는 교량의 건축 예술미 역시 충분히 표현되었다.

2장

고대 중국의 목구조 건축 설계의 특징

중국 건축은 7000년 이상의 유구한 역사를 지녔지만 한나라 이전의 건축물은 대부분 흙과 나무가 혼합된 구조이거나 목구조 건축이라 장기간 보존할 수 없었으므로 이른 시기의 건축물은 남겨진 게 극히 드물다. 이미 발굴된 건축 유적은 대부분 파손되었고, 시대와 유형 역시 그다지 연관성이 없는데다가 원래의 상태를 정확히 추측하고 나아가 그 설계 방법을 연구할 조건이 갖추어지지 않은 탓에 유적을 명기明器 도옥陶屋 및 화상석 등의 이미지 사료와 상호 참조하면서 연구할 수밖에 없다.

현존하는 고대의 지상 건축 실물 가운데 석조물로는 후한의 석궐石闕이 가장 오래된 것이고, 벽돌로 만든 것으로는 북위 말년에 세운 덩펑登封의 숭악사탑嵩岳寺塔(523)이 가장 오래된 것이며, 목조물로는 중당 때 세운 우타이의 남선사 대전(782)(그림 19)이 가장 오래된 것이다. 따라서 현재 이 방면의 연구는 주로 건축 실물이 존재하는 북위와 당나라부터 시

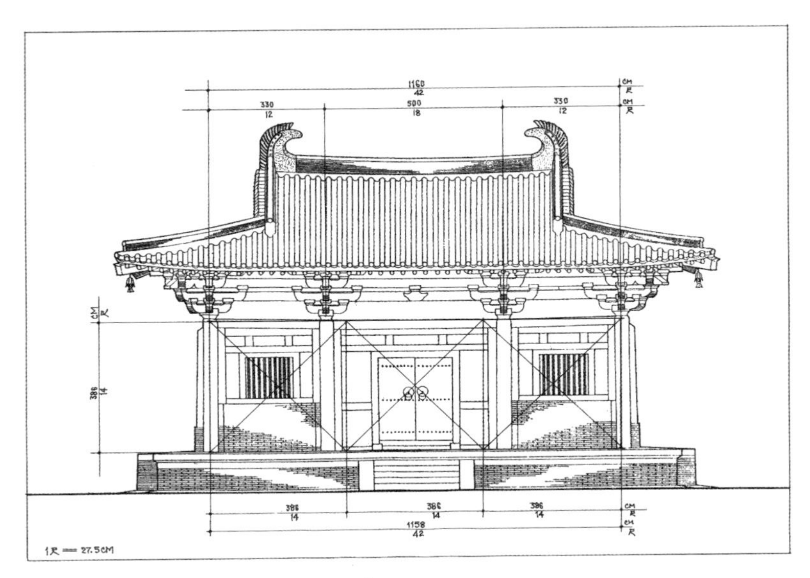

[그림 19] 산시 우타이의 남선사 대전 입면도

작하게 마련이다. 당나라 이후의 건축은 목구조 위주이며 벽돌 건축은 부차적인 것이 되면서 목구조 건축 설계가 마침내 고대 건축 설계 연구의 주요 방면이 되었다.

고대 목구조 건축의 너비寬度는 칸수로 계산하는데, 정면의 두 기둥 사이를 1칸이라고 하며 각 칸의 너비를 간광間廣이라고 한다. 몇몇 칸이 병렬로 연결되어 한 채의 건축이 되는데, 건축의 총 너비를 면활面闊이라고 한다. 목구조 건축의 심도深度[112]는 지붕 트러스의 수로 계산하는데, '진심進深～연椽'으로 칭한다(대형 건축인 경우에는 측면 역시 칸으로 나누는데, 일반적으로 진심 2연이 1칸이다). 직사각형 평면 건축의 지붕 형식에는 경

112 가옥의 앞쪽에서 뒤쪽까지의 길이로, 가옥의 측면 길이에 해당한다.

[그림 20] 북제 무덤 가운데 가옥 형태의 목곽

산硬山·현산懸山·헐산歇山·무전廡殿이 있다. 헐산과 무전은 아래쪽을 중첨重檐으로 만들 수 있다. 하나의 건축을 구체적으로 나타낼 때는 면활 ~칸, 진심 ~연(또는 ~칸), 지붕은 ~정頂으로 칭한다. 북제北齊의 무덤 가운데 가옥 형태의 목곽을 예로 들면 면활 3칸, 진심 2칸(1명 2암一明兩暗,[113] 4연), 지붕은 헐산정이다.(그림 20)

목구조의 단일 건축 평면은 일반적으로 가로로 긴 직사각형이며, 지붕 형식은 등급 제도의 제한 탓에 선택의 여지가 적었으므로 형체가 모두 비교적 단순하다. 하지만 몸체를 중심으로 주위에 부속 건축을 연결해 짓는다면, 예를 들어 앞쪽과 뒤쪽에 포하抱厦[114]를 추가하거나 좌우

113 고대 건축의 전형적인 기본 구조가 '1명 2암一明兩暗'식이다. 즉 면활面闊 3칸이 1개의 명간明間과 그 좌우의 차간次間으로 구성된다. 당堂에 해당하는 명간은 외간外間이라고도 하며 바깥과 통하는 문이 나 있는 칸이다.

양쪽에 이방耳房을 추가한다면 외형이 비교적 복잡한 복합체를 형성할 수 있다. 만약 몸체를 앞뒤로 연결해 지붕을 구련탑정勾連搭頂[115]으로 만들면 몸체의 앞뒤 길이도 확대할 수 있다. 만약 2층 또는 3층 누각의 주변에 이러한 부속 건축을 추가하고 여기에 층높이의 변화 및 지붕의 단첨과 중첨의 조합을 배합한다면 외관이 훨씬 다채로운 복합 누각이 될 수 있다. 이미 발견된 유적을 역사 기록과 결합해서 보면, 흙과 나무의 혼합 구조인 전한 시기의 명당明堂과 벽옹辟雍,[116] 송·원 시기 회화에 그려진 누관樓觀, 현존하는 대량의 궁전과 사원이 모두 규모가 거대하고 외형 변화가 풍부한 복합형 건축임을 알 수 있다.(그림 21) 현존하는 명·청 시기 자금성의 각루角樓는 바로 복합형 건축의 훌륭한 예다.(그림 22)

이상의 예는 고대에 중국이 형체가 복잡하고 구조가 특수한 복합형 건축을 건설할 수 있었음을 말해준다. 하지만 이런 건축이 실제로는 잘 사용되지 않았는데, 특별한 수요처가 있는 경우에만 가끔 사용되었고 절대다수는 여전히 가로로 긴 직사각형 평면의 건축이었다. 궁전·단묘壇廟·사당·사원의 주전 역시 기본적으로 그러한데, 다만 면활과 진심이 확대되고 지붕에 격식이 높은 헐산정이나 무전정을 사용하고 중첨을 더했을 따름이다. 현존하는 목구조 건축 중 가장 오래된 것은 당나라 때 세워졌지만 오직 송나라와 청나라 때만 건축 설계 방법과 규범에 관한 전

---

114 몸채의 앞이나 뒤에 연결된 작은 건물로, 마치 몸채를 품에 안고 있는 형태에서 '포하抱厦'라는 명칭이 생겨났다. 거북 머리처럼 튀어나온 형태라서 '귀두옥龜頭屋'이라고도 한다.

115 둘 이상의 건물이 앞뒤(진심進深 방향)로 연결되면서 각 건물의 지붕이 하나로 연결된 형태의 지붕을 말한다.

116 원래는 주나라 천자가 설치한 대학으로, 중국 역대 왕조의 국립대학이자 전례典禮가 행해지는 장소였다. 부지는 원형이며 못으로 둘러싸여 있다.

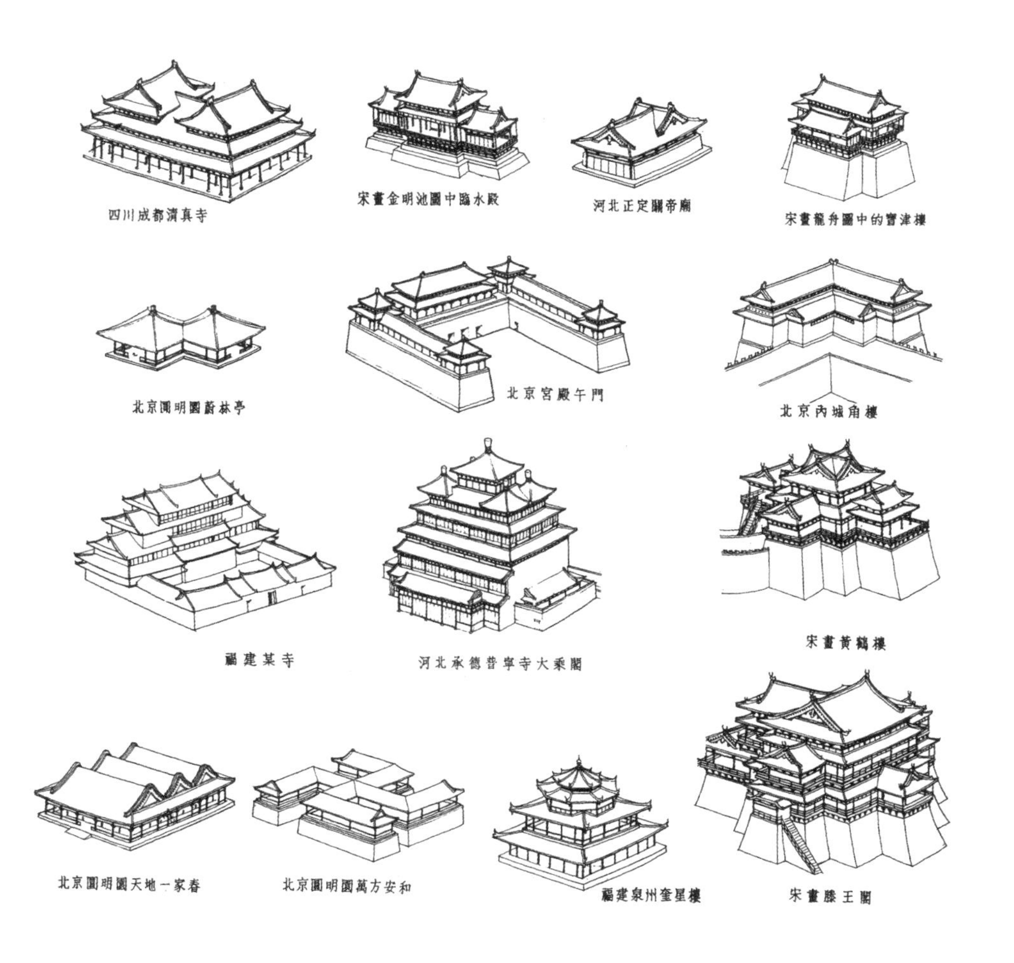

[그림 21] 중국 고대 건축의 조합 형태

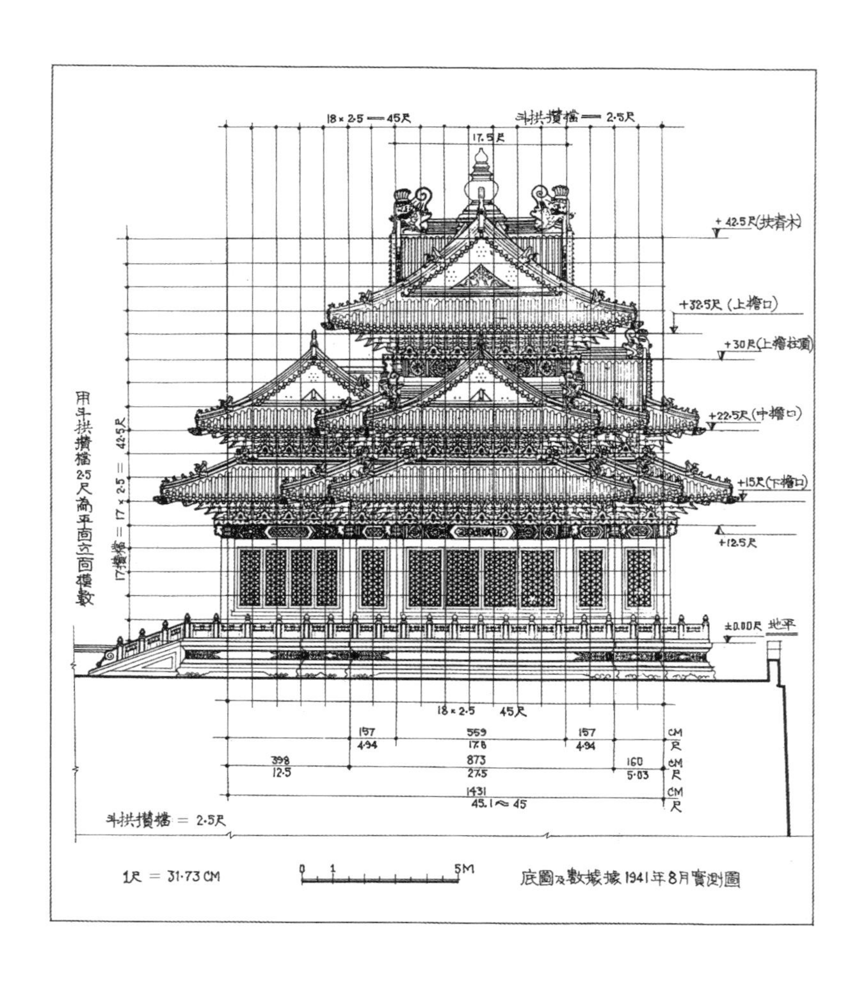

[그림 22] 자금성 각루 분석도

문 서적이 나왔으므로 주로 당나라부터 시작해서 명나라와 청나라까지 살펴봐야 한다.

목구조 건축의 설계 방법에 대한 가장 이른 시기의 상세한 기록은 북송 원부元符 3년(1100)에 편찬된 『영조법식』이다. 이 책에서는 목구조 건축에 사용되는 표준 목재를 '재材'라 하고 그 높이를 모듈로 삼아 '재고材高'라 칭했으며 이것을 건축의 '기본 모듈'로 규정했다. 또한 재고의 1/15을 '분分'으로 삼았는데, 이 '서브 모듈'로 작은 치수의 부재를 계산했다. 건축에 공포를 사용할 때는 두공의 높이栱高와 재의 높이材高가 같다. 건축물의 너비와 진심, 기둥·보·두공 등의 부재는 모두 '재'와 '분'을 단위로 삼았다. 송나라 때는 '재'의 크기를 8등급으로 규정했는데, 건축의 등급·성격·규모에 따라 골라서 사용했다. 당시 이 책을 편찬한 것은 공사를 검수하고 자재를 계산하기 위한 용도였으므로, 재와 분으로 계산한 부재의 치수는 자세하게 기재되어 있으나 건축의 전체적인 비례 관계는 생략되어 있다. 하지만 『영조법식』에 기록된 부재의 치수를 분석하고 이를 당시 건축 실물에 대한 연구와 결합함으로써 전체적인 비례와 관련된 내용을 유추해낼 수 있다. 예를 들면 건축의 면활과 진심은 처마 공포 개수의 영향을 받으며, 공포 간의 거리는 110~150'분' 사이이다. 실제 측정을 통해 외진外陣 평주의 높이가 건축의 면활 및 높이와 일정한 관계가 있음을 알 수 있는데, 이것이 건축의 '확장 모듈'로 다층 누각과 탑에서 더욱 뚜렷이 나타난다.

현존하는 당나라 건축인 남선사와 불광사 대전에 대한 연구를 통해 앞에서 언급한 『영조법식』의 기록, 즉 '재고'를 기본 모듈로 삼고 '분'을 서브 모듈로 삼고 '기둥 높이柱高'를 확장 모듈로 삼아 건축 각 부분의 치수와 비율을 제어하는 설계 방법이 당나라 중후기에 이미 매우 성숙하

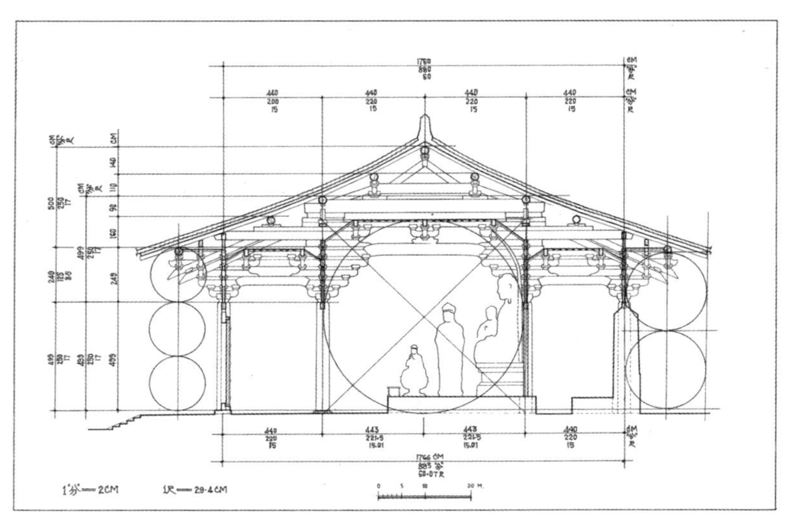

[그림 23] 불광사 대전 단면도

게 운용되었음을 알 수 있다.(그림 23) 현존하는 요나라 때 세워진 불궁사佛宮寺 목탑의 높이 역시 하층의 기둥 높이를 확장 모듈로 삼았다.(그림 24) 중국 남북조 후기부터 당나라 전기까지의 영향을 받은 일본 아스카 시대의 목탑인 호류사法隆寺 오층탑 역시 탑의 높이에 있어서 평주의 높이를 확대 모듈로 삼은 설계 방법을 채택했음을 고려한다면, 이렇게 모듈을 운용하는 설계 방법은 당나라 초와 남북조 후기까지 거슬러 올라갈 수 있으며, 『영조법식』에 기록된 내용은 바로 이를 바탕으로 발전한 것이다.(그림 25)

『영조법식』에서는 건축의 구조를 전당殿堂형, 청당廳堂형, 여옥餘屋형의 세 유형으로 구분했는데, 가옥의 중요성과 규모에 따라 달리 사용되었으며, 각 유형마다 몇몇 양식이 또 있다.

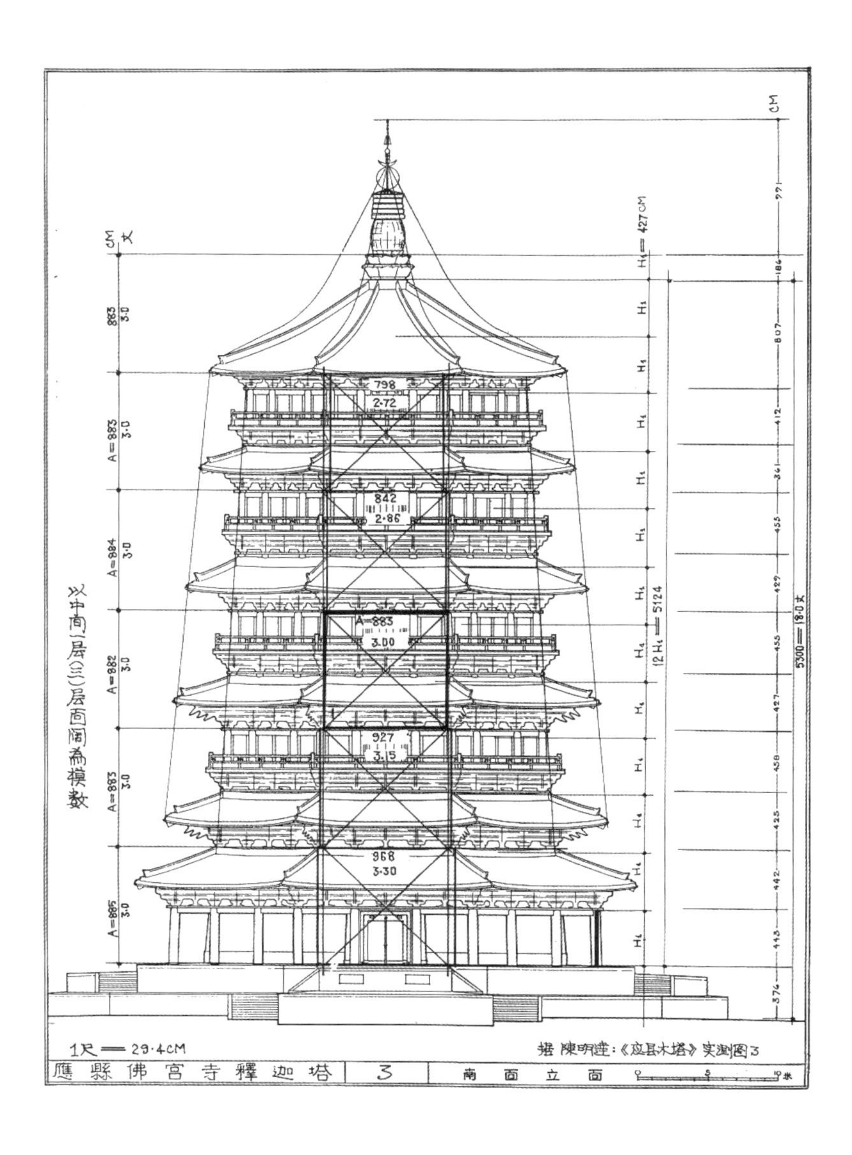

[그림 24] 잉현 불궁사 석가탑 입면도

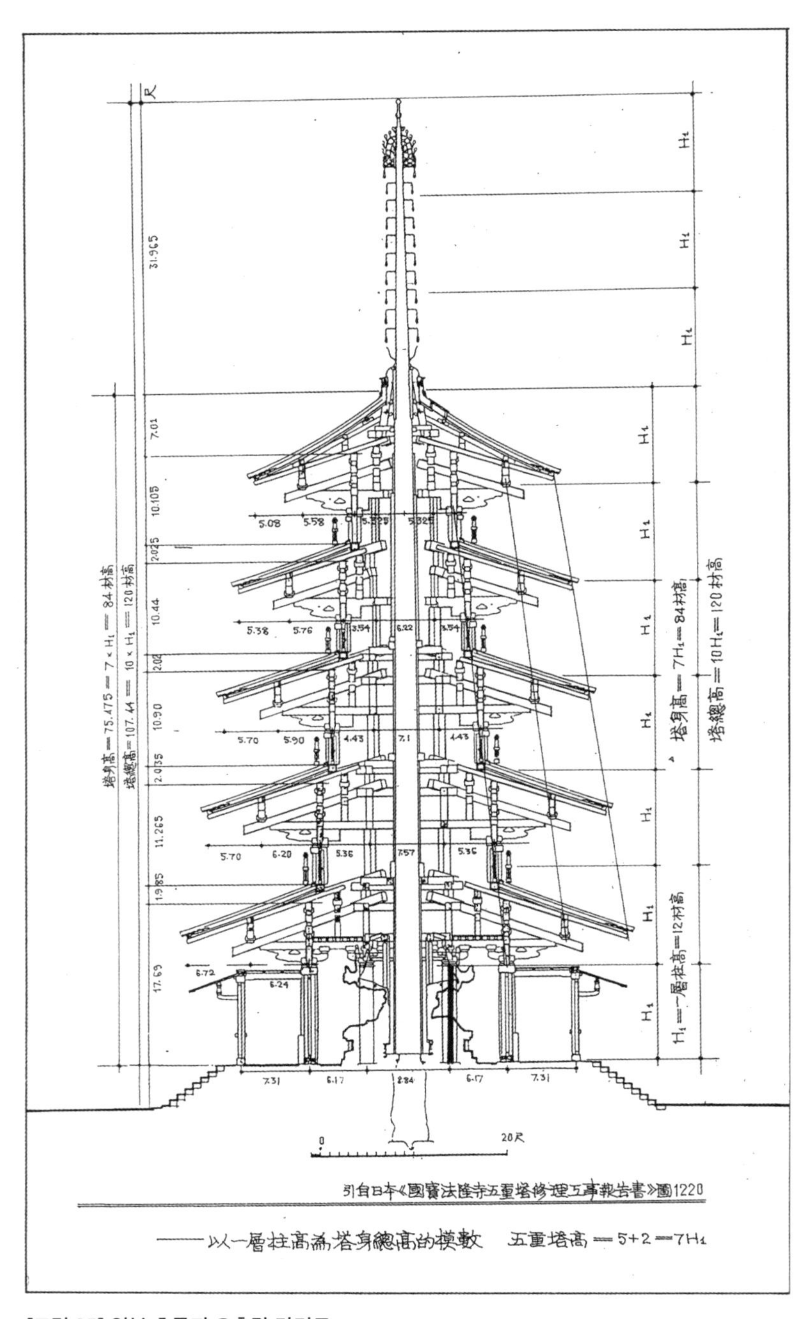

[그림 25] 일본 호류지 오층탑 단면도

전당형 구조의 특징은, 아래에서 위로 가면서 주망柱網·공포·지붕의 세 개의 수평층이 중첩되어 이루어졌다는 것이다. 주망의 배치에는 단조單槽·쌍조雙槽·두저조斗底槽 등의 방식이 있다. 공포, 주심 장여柱頭枋, 명복明栿[117]으로 구성된 공포층이 하나의 수평 망 틀이 되어 주망 위에 놓임으로써 전체적인 구조의 안정성을 유지하는데, 그 기능은 현대 건축의 층도리Girth[118]와 유사하다. 공포층 위에 지붕을 설치한다.(그림 26)

청당형 구조는 몇몇 수직 틀이 병합하여 이루어진 것이다. 송나라와 그 이전의 청당형 구조는 필요에 따라 서로 다른 유형을 선택해 병합할 수 있었다. 즉 실내 공간의 필요에 따라 하나의 건축에 진심(연椽의 수)은 같되 기둥의 수와 기둥의 위치는 다른 틀을 병합하여 혼용해 실제로 사용하는 데 있어서의 필요에 따라 주망과 지붕 트러스를 배치함으로써 어느 정도 유연성이 있었다.(그림 27) 현존하는 당나라 건축 실물과 유적을 볼 때, 불광사 대전은 전당형 구조에 속하고 남선사 대전은 청당형 구조에 속하는데 두 구조가 당나라 때 이미 성숙했다.

송·금·원의 발전을 거쳐 명나라로 접어들 무렵에는 목구조가 단순화되면서 건축 설계의 모듈 운용에도 변화가 생겼다. 즉 '재고'를 기본 모듈로 삼고 재고의 1/15인 '분'을 서브 모듈로 삼았던 '재분제材分制'에서 첨차의 너비栱寬를 기본 모듈로 삼고 이것의 1/10을 서브 모듈로 삼는 '두구제斗口制'로 바뀌었다. 명·청 시대의 관식 건축 설계는 모두 첨차의 너비를 기준으로 하는 '두구'를 기본 모듈로 삼았다.

---

117 천화판天花板 아래쪽의 보를 말한다. 천화판 위쪽의 보인 초복草栿에 상대되는 개념이다. 초복은 눈에 띄지 않는 보이므로 거칠게 만들어진 반면, 명복明栿은 눈에 띄는 보이므로 보다 정교하게 만들어졌다.

118 외부 마감재 고정용 지지 철물을 말한다.

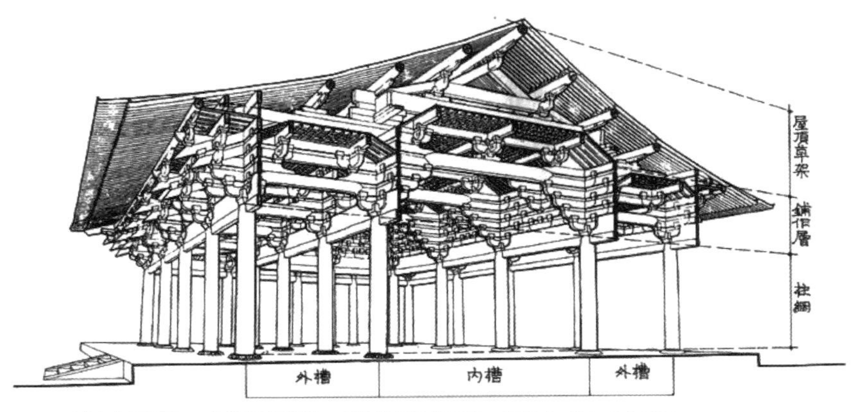

[그림 26] 불광사 대전 구조

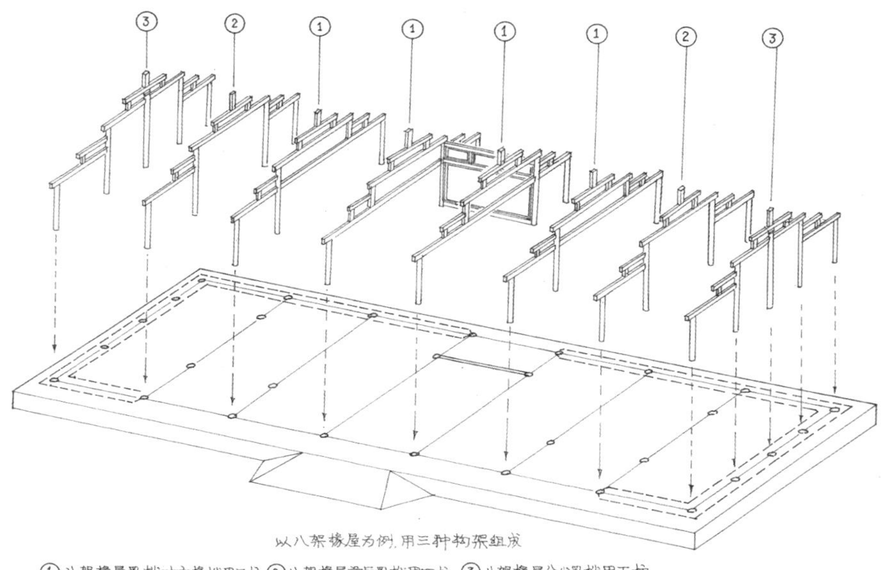

[그림 27] 송나라 양식의 청당형 구조

두구를 모듈로 삼아 단일 건축을 설계하는 방법은 명나라 초에 시작되었지만 청나라 옹정 12년(1734)에 이르러서야 문자 형식으로 기록되었는데, 바로 74권으로 편찬된 『공부공정주법工部工程做法』이다. 이 책에서는 27종의 건축 치수, 23종의 대식大式 건축, 4종의 소식小式 건축에 대해 기록했다. 대식 건축은 두구를 모듈로 삼았는데, 두구를 11등급으로 나누어 건축의 성격과 규모에 따라 골라서 사용했다. 건축물의 평면 치수, 기둥 높이, 부재의 단면 등은 모두 두구제를 따랐다.

명나라와 청나라의 건축 구조는 송·원 이후의 전통이 발전하고 단순화한 것이다. 중요한 전당은 기본적으로 송나라 양식의 전당 구조를 기본으로 하여 더 단순화했으며, 기둥머리 위쪽 가로 방향(면활 방향)을 액방으로 서로 연결했을 뿐만 아니라 세로 방향(진심 방향)으로는 연접한 수량방隨梁枋을 더했다. 이렇게 주망의 꼭대기 부분에 몇 개의 네모 틀이 만들어져 주망의 전체성과 안정성을 강화했다. 공포, 주심 장여, 명복으로 이루어진 주망과 지붕 틀 사이의 공포층이 구조의 전체성 및 브래킷의 기능을 상실한 채 장식층 및 건축 등급의 상징으로 변했다. 이는 목구조 발전에 있어서 일종의 변화다.(그림 28)

명·청 시대의 비교적 부차적인 건물의 구조는 여전히 송·원 이래의 청당형 구조에 가깝지만 조합의 변화는 비교적 덜했다. 전당형과 청당형은 청나라 양식에서 모두 대식 건축에 속했다. 청나라 양식의 소식 건축 목구조는 청당형 구조보다 더 단순화되었다. 예를 들면 면활에 특정 계수係數를 곱하여 기둥 높이와 기둥 지름을 정하고, 기둥 지름에 일정한 치수를 가감하여 다른 부재의 단면을 정했다. 모듈이 지나치게 단순화되고 수용 범위가 너무 광범했기 때문에 많은 부재의 치수가 그다지 합리적이지 않은 경우가 자주 발생했다.

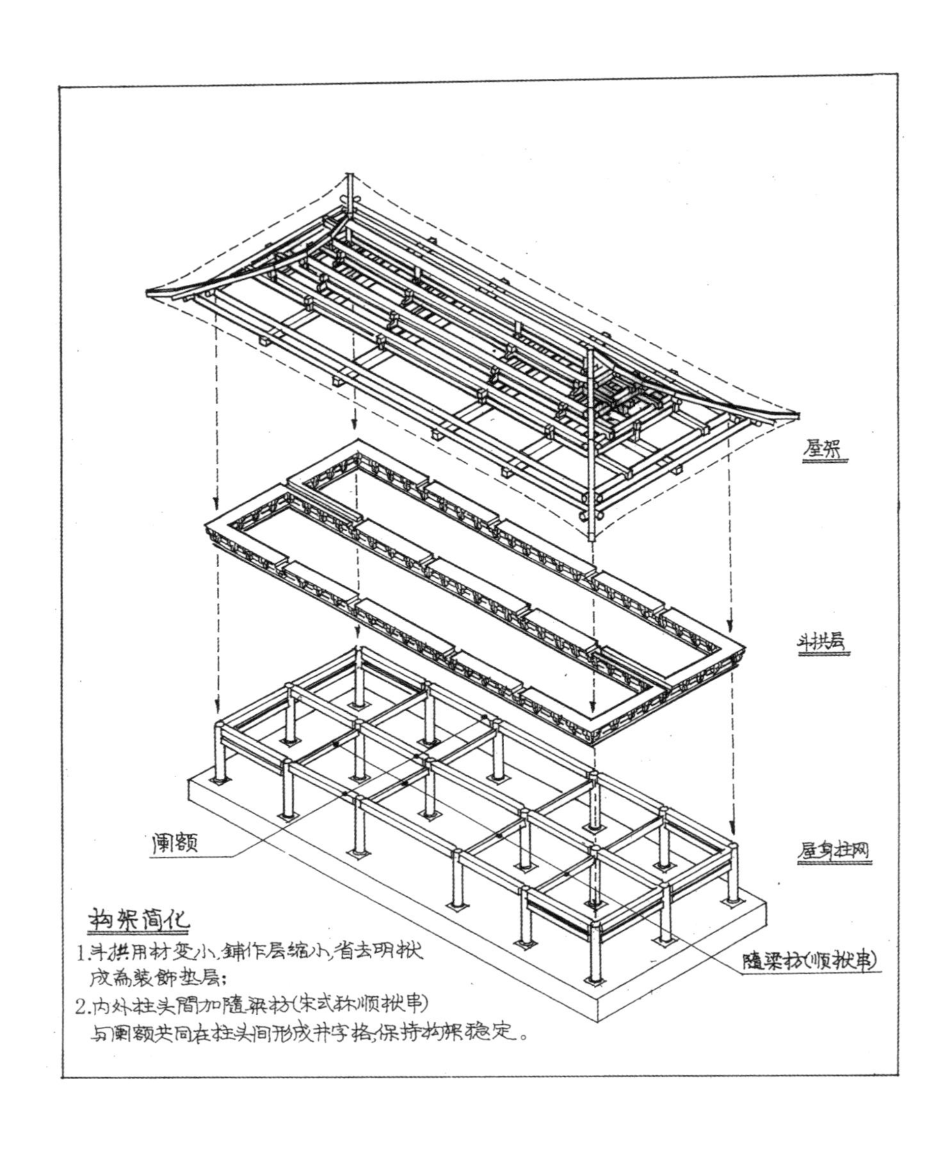

[그림 28] 명·청 시대 전당 구조 분석도

명·청 시대 관식 건축의 설계에 규정된 조문은 지나치게 경직되고 융통성이 없어서 건축물의 면모가 비교적 단조롭고 개성이 두드러지지 않으며, 재료가 너무 커서 둔하고 투박해 보인다. 하지만 다양한 크기의 건물이 통일과 조화를 이루도록 하는 효과를 유지한다는 점에서는 나름의 장점을 지닌다. 따라서 명·청 시대의 단일 건축은 외관상 그다지 활기차게 눈길을 끌지는 않지만 여러 건축이 조합해 커다란 건축군이 될 때는 비교적 높은 예술 수준에 도달할 수 있었다. 이는 명·청 시대의 궁전과 단묘壇廟에서 찾아볼 수 있다.

『영조법식』과 『공부공정주법』에 기록된 '재분'과 '두구'를 모듈로 삼아 단일 건물을 설계하는 방법을 연구하고 실측도와 데이터를 분석한 결과, 비록 명문화된 규정은 없지만 두 책의 내용에 포함된 확장 모듈의 운용과 기타 설계 규율 덕분에 고대 건축 설계 기법에 대해 점점 더 많이 이해하게 되었다. '재분'과 '두구'의 척도가 너무 작아서 가옥의 큰 윤곽의 치수를 계산하기에는 지나치게 세세한데, 분명히 훨씬 간명하고 파악하기 쉬운 방법이 있었으리라 추정된다.

각각의 실례에 대한 분석을 통해, 원나라 이전에는 단일 건축이 '재'와 '분'을 설계 모듈로 삼았음을 알 수 있다. 건축을 설계할 때 그것의 성격과 중요성(등급)과 규모에 따라 구조 유형(전당·청당·여옥), 지붕 형식, 규정에 따라 사용해야 하는 재료를 먼저 정한 뒤에 각 칸에 사용되는 공포의 수량에 근거해 면활을 확정했다. 공포의 간격은 125'분'을 기준으로 하며, 110'분'과 150'분' 사이에서 유동적이었다. 즉 단보간포작單補間鋪作을 사용할 때는 범위가 220~300분 사이이고 쌍보간포작을 사용할 때는 범위가 330~450분 사이이며, 5분 또는 10분을 단위로 삼았다.[119]

실례에 대한 분석을 통해, 단일 건축의 설계에서 외진기둥의 높이가 매우 중요한 확장 모듈로서 가옥의 단면과 입면을 제어하는 데 사용됨을 알 수 있다.

중국 목구조 건축은 기단·옥신屋身·지붕의 세 부분으로 나뉜다. 지붕은 경사지붕으로, 그 높이는 진심進深에 의해 결정된다. 따라서 입면 비례에 영향을 미치는 가장 큰 요소는 옥신으로, 실제로는 주열柱列 부분이다. 아래의 분석도를 통해 알 수 있듯이, 절대 다수의 건축은 전체 폭이 외진기둥 높이의 배수다. 즉 건축의 총 면활(때로는 총 진심을 포함한다)은 외진기둥의 높이 H를 모듈로 삼는다. 만약 건축 입면도에서 기둥 높이 H의 수량을 구분해낼 수 있다면, 설계할 때 먼저 기둥 높이를 모듈로 삼아 격자의 수를 설정한 다음에 이 범위 안에서 외관 및 사용 용도에 따라 칸을 나누었다는 것도 이해할 수 있다. 즉 입면 설계에서 확장 모듈 격자망을 사용했다는 것이다. 예를 들어, 당나라 남선사 대전은 면활 3칸인데 정면의 너비가 기둥 높이의 3배이며, 요나라 박가교장전薄伽教藏殿은 정면 5칸으로 그 너비가 기둥 높이의 딱 5배다.(그림 29)

이상의 예를 통해 알 수 있듯이, 대략 당나라에서 원나라에 이르기까지 입면에 나타난 확장 모듈 H의 값은 일반적으로 칸의 너비와 같거나 작기 때문에 입면에서 볼 때 일반적으로 명간明間은 가로로 긴 직사각형이 되고 나머지 좌우의 각 칸은 세로로 긴 직사각형이 된다. 명나라 이

---

119 포작鋪作은 공포栱包에 해당한다. 『영조법식營造法式』에서는 '포작'이라는 용어를 사용했다. 보간포작補間鋪作은 공포의 종류 가운데, 기둥 상부 이외에 기둥 사이에도 공포를 배열한 다포多包 양식 중에서 기둥과 기둥 사이의 중간에 둔 공포인 '주간포柱間包'에 해당한다. 중앙의 명간明間(송나라 때는 당심간當心間이라고 칭함)에는 2세트의 주간포를 사용하는데, 이것이 '쌍보간雙補間'이다. 명간 옆의 차간次間과 차간 옆의 초간梢間에는 1세트의 주간포를 사용하는데, 이것이 '단보간單補間'이다.

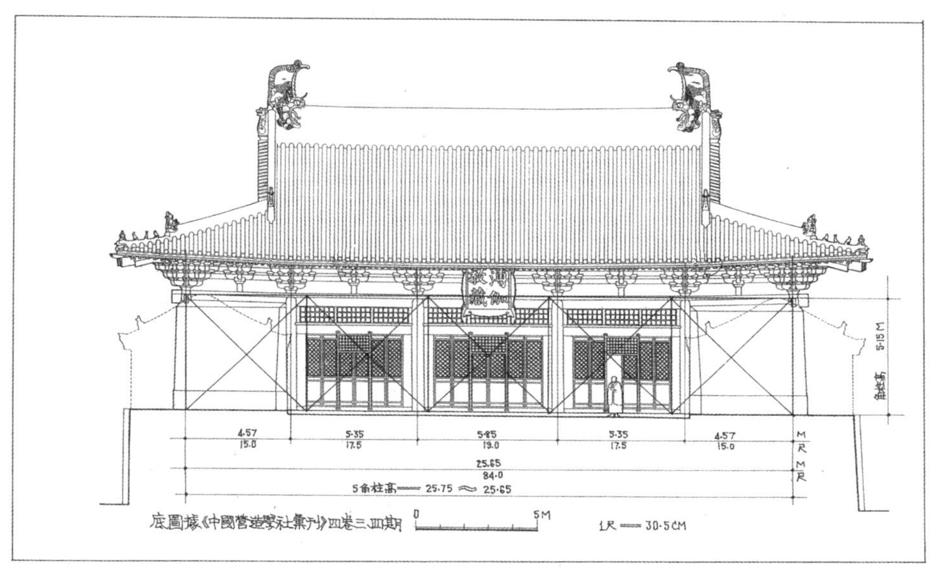

[그림 29] 요나라 박가교장전 입면도

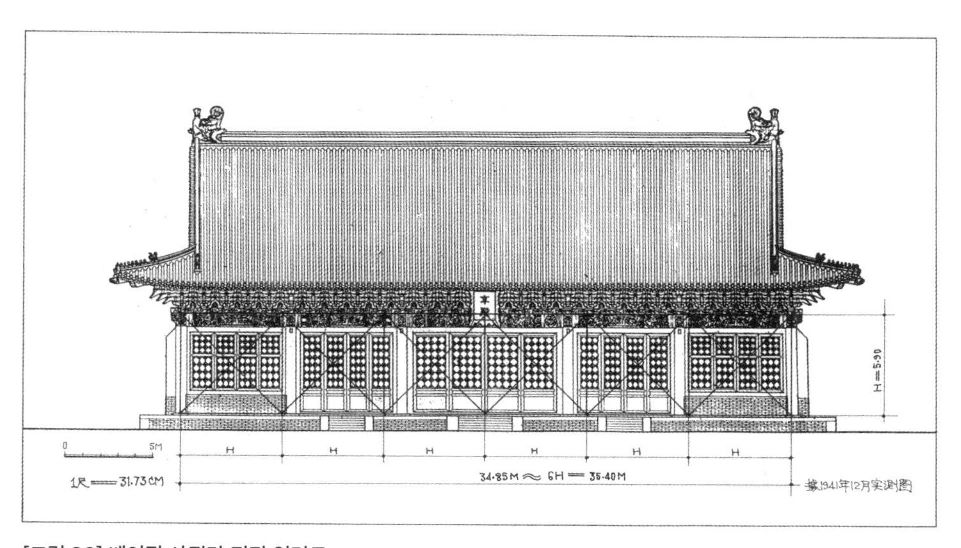

[그림 30] 베이징 사직단 전전 입면도

후 명간의 너비가 넓어졌는데, 어떤 것은 차간次間의 1.5배에 달하기도 했으며 차간과 초간梢間은 종종 정사각형이 되기도 했다. 결국 면활에 포함된, 확장 모듈인 기둥 높이 H의 합이 칸수를 초과하는 경우가 생겨났다. 예를 들면 명나라 장릉의 능은전, 태묘 정전, 오문午門 정루正樓는 모두 면활 9칸인데 총 10H다. 시안의 고루는 면활 7칸인데 총 10H이고, 베이징 사직단의 전전前殿은 면활 5칸인데 총 6H다. 이것은 입면 비례에 있어서 서로 다른 시대의 변화 추세다.(그림 30)

단면도를 통해 알 수 있듯이, 외진기둥의 높이는 건축 지붕의 높이도 어느 정도 제어한다. 『영조법식』과 『공부공정주법』에는 거절擧折 또는 거가擧架[120]의 방법을 사용해 지붕의 높이와 오목한 굴곡도를 확정했지만 대량의 실측도가 말해주듯 지붕의 높이와 곡률 역시 외진기둥의 높이와 관계가 있다. 실측도를 통해 다음의 내용을 귀납해낼 수 있다.

첫째, 당나라 때는 전당형이든 청당형이든 중평단中平榑[121](첨단檐榑[122]에서 2보가步架[123] 떨어진 곳에 자리한다. 즉 진심 4연椽 가옥의 척고脊高에 해당)에서 외진기둥 꼭대기까지의 거리가 외진기둥 높이 H와 같다.

---

120 지붕의 경사와 곡률을 만들기 위한 방법이다. 『영조법식』에서는 '거절擧折'이라 칭했고, 『공부공정주법』에서는 '거가擧架'라 칭했다.

121 단榑은 '도리'에 해당하는 용어다. 그 위치에 따라 상평단上平榑·중평단中平榑·하평단下平榑으로 나뉜다. 중평단은 가운데에 자리하는 것이다.

122 처마도리에 해당한다.

123 보가步架는 고대 건축의 종심縱深 길이를 계산하는 데 사용된 단위로, 서로 이웃한 두 개의 도리 사이의 수평 거리를 말한다. '보步'라고 약칭하기도 한다. 위치에 따라 첨보檐步(또는 낭보廊步), 금보金步, 척보脊步 등으로 나뉜다. 옥척屋脊 양쪽의 것을 척보, 처마도리 안쪽의 것을 첨보, 척보와 첨보 사이의 것을 금보라고 한다.

둘째, 송나라와 요나라 시기에 전당형 구조에서는 당나라 때의 비례와 같았다. 하지만 요나라 말 금나라 초부터 청당형 구조에서는 위쪽으로 '1보가'가 더해졌는데, 상평단上平槫(첨단에서 3보가 떨어진 곳에 자리한다. 즉 진심 6연椽 가옥의 척고脊高에 해당하는데, 10연 이상의 건축에서는 제2의 중평단에 해당한다)에서 외진기둥 꼭대기까지의 거리가 외진기둥 높이 H와 같다.

셋째, 원나라 때는 전당형 구조에서도 위쪽으로 '1보가'가 더해져 전당형이든 청당형이든, 상평단에서 외진기둥 꼭대기까지의 거리가 모두 외진기둥 높이 H와 같아졌다.

이상을 통해 알 수 있듯이, 시대에 따라 계산의 기점에는 변화가 있었지만 지붕의 특정 도리에서 외진기둥 꼭대기까지의 거리는 외진기둥 높이와 같았다. 즉 외진기둥 높이 H를 건축 높이의 모듈로 삼았다는 점은 시종일관 변하지 않았다.(그림 31)

누각, 다층 목조탑, 목구조를 모방한 모전석탑에서도 하층의 기둥 높이를 탑 높이의 모듈로 삼은 현상이 뚜렷하게 나타난다. 지현薊縣의 독락사 관음각은 2층 높이인데, 중간에 암층暗層[124]이 있다. 그 높이는 하층의 내진주內陣柱 높이 H를 모듈로 삼았는데, 이 기둥 꼭대기에서부터 위로 올라가면서, 암층의 기둥 꼭대기, 상층의 기둥 꼭대기, 지붕 트러스트의 하평단에 이르는 각 높이가 모두 H로, 총 4H가 된다. 이는 하층의 기둥 높이를 모듈로 삼은 특징을 명확하게 보여준다.(그림 32) 누각형 탑 중에

124 외부에서는 직접적적으로 보이지 않는 층을 말한다. 외부에서 직접적으로 보이는 층인 명층明層에 상대되는 개념이다.

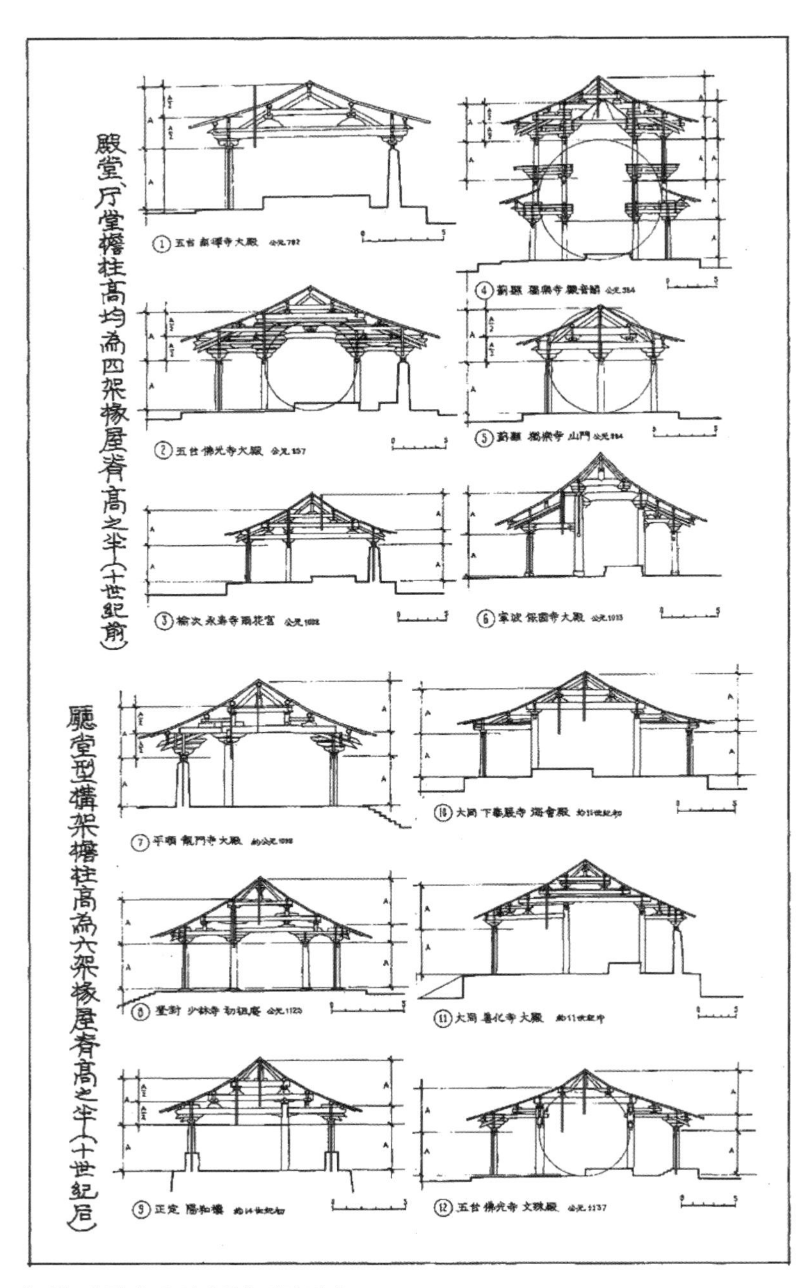

[그림 31] 당·송·요 시기 건축 단면 비례

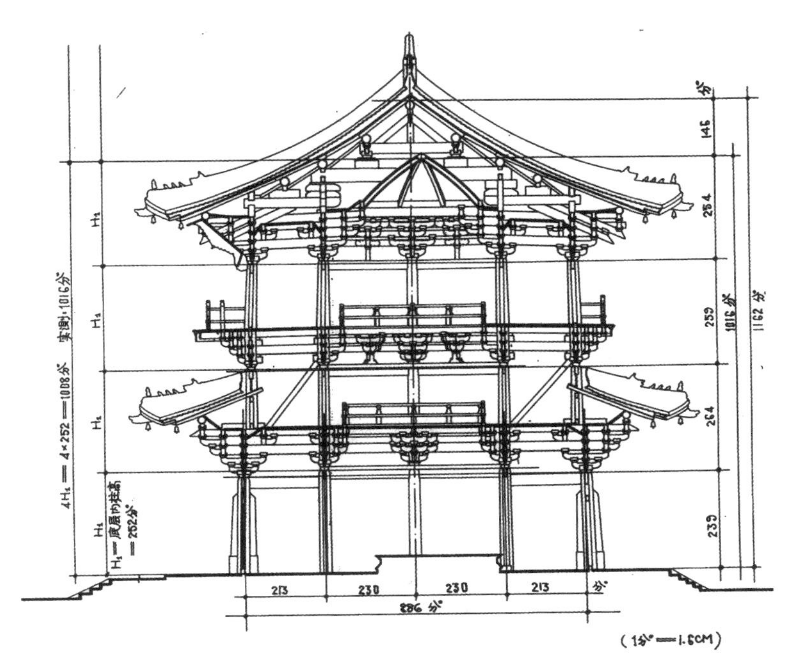

[그림 32] 독락사 관음각 단면도

서 잉현 5층 목탑은 12H, 칭저우慶州 7층 백탑白塔은 13H, 항저우 자커우閘口 9층 백탑白塔은 15H, 취안저우 개원사開元寺 5층 쌍탑雙塔은 7H인데, 이는 모두 전형적인 예다.

그런데 탑은 고층 건축으로, 하층 기둥 높이를 높이 모듈로 삼는 것 외에도 너비를 제어할 필요가 있다. 즉 탑의 세장비細長比를 제어해야 한다. 요나라 때 세워진 잉현 불궁사 석가탑부터 시작해서, 일련의 누각형 전탑과 정사각형 및 다각형 밀첨식 탑은 모두 같은 특징을 지닌다. 즉 중간층의 너비를 탑 높이의 모듈로 삼는데, 이 너비를 A라고 했을 때 잉현 5층 목탑의 높이는 6A, 쑤저우 보은사報恩寺 9층탑의 높이는 9A, 상하이 용화사龍華寺 7층탑의 높이는 15A, 항저우 자커우 9층 백탑의 높이는 15A다. 밀첨식 탑 중에서 허난 덩펑 숭악사 탑의 높이는 12A, 윈난 다리大理 천심탑千尋塔의 높이는 6A, 산시山西 링추靈丘 각산사覺山寺 탑의 높이는 7A다. 이러한 현상은 고층 탑이 하층 기둥 높이를 모듈로 삼는 동시에 중간층 탑신의 너비를 높이의 확장 모듈로 삼았음을 말해준다. 탑의 높이와 탑 중간층의 너비를 연결함으로써 모듈 운용이 훨씬 정밀해진 것이다.

이와 더불어서 천안문, 태묘 정전, 시안 고루 등과 같은 명·청 시기 대형 건축에서는 보다 정밀한 확대 모듈 격자를 입면 설계에 사용한 경우가 생겨났다. [그림 33]에서 알 수 있듯이, 천안문을 설계할 때 먼저 하부 외진기둥 높이 H를 19척으로 확정하고 이것을 확장 모듈로 삼아 격자망을 그렸다. 건물의 좌우 각 4칸은 칸의 너비가 모두 19척이 되도록 했고, 하부 외진기둥 꼭대기에서 상부 처마 끝까지의 거리 역시 19척이 되도록 했다. 문루門樓의 입면에서 명간明間의 너비가 27척으로 넓어진 것을 삽입 값으로 간주할 수 있는 것 외에 좌우의 각 4칸은 실제로 상하 두 줄의 격자망에 의해 제어되었다. 천안문의 돈대 높이는 2H, 즉 38척이다. 돈대의 너비는 문루의 동쪽과 서쪽 산주山柱 바깥 부분의 너비가 각각 5H로, 명간 부분을 제외하고 문루 차간부터 계산했을 때 동서 너비가 각각 9격格[125]이므로 상하 두 줄로 계산하면 각각 18격이다. 이 역시 모듈 격자망에 의해 제어되었다.

간단히 말해서 천안문의 입면 설계는 먼저 외진기둥의 높이 H를 19척으로 정하고 이를 확장 모듈로 삼아 너비 19격, 높이 2격의 격자망을 그

---

125 입면도에 사용된 격자망의 1칸을 '1격格'이라고 칭한 것이다.

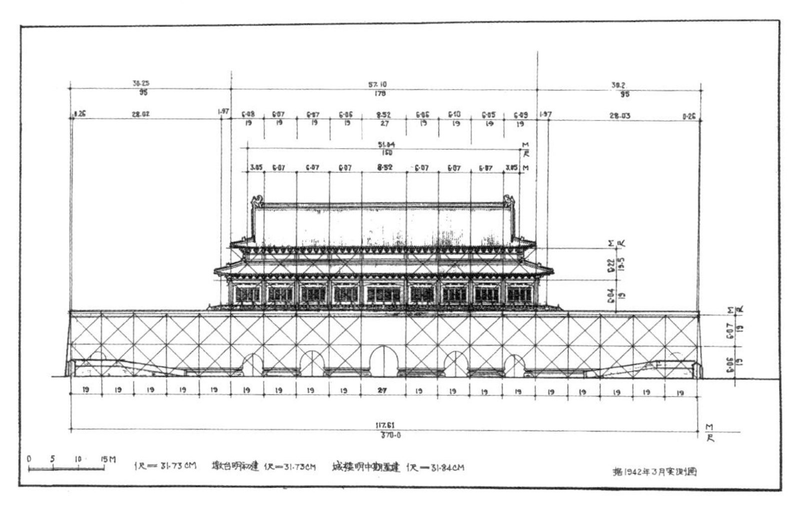

[그림 33] 베이징 천안문 입면 분석도

려서 돈대 윤곽을 제어했다. 그리고 상층에 높이 2격, 너비 9격의 격자망을 다시 그려서 문루의 큰 윤곽을 제어했다. 마지막에는 필요에 따라 문루의 명간을 19척에서 27척으로 넓혔다. 이렇게 해서 현재의 입면이 형성된 것이다. 천안문 성루와 비슷한 것으로는 태묘 전전이 있다. 태묘 전전에서는 하부 외진기둥 높이 H를 20척으로 정하고 이를 확장 모듈로 삼아 9격 격자망을 상하 두 줄로 그렸으며 상부 외진기둥 높이를 2H, 즉 40척이 되도록 하여 전신殿身 부분의 큰 윤곽을 확정했다. 마지막으로는 명간 부분을 20척에서 30척으로 넓혔다. 이렇게 해서 현재의 입면이 형성된 것이다.

천안문 돈대에서 격자망을 이용해 제어한 방법은 오문과 고루에서도 볼 수 있다. 오문 아래의 '凹' 형태의 돈대는 높이가 40척이며, 중간 부분의 너비가 240척이고 좌우에 돌출된 양익兩翼 부분의 너비가 각각 80척이다. 따라서 오문은 돈대의 높이 40척을 모듈로 삼은 것으로, 돈대의 전체 너비는 10격으로 제어된다.(그림 34) 고루 아래의 돈대는 3장丈을 모듈로 삼아 격자망을 그렸는데, 너비는 5격으로 15장이고 깊이는 3격으로 9장이며 높이는 2층의 바닥면까지가 2격으로 6장이다. 그 위 중첨루重檐樓의 누신樓身 너비는 4격으로 12장이고 깊이는 2격으로 6장이며 높이는 하첨下檐[126] 박척博脊[127]까지 1격으로 3장이다. 이렇게 고루의 입면 설계는 전부 3장 격자로 제어되었다.(그림 35)

외진기둥의 높이 역시 중첨 건축의 확장 모듈이다. 역대의 실례를 통해 볼 때, 원나라 이전의 중첨 건축의 비례는 상층 외진기둥 높이가 하층 외진기둥 높이의 1배였음을 알 수 있다. 즉 상층 외진기둥 높이는 하층 외진기둥 높이를 모듈로 삼았다. 요나라의 잉현 목탑, 북송의 타이위안太原 진사晉祠 성모전聖母殿, 남송의 쑤저우 현묘관 삼청전, 원나라의 취양曲陽 북악묘北岳廟 덕녕전德寧殿이 모두 그렇다. 명나라 이후에는 점차 변화하여 하층 외진기둥이 점차 높아졌는데, 상층 외진기둥 높이의 절반에서 상층 처마의 처마 끝 고도의 절반까지 높아졌으며, 상층 처마의 처마도리 고도의 절반까지 높아진 경우도 있다.(그림 36) 이렇게 한 것은 건축을 더욱 높고 웅장하게 보이도록 하기 위해서다. 그 비례관계를 자세히 분석해보면, 지붕의 중평단에서 상층 외진기둥 꼭대기까지의 거리와 상층 외진기둥 높이의 비는 여전히 상층 외진기둥 높이가 하층 외진기둥 높이의 절반이었을 때의 비례를 여전히 유지하고 있음을 발견할 수 있다. 따

---

126 상첨上檐과 하첨下檐으로 이루어진 중첨重檐 구조에서 아래쪽 처마를 가리킨다.

127 팔작지붕 건축 측면의 까치박공과 그 아래 벽면이 만나는 곳에 수평으로 놓인 지붕마루를 말한다.

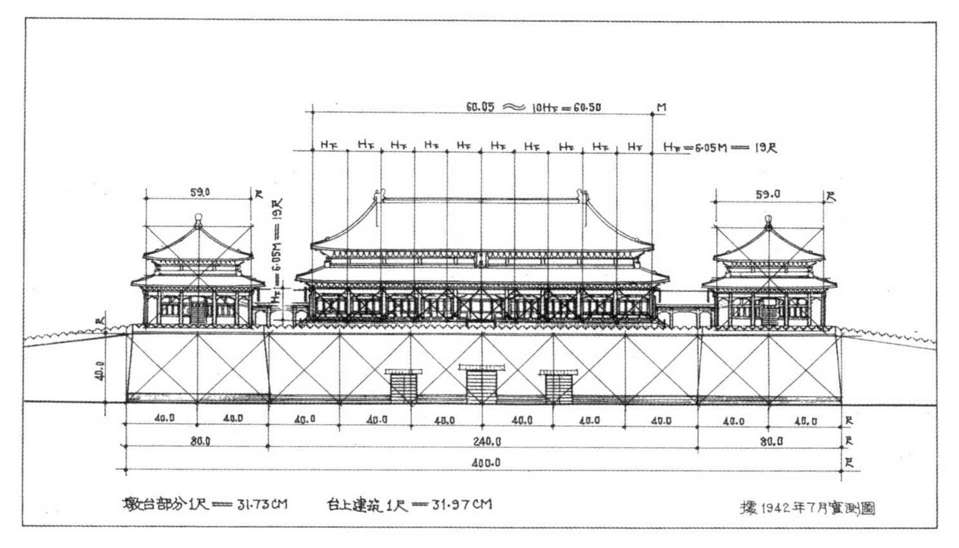

[그림 34] 베이징 오문의 정면 입면 분석도

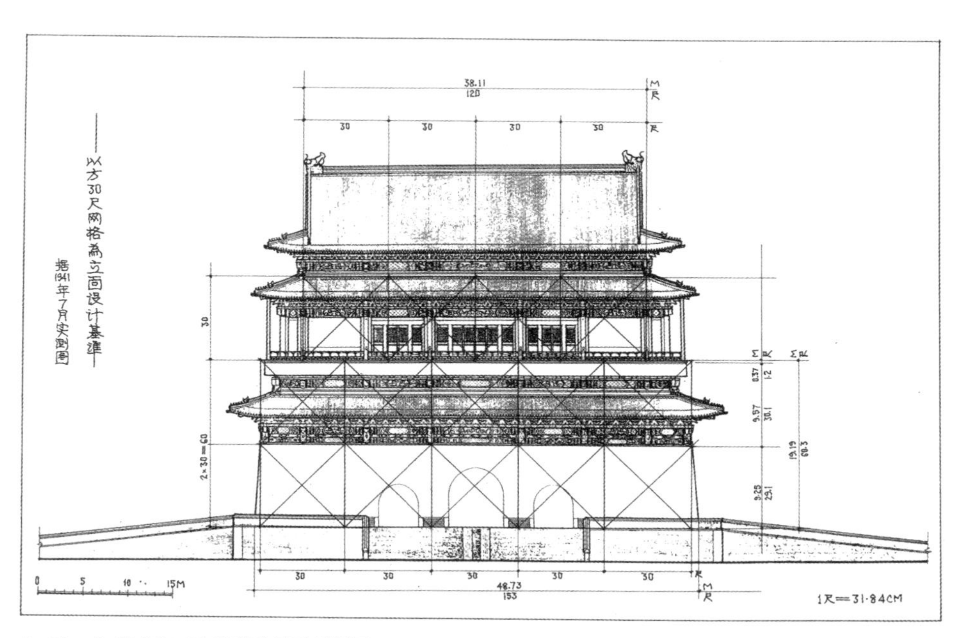

[그림 35] 베이징 고루의 정면 입면 분석도

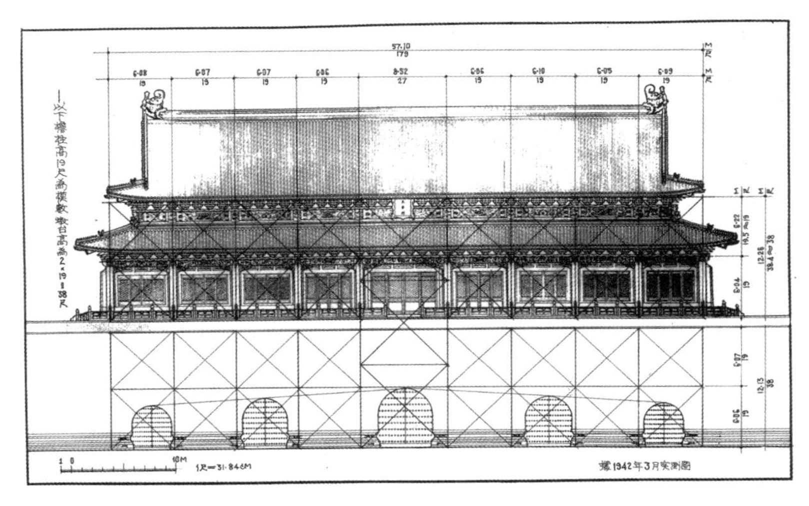

[그림 36] 베이징 천안문 성루 입면 분석도

라서 설계할 당시에, 상층 외진기둥 높이가 하층 외진기둥 높이의 절반 이었던 송·원 시기의 설계 비례에 따라 먼저 상층 외진기둥 높이와 지붕을 확정한 다음에 하층 외진기둥 높이를 높인 것으로 추정할 수 있다. 이는 하층 외진기둥 높이를 모듈로 삼았던 송·원 시기의 규율이 설계 과정에서 여전히 잠재적 역할을 했음을 말해준다.

하층 외진기둥 높이를 확장 모듈로 삼은 것 외에 공포의 찬당攢檔[128]을 확장 모듈로 삼은 경우도 있는데, 베이징 자금성의 각루角樓가 대표적인 실례다.

베이징 자금성 각루는 누신樓身이 정사각형이며 사면이 각각 짧거나 길게 돌출되어 있다.[129] 공포 찬당을 확장 모듈로 삼았는데, 찬당 D는

128 각 공포 세트 간의 최소 간격을 말한다.

2.5척이다. 누신은 11D이고, 사면에 돌출된 부분은 너비 7D, 깊이는 2D 또는 5D다. 상층·중층·하층의 3층 처마 고도는 각각 6D·9D·13D다. 모듈 격자를 사용해 입면을 제어한 상황을 분석도를 통해 명확하게 볼 수 있다. 각루는 공포 찬당을 확장 모듈로 삼아 설계를 제어한 전형적인 실례다.

이상의 예를 통해 알 수 있듯이 평면 배치에서 사용된 격자망이 명·청 시기에도 대형 건축의 입면 설계에 사용되었는데, 그것은 기준으로만 사용된 것이 아니라 확장 모듈인 기둥 높이로 입면 윤곽과 비례 관계를 제어한 모듈망이었다.

앞의 모든 예에서 볼 수 있듯이, 입면과 단면 설계에서 외진기둥을 확장 모듈과 모듈 격자로 삼은 것은 매우 보편적인 방법이었다. 고대 건축의 입면은 세 부분으로 나뉜다. 하단의 기단은 비교적 작고 상단의 지붕은 뒤쪽으로 경사졌으므로 입면이 주요 역할을 하는 부분은 중단의 옥신屋身, 즉 주열柱列이다. 외진기둥은 눈에 가장 띄는 부분이므로 공간감을 형성하는 데 중요한 역할을 한다. 외진기둥을 모듈 격자로 사용해 입면을 담아내면 정확한 공간감을 수립하는 데 중요한 역할을 할 수 있다. 또한 격자 형태이므로 이것을 기준으로 삼아 적당히 조정하면 각 칸이 비교적 조화로운 비례 관계를 유지하기 쉽다. 이는 간단하고 효과적인 설계 방법이다.

지금까지 단층 건축에서 확장 모듈을 사용한 예를 살펴보았다. 다층 건축 설계에서도 확장 모듈을 사용했다.

---

129 베이징 자금성 각루角樓는 '凸' 형태의 평면이 사방으로 조합된 다각형 건축이다. 본문에서 사면이 돌출되었다고 한 것은 이를 두고 한 말이다.

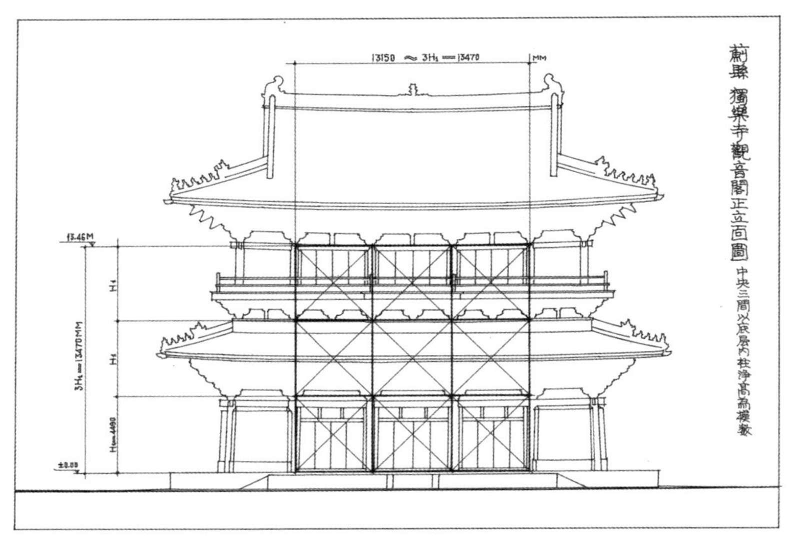

[그림 37] 지현 독락사 관음각 입면 분석도

지현 독락사 관음각은 상하 두 층 모두 면활 5칸이다. 가운데 3칸의 면활과 고도는 모두 하층의 내진주 높이를 모듈로 삼았다. 전체적으로 상·중·하 3중 격자를 이룬다.(그림 37)

베이징의 명·청 시기 고루의 아래쪽은 돈대에 요첨腰檐[130]이 더해졌고 위쪽은 면활 5칸, 진심 3칸의 중첨 성루다. 외관상으로는 2층 누각이다. 3장丈 격자를 확장 모듈로 삼았던 내용에 대해서는 이미 앞에서 설명했다.

잉현 불궁사 목탑은 평면 팔각형이고 외관상 5층이다. 전통에 따라 탑의 설계에는 두 가지 확장 모듈이 사용되었다. 하나는 전체 높이를 제어

130 다중 처마 건축에서 제일 위쪽의 처마를 제외한 나머지 처마를 가리킨다.

하기 위한 하층 외진기둥 높이 H로, 이 탑은 지면에서 탑 상륜부 박척博脊까지의 높이가 12H다.[131] 다른 하나는 탑의 세장비를 제어하기 위한 중간층(이 탑에서는 제3층)의 너비다. 이 탑은 제3층의 너비를 3장으로 정했으며, 탑신의 1층부터 4층까지는 각 층의 기둥 높이를 기준으로 층고를 각각 3장으로 계산했다. 4층 기둥 꼭대기에서 5층 처마 끝, 6층 처마 구역에서 탑 상륜부의 앙화仰花까지도 각각 3장 높이다.[132]

항저우 자카우의 북송 시기 백탑은 목구조를 모방하여 돌을 조각해 만든 누각형 탑으로, 평면 팔각형이고 높이는 9층이다. 이 탑 역시 두 가지 모듈에 의해 설계가 제어되었다. 1층 지면에서 탑 상부 처마까지의 총 높이는 1층 기둥 높이 H의 15배다. 1층 지면에서 탑 상륜부 지붕마루까지의 총 높이는 제5층(9층탑의 중간층에 해당) 너비 A의 15배다. 모듈 운용 상황은 잉현 목탑과 기본적으로 같다.(그림 38)

이상은 확장 모듈을 운용해 누각과 탑을 설계한 내용이다. 탑은 고대의 매우 특징적인 건물로 특히 주목할 가치가 있다. 잉현 목탑은 고대 목구조 건축 예술과 기술의 높은 성취를 대표하는 귀중한 건축물이며, 자카우 백탑은 목구조를 모방한 석탑 중에서 조각이 가장 뛰어난 유물이다. 설계에 확장 모듈을 운용한 측면에서 나타난 두 탑의 공통점(이외에도 유사한 예가 많지만 상세히 열거할 수는 없다)은 탑을 설계하는 데 통용되는 방법으로, 이는 고대 건축 설계가 이미 상당히 정밀한 수준에 도달했음을 말해준다.

이상의 내용은 현존하는 실물을 송나라 『영조법식』 및 청나라 『공부

---

131 지면에서 탑 상륜부 노반路盤까지의 높이에 해당한다.

132 이상의 내용과 관련해서는 '[그림 24] 잉현 불궁사 석가탑 입면도'를 참고하시오.

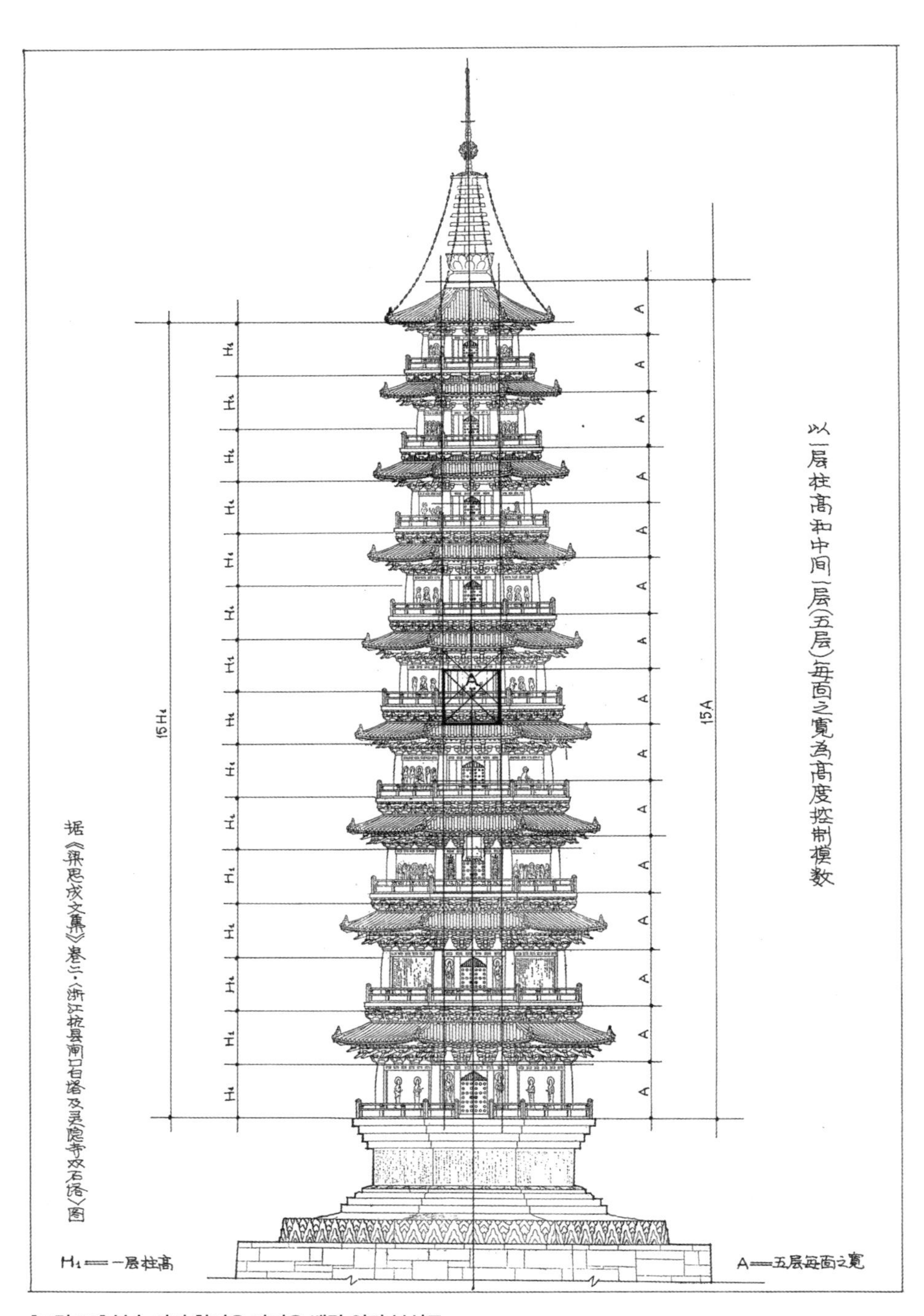

[그림 38] 북송 시기 항저우 자커우 백탑 입면 분석도

공정주법』과 결합한 것에 근거하여 중국 당나라 이후 목구조 건축의 설계 방법에 대한 초보적인 검토였다.

3장

중국의 고대 도성 계획에 관한 연구

하·상·주부터 청나라 말까지 중국은 3000여 년 동안 20여 개의 왕조를 거쳤는데, 이들 왕조가 모두 도성을 건설했으며 그것들 간에는 계승과 발전 관계가 뚜렷이 존재한다.

도성은 국가의 통치 중심이다. 서주 이래 각 왕조의 도성은 대부분 두 개의 성, 즉 대성大城과 소성小城을 건설했다. 소성은 궁성으로, 궁정과 관부官府가 집중된 권력의 중심이다. 대성은 곽郭이라고도 하는데, 그 안에 백성을 거주하게 했다. "성으로 임금을 지키고, 곽으로 백성을 지킨다城以衛君, 郭以守民"라는 옛말은 바로 이런 의미다.

조위曹魏의 업성鄴城 이후 도성 계획에서 점차 중축선을 중시하게 되면서 관청을 집중적으로 배치하여 궁성의 중심 지위를 두드러지게 했다. 궁성은 대부분 대성 안에 건설되었지만 한 면 또는 두 면의 성벽이 대성에 의지하고 있었다. 한나라와 당나라의 도성 장안과 뤄양 모두 그러했다. 반란이나 민란이 일어났을 때 외부로 쉽게 달아날 수 있도록 하기 위한 것이었는데, 이는 당시의 정치적 상황이 빚어낸 것이다. 송나라 때는 고도의 중앙집권제와 문관제도를 시행했는데, 수도와 그 주변 요지에 병력을 집중시키고 지방 군사력과 권세가의 세력을 약화시킴으로써 중앙의 권력이 강하고 지방의 권력이 약한 형세가 빚어졌다. 이렇게 내부의 정변과 군벌 반란의 가능성을 철저히 차단하면서 비로소 궁성을 완전히 성 가운데에 배치할 수 있었다.

전국시대부터 오대(기원전 475~기원후 960)까지 모든 도성에서는 이방제里坊制를 시행하여 폐쇄된 이방에 백성을 거주하게 하고 야간 통행금지를 시행했다. 북송 중후기에는 성안에 대량의 '군포軍鋪'를 설치해 도시 치안과 주민 활동을 직접 통제했다. 주민을 통제하던 이방의 역할을 군포가 대신하면서 방장坊墻 역시 해체되었고 주거지의 골목이 큰길로 직접 통하게 되면서 상업이 번창한 개방형의 가항제街巷制 도시를 형성했다.

송나라 이후 도성과 지방 도시는 점차 가항제로 바뀌었다. 도성 중심에 궁성을 배치하고 개방적인 가항제를 시행한 것은 도성 건설에 있어서 중국의 왕권 전제 왕조가 중앙집권을 더욱 강화하고 중기에서 후기로 방향을 전환했다는 표지의 하나다. 중국의 고대 도성 중에서 시리제市里制에 속하는 수·당 시기 장안과 뤄양, 가항제에 속하는 원나라 대도大都는 모두 국가 주도하에 미리 설계된 토지 계획에 따라 건설된 것으로, 도시 발전사에서 중요한 의의를 지닌다.

1. 전한 시기의 장안성

한漢 고조 7년(기원전 200)에 장안에 도읍하기로 결정했는데, 먼저 진나라의 옛 궁전인 흥락궁興樂宮을 장락궁長樂宮으로 재건하고 그 서쪽에는 미앙궁未央宮을 새로 건설해 주요 궁전이 동서로 병렬한 형태가 되었다. 장안의 성벽은 한나라 혜제惠帝 원년(기원전 194)에 쌓기 시작해 완공까지 5년이 걸렸다. 통상적으로 2만 명의 인력을 징발(모두 합하면 약 3600만 명)한 것 외에도 두 차례 시행된 대규모 축성 작업에서 매번 14여 만 명을 징발(모두 합하면 약 840만 명)하여 30일이나 걸려서 기본적인 공사를 마쳤을 정도로 매우 큰 프로젝트였다. 역사 기록에 따르면, 장안성에는 장락궁·미앙궁·북궁北宮·계궁桂宮·명광궁明光宮의 다섯 궁전이 잇달아 세워졌을뿐더러 8가街, 9맥陌, 3궁宮, 9부府, 3묘廟, 12문門, 9시市, 16교橋가 있었다. 그 규모와 번영의 정도는 당시에 전례가 없는 것이었다.

한나라 장안성의 기본 짜임새는 근년에 이미 밝혀졌는데, 총체적인 윤곽은 정사각형에 가깝고 총면적은 약 3580만 제곱미터다. 성벽은 항토夯土 공법으로 쌓았는데, 성벽 기초 부분의 너비는 12~16미터이며 매우 튼튼하게 축성되었다. 성 밖에는 폭 8미터, 깊이 3미터의 해자가 있었다. 성벽의 각 면마다 3개의 문이 나 있고 성안에는 세로 방향의 거리 8개와 가로 방향의 거리 9개가 있었다. 이미 발굴된 성문에는 3개의 출입구가 있는데, 왼쪽 것이 입구이고 오른쪽 것이 출구이며 가운데 것은 어도御道다. 성문 안의 주요 도로 역시 병렬로 세 갈래가 있었는데, 가운데 어도는 폭이 30미터이고 양측의 도로 폭은 각각 13미터다. 모두 흙길이며 길 사이에는 겉도랑이 있었다. 고조 때 세워진 각 궁전은 모두 성의 남반부에 자리했고, 그 외의 관부와 종묘, 9개의 시장, 160개의 여리閭里 등은

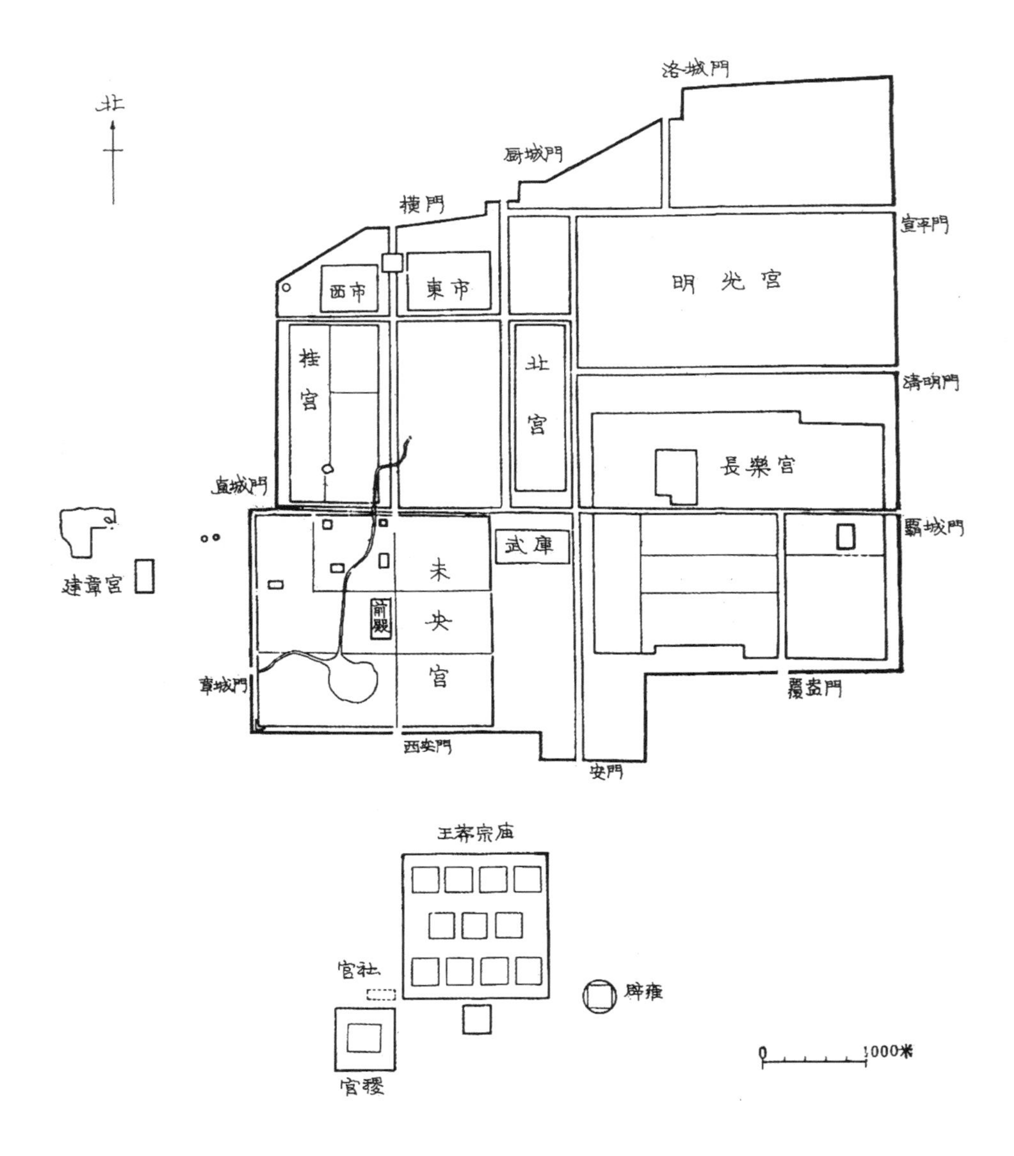

[그림 39] 전한 시기 장안성 평면도

성의 북반부 및 궁전들 사이에 분포해 있었다. 그런데 한 무제 태초太初 4년(기원전 101)에 장락궁 북쪽에다 거리를 사이에 두고서 명광궁을 세우고 미앙궁 북쪽에 계궁을 세웠다. 두 궁전이 건설된 이후에 성 전체에서 궁성이 차지하는 면적이 60퍼센트 가량이나 되어, 원래의 관청과 거주구를 비교적 많이 점용했다.(그림 39)

장안 가도街道 양측의 거주구를 '여리'라고 한다. 사각형 윤곽의 작은 성인 여리에서는 거주자가 드나들려면 이문里門을 통과해야 했다. 야간에는 외출이 금지되었고, 귀족과 고관의 '대저택甲第'만 큰길을 향해 문을 낼 수 있었다.

한나라 장안성의 거대한 규모, 넓고 곧은 거리, 웅장한 궁전, 호화로운 저택, 번창한 상업 등은 당시에 유례가 없는 것이었다.

2. 수·당 시기의 장안성

수나라 때 건설되기 시작해 당나라 때 완성된 장안성의 도시 평면은 가로로 긴 직사각형으로, 동서 9721미터, 남북 8652미터, 면적 8410만 제곱미터다. 대성은 외곽外郭이라고 칭하는데, 성안의 북부 정중앙에 동서 2820.3미터, 남북 3336미터, 면적 940만제곱미터의 내성內城을 건설했다. 내성의 남부에는 남북 길이 1844미터에 면적은 520만제곱미터인 황성皇城이 있었는데, 황성 안에 중앙 관청을 집중적으로 건설했다. 내성 북부에는 남북 길이 1492미터에 면적은 420제곱미터인 궁성皇城이 있었는데, 궁성 안에는 황궁을 비롯해 태자가 거주하는 동궁東宮과 서비스를 제공하는 부처인 액정궁掖庭宮[133]이 있었다. 궁성은 북쪽으로 외곽의 북쪽 벽에 기대어 있었는데, 그 북쪽은 내원內苑과 금원禁苑이었다.

궁성과 황성의 전방과 좌측과 우측에는 모두 직사각형의 거주구인 이방里坊과 시장이 건설되었다. 황성 이남에는 황성의 너비에 해당하는 부분에 동서로 4열로 방坊이 배열되었는데, 각 열마다 9개의 방이 배열되어 총 36개의 방이 자리했다. 황성과 궁성의 동측과 서측에는 각각 3열로 방이 배열되었는데, 각 열마다 13개의 방이 배열되어 총 78개의 방이 자리했다. 동쪽과 서쪽에 각각 방 2개에 해당하는 면적으로 동시東市와 서시西市를 만들었으므로 성 전체에 실제로는 110개의 방이 있었다. 방과 시장을 모두 흙담으로 봉쇄하고 양면 또는 사면에 문을 내서 마치 작은 성보城堡와 같은 형태였다. 실제로 장안성 내부는 황성·궁성·방·시장 등에 의해 여러 개의 직사각형으로 분할된 크고 작은 성보였다.(그림 40)

방들 사이로는 남북 방향으로 9갈래의 길과 동서 방향으로 12갈래의 길이 나 있어서, 전체적으로 바둑판 형태의 도로망을 형성했다. 그중 남면과 북면 및 동면과 서면의 성문으로 직접 통하는 남북 방향의 3개 도로와 동서 방향의 3개 도로는 도시의 주요 도로인데, 이를 '육가六街'라고 한다. 도성의 체제에 따라, 육가와 통하는 성문 중에서 남면의 정문에는 5개의 출입구를 내고 나머지 성문에는 각각 3개의 출입구를 냈다. 가운데 출입구는 황제 전용이고 양측에 있는 것은 신하와 백성이 드나들 때 사용했다. 이와 상응하게 육가 역시 가운데 도로는 어로御路이고 양측의

---

133 액정掖庭 또는 액정掖廷이라고도 한다. 궁중에서 비빈妃嬪들이 거주하던 곳으로, 후궁과 귀인 등 궁중 여인과 관련된 일을 관장하는 부서의 명칭이기도 하다. 궁성의 중앙에 황제가 거주하는 곳이 있었고, 동쪽에는 태자가 거주하는 동궁이 있었으며 서쪽에는 비빈들이 거주하는 액정궁이 있었다. 액정궁에서 지낸 이들 중에는 죄를 지은 관리 집안의 여성들도 있었는데, 이들은 입궁한 뒤 노동력을 제공했다.

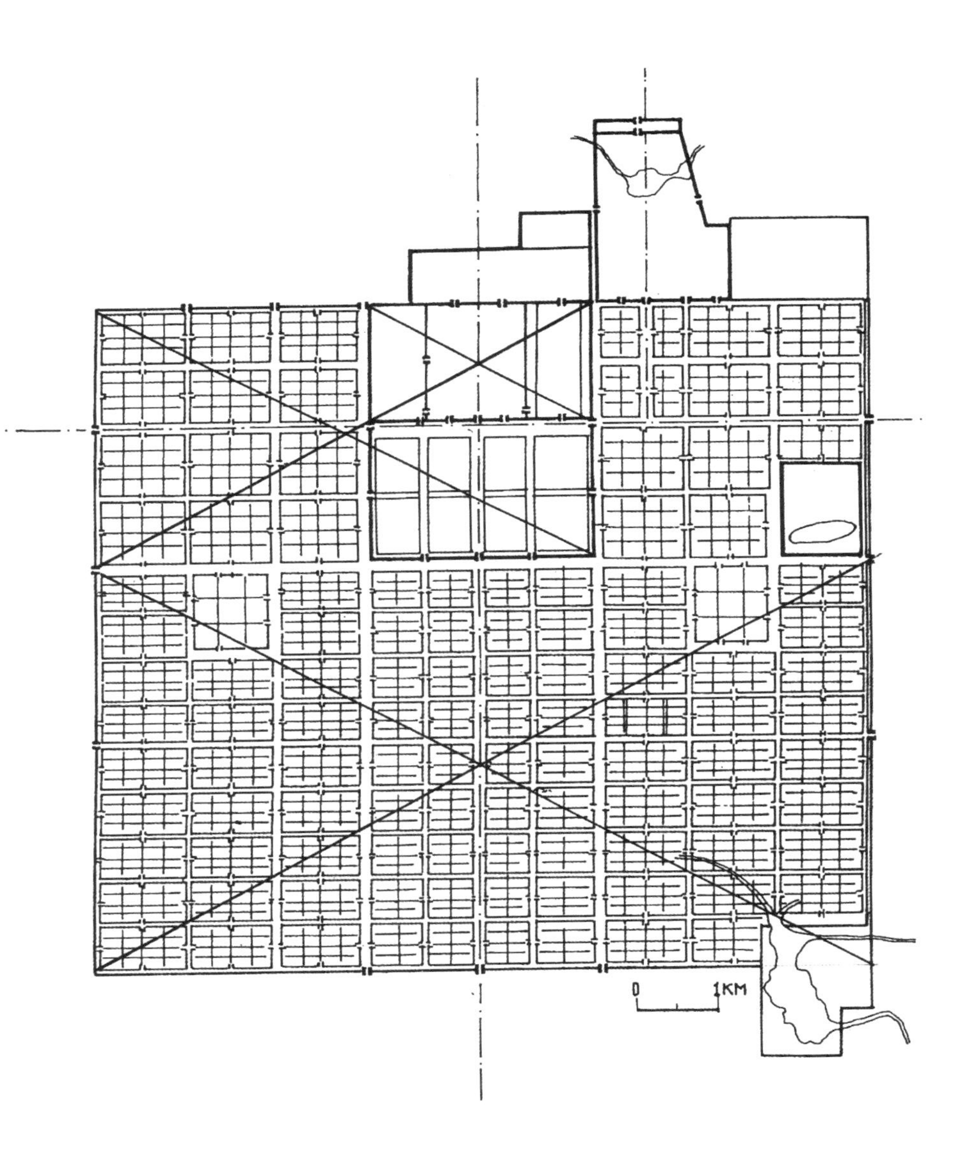

[그림 40] 수·당 시기 장안성 평면도

도로는 신하와 백성이 사용하는 상하행上下行 도로였다. 도로 양쪽에는 회화나무를 가로수로 심었고 가장 바깥쪽에는 겉도랑을 팠다.

황제가 정식으로 출행할 때는 5천 명 이상의 의장儀仗 및 수행 인원이 필요했고 관리와 귀족이 출행할 때는 수십 명의 기마대가 동원된 경우가 많아서 거리는 비교적 넓었다. 중축선상의 주요 도로는 너비가 155미터이고 나머지 주요 도로의 너비 역시 100미터 이상이었으며, 각 방 사이의 거리 역시 너비가 40~60미터였다. 그 규모와 짜임새의 수준은 중국 도시사에 있어서 유례가 없는 것이었다.

성안의 각 이방은 크기에 따라 방 내부에 동서로 난 옆길 또는 네거리가 있어서, 하나의 방이 두 구역 또는 네 구역으로 나뉘었다. 각 구역은 다시 몇 개의 소구역으로 나뉘었는데, 각 소구역 내에 골목을 내고 골목에 주택을 배열했다. 밤에는 방의 문을 닫고 출입을 금지했으며 거리에서는 군대가 순찰을 돌며 행인을 단속했으므로 장안성은 실제로 야간 통행금지가 시행되는 군사 통제 도시였다. 동시와 서시는 고정된 상업구로서, 각각 방 2개의 면적을 차지했는데 1제곱킬로미터 이상이었다. 시장의 각 면마다 2개의 문이 있고 도로망은 '井'자 형태였는데, 안에는 옆길을 내고 점포를 배치했으며 정해진 날 정해진 시간에 개방했다.

장안에는 사원이 많이 세워졌다. 8세기 초에는 91개의 불교 사원과 16개의 도교 사원이 있었다. 국가와 대귀족이 세운 사원의 규모가 방坊의 절반 또는 전체를 차지한 경우도 있었는데, 대자은사大慈恩寺와 대흥선사大興善寺가 그 예다. 장안에는 서역西域과 중앙아시아 상인이 많았는데, 그들은 페르시아 사원, 조로아스터교 사원, 기독교 종파인 네스토리우스교 사원도 세웠다. 사원이 개방되었을 때는 공공장소의 성격을 띠었는데, 신도를 대상으로 포교를 위한 속강俗講이 펼쳐졌으며 대중을 끌어들이는 극장도 있었다.

중국 고대 도시에서 폐쇄적인 이시里市제도는 늦어도 전국시대(기원전 390년경)에 시행되긴 했지만 한나라 이래로 이방을 궁전과 관청 옆에다 뒤얽히게 배치했으며 도로와 구역 역시 그다지 정연하지 않았다. 수·당 시기 장안은 궁성과 황성을 내성에 집중시켰고 이방을 외곽 뒤로 배치함으로써 각각 뒤섞이지 않게 계획적으로 배열했으며 그 사이에 바둑판 모양의 도로망을 만들었다. 중국 역사상 가장 크고 짜임새가 있으며 좌우 대칭을 이루는 방시제坊市制 도시가 형성된 것이다. 수·당 시기 장안은 중국 도성 계획의 새로운 발전이자 통일하여 강성한 중국의 웅대한 기백을 보여준다.

작도법을 이용해 실측도를 검증한 결과 성안의 각 부분 간에 일정한 모듈 관계가 있음을 발견했다. A가 황성의 동서 너비를 나타내고 B가 황성과 궁성의 남북 총 길이를 나타낸다고 가정하면, 황성 동측의 12개 방과 서측의 12개 방이 차지하고 있는 구역은 가로와 세로 길이가 각각 B와 같으며 정사각형이다. 황성 이남의 경우, 중간 구역의 너비는 황성과 동일하게 A이고, 동쪽과 서쪽 구역의 너비는 황성의 남북 길이인 B다. 황성 이남의 가운데에 자리한 9줄의 방을 3줄씩 한 세트로 묶으면 북쪽 세트와 가운데 세트의 남북 길이가 0.5B다. 남쪽 세트는 0.52B인데, 이는 황성 이남의 전체 구역을 궁성과 닮은꼴로 만들고자 황성 이남의 남북 총 길이를 조정하면서 정해진 것으로 양자를 모두 고려할 수는 없었기에 초래된 것이다.

이상의 상황은 장안성의 궁성 이외의 부분은 모두 황성과 궁성의 너비 A와 남북 길이 B를 모듈로 삼았음을 말해준다.(그림 41)

고대에 황성과 궁성은 국가 정권, 특히 가족 황권의 상징이었다. 도성

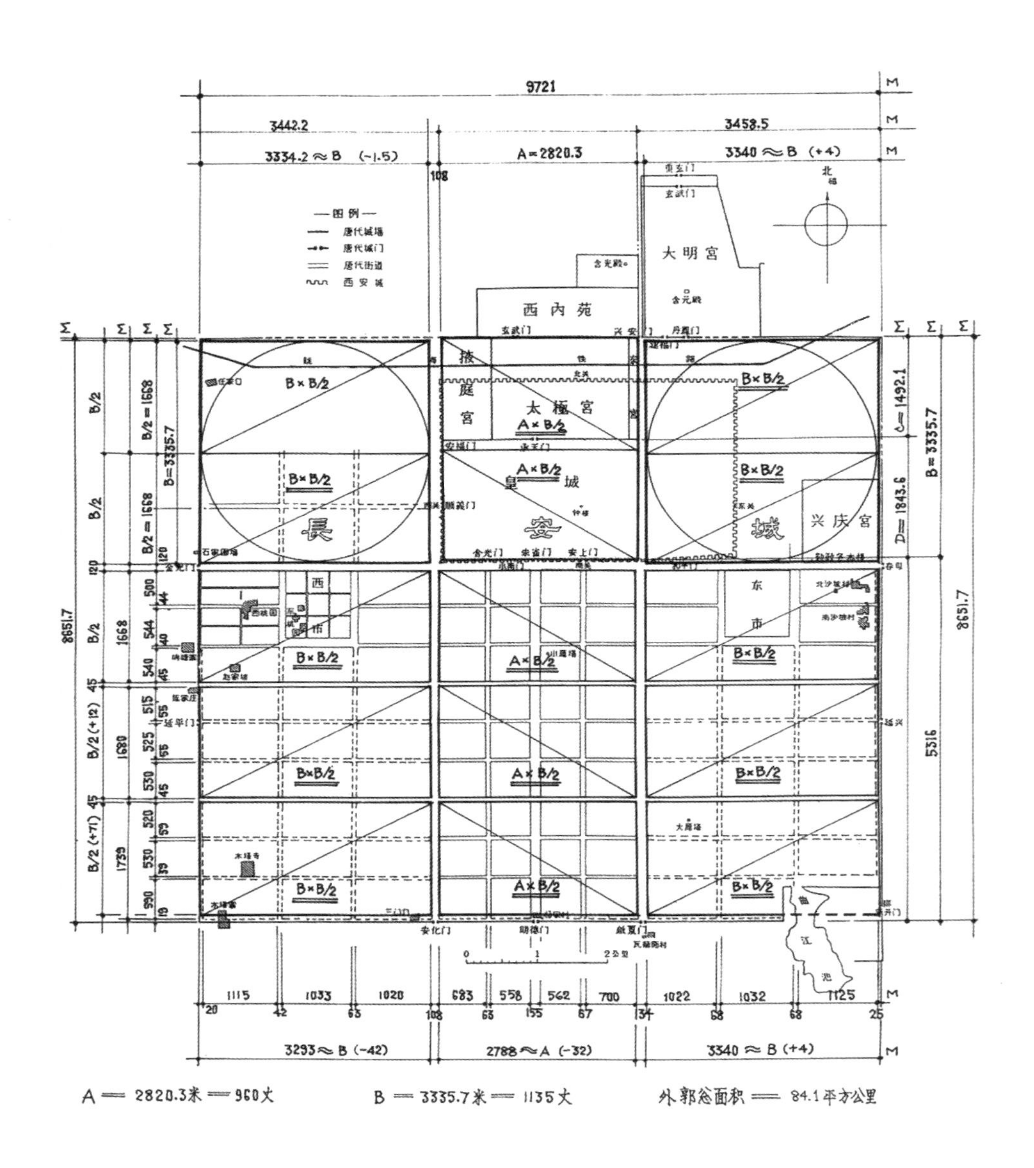

[그림 41] 당나라 장안성의 평면 배치에 나타난 모듈 관계 분석도

계획에서 그것을 모듈로 삼은 것은 황권이 모든 것을 포괄하고 모든 것을 통치한다는 의미를 나타낸다.

3. 동도 뤄양성

604년 수나라가 처음으로 뤄양성을 건설했고 당나라 때 완공했다. 평면은 사각형에 가까운데, 남북 7312미터, 동서 7290미터, 면적 약 5330만제곱미터다. 뤄수이洛水강이 서남쪽에서 동북쪽으로 성을 관통하며 흐르면서 성 전체를 뤄수이강 이북과 이남 두 부분으로 나누었다. 황성과 궁성은 뤄수이강 이북 지역 서쪽 끝의 비교적 넓은 곳에 건설되었고, 방과 시장은 뤄수이강 이남 지역 및 이북 지역의 동부에 건설되었다. 이로써 성 전체에서 궁성은 서북 귀퉁이에 자리하고 그 동쪽과 남쪽에 방과 시장이 배치되는 구조가 형성되었다.

장안성과 마찬가지로 뤄양의 황성 역시 궁성의 남쪽에 자리했으며 황성 안에 중앙 관청이 집중적으로 건설되었다. 궁성의 핵심 부분은 '대내大內'라고 하는데, 정사각형이며 동·서·북 삼면이 이중의 성으로 둘러싸여 있었다. 궁성의 정문·정전·침전寢殿 등은 남북으로 잇달아 배열되어 중축선을 형성했는데, 이 중축선은 남쪽으로 뻗어가 황성 정문인 단문端門을 통과한 뒤 뤄수이에 놓인 천진교天津橋라는 부교浮橋를 지나서 뤄수이강 이남 지역으로 들어가 남쪽 외곽의 성문인 정정문定鼎門까지 이어지면서 성 전체의 중축선을 형성했다.

뤄수이강 이남 지역은 직사각형의 방과 시장으로 구획되었는데, 정정문가定鼎門街 서쪽으로 4열이 있고 동쪽으로 9열이 있었다. 각 열마다 남

[그림 42] 수·당 시기 뤄양성 평면도

북으로 6개의 방이 있었다. 또한 뤄수이강 남쪽 기슭을 따라서 지형에 맞게 몇몇 작은 방을 두었다. 뤄수이강 이남 지역의 방을 세어보면 모두 75개이며, 이외에 방 3개 면적에 시장 2개를 두었다.[134] 뤄수이강 이북 지역에는 황성과 궁성의 동쪽에 동성東城과 함가창含嘉倉이 있었다. 그 동쪽에 방을 배치했는데, 뤄수이강 이북 지역의 방을 세어보면 모두 29개로 그중 1개는 시장이었다. 이 방들 사이에 운하인 조거漕渠[135]가 있었다. 서쪽에서 끌어들인 뤄수이강의 물이 조거를 통해 동쪽으로 이어졌고, 동쪽의 물자를 성안으로 들여오는 데 조거가 사용되었다.

뤄양성 전체에는 총 103개의 방과 3개의 시장이 있었다. 뤄수이강 이남과 이북 두 지역의 도로는 비록 완전한 대칭을 이루지는 않았으나 전체적으로 규격이 일정한 격자망이었다. 뤄양성의 방 크기는 기본적으로 동일했으며 도로망도 장안성보다 균일했는데, 이는 도성 계획 기술이 진일보 성숙했음을 말해준다.(그림 42)

4. 북송의 도성 변량

수·당 시기 변량은 수운水運이 편리하고 상업이 발달한 요충지였다. 오대 시기에는 장안과 뤄양이 파괴되었으므로 후주後周가 변량을 도읍으로 정하고 이에 맞추어 도성을 계획했다. 외성外城을 보수하고 수로와 해

---

134 뤄수이 이남 지역에는 방坊 2개 면적의 남시가 있었고, 방 1개 면적의 서시가 있었다. 그리고 뤄수이 이북 지역에는 방 1개 면적의 북시가 있었다.

135 조운漕運에 사용된 인공 운하를 말한다.

자를 준설했으며 바깥에 나성羅城을 증축하여 성의 면적을 확장했다. 건륭建隆 원년(960)에 북송이 건국된 이후 건설이 점차 완비되어 변량은 한 시대의 이름난 수도가 되었다.

당나라 때 변주汴州에 이미 주성州城과 아성衙城의 두 성이 있었는데, 북송은 원래의 아성을 궁성으로 삼고 원래의 주성을 내성內城(구성舊城이라고도 한다)으로 삼았으며, 새로 건설한 나성을 외성(신성新城이라고도 한다)으로 삼았다. 성문 밖에는 옹성甕城을 건설했고 성 밖에는 폭이 10장丈인 해자를 만들었다.(그림 43)

내성은 둘레가 20리 155보이고, 동면과 서면에 각각 2개의 문과 남면과 북면에 각각 3개의 문이 있어서 성문은 모두 10개였다. 궁성은 내성 북측의 가운데에 자리했다. 변량의 내성은 옛 변주성의 제약을 받아 규모가 비교적 작았으므로, 궁 앞의 큰길 양측에 관청을 배치함으로써 황성을 웅장하게 만드는 전통적인 방법을 채택할 수 없었다. 중앙 관청은 성안에 분산되어 배치될 수밖에 없었는데, 상업구와 거주구에 혼재한 경우가 많았다.

변량의 내성과 외성의 주요 도로는 가로 방향의 도로 2개와 세로 방향의 도로 2개인데, 내성과 외성을 관통하는 이 4개의 큰길에는 어로御路가 있었다. 그중에서 궁성 남면의 정문인 선덕문宣德門 바깥의 어가는 남쪽으로 뻗어 벤허汴河강의 주교州橋를 거쳐 내성 남면의 정문인 주작문朱雀門과 외성 남면의 정문인 남훈문南薰門까지 이어져, 내성과 외성을 세로로 관통하며 약 4000미터에 달하는 남북 방향의 큰길을 형성했다. 이것이 성 전체의 중축선이었다. 외성의 동면과 서면 사이에는 각각 선덕문 및 어가의 남쪽 끝을 가로지르는 동서 방향의 큰 길이 2개 있었다. 동서남북 사면의 주요 성문으로 통하는 이상 4개의 큰길이 성 전체의 주요

[그림 43] 북송 변량의 외성 평면도

도로였다. 북송의 중요한 사원과 관청, 가장 번화한 상점이 주로 이 4개의 큰길 양측 및 부근에 집중적으로 자리하여 번화한 도시 중심 지대를 형성했다.

변량에는 남쪽에서 북쪽으로 차례대로 차이허蔡河강·볜허강·진수이허金水河·우장허五丈河의 4개 강이 성으로 흘러 들어왔다. 강 위에는 20여 개의 크고 작은 다리가 있었다. 이들 강은 도시의 배수 및 항운航運을 해결할 수 있었으므로 변량의 도시 생활과 경제 발전에 매우 중요했다. 이들 강은 주로 동남쪽 창장長江강과 화이허淮河강 일대에서 온 물자를 운송했으므로 도시의 주요 부두·창고·저점邸店[136] 등은 주로 외성의 동쪽에 자리했다. 구성의 번화한 상업가 역시 동부와 남부에 주로 집중되어 있었다.

궁성 정문인 선덕문 남쪽에서 볜허강의 주교 이북까지 궁전 앞 어가御街가 뻗어 있었다. 어가의 너비는 약 200보였는데, 가운데가 어로이고 좌우에는 벽돌을 쌓아 어구御沟[137]를 냈다. 어구 옆에는 꽃나무를 심었다, 동서 외측에는 어랑御廊으로 불리는 장랑長廊이 있었는데, 이곳에서 상업활동을 할 수 있어서 궁전 앞의 개방적인 공공활동 광장이 되었다. 이것은 도성에서 처음으로 시도한 것으로, 길을 따라 들어선 가게가 빚어내는 번화한 거리와 더불어서 개방적인 도시의 새로운 면모를 만들어냈다. 이는 도시의 면모에 있어서 중고 시대 도성이 근고 시대 도성으로 변천해간 중요한 표지다.

---

136 객상客商을 상대로 한 화물 보관처이자 숙소이자 교역장이었던 곳으로, 저사邸肆·저포邸鋪·화잔貨棧·탑방塌坊라고도 한다.

137 어가御街 양측에 배수를 위해 만든 도랑을 말한다.

변량의 중요 상업가는 궁성의 동측에 자리했다. 상업·금융·음식·오락 관련 대형 건축이 집중되어 있었고 길 양쪽에는 노점상이 들어차 있었는데, 밤낮으로 영업을 했다. 상업이 발전하자 관부에서도 이익을 취하고자 거리 양쪽에 '낭방廊房'이라고 하는 임대 건물을 건설하고 부두에는 '저각邸閣'이라고 하는 창고를 건설했다. 수도의 관부에서 건설한 '낭방' 제도는 대략 북송 때 시작되어 명·청 시기의 난징과 베이징까지 이어졌는데, 베이징 전문前門 밖의 낭방두조廊房頭條가 그 예다.

이전 시대의 도성과 비교했을 때 북송의 변량은 다음의 몇 가지 특징을 지닌다.

(1) 역사상 최초의 개방적인 가항제 도성

당나라 중기 이후 창장강·화이허강 지대의 양저우揚州처럼 상업이 발달한 대도시에는 이미 야시장이 있었으며, 폐쇄적이고 야간 통행금지까지 있는 방시제의 구체제를 타파하려는 추세가 나타났다(장호張祜의 시에서 "십리 긴 거리에 시정이 연이어 있네十里長街市井連"라고 했다).

북송 건국 초에 이미 변량에는 삼경三更 이전에는 야시장을 열도록 허락하는 법령이 있었다. 이로써 당시에 야시장이 이미 등장했음을 알 수 있다. 북송 중기 이후 경제 발전의 요구에 따라 변량에서는 이방제도가 폐지되어 주택가 골목이 바로 거리로 통하고 거리 양쪽에 상점이 들어설 수 있었다. 이로써 중국 역사상 최초의 개방적인 가항제 도성이 형성되었다. 그 영향으로 가항제가 지방 도시로 확대되었는데, 이는 경제 발전에 힘입어 고대 중국 도시 체제에 중대한 변화가 생겨난 결과다.

(2) 성이 세 겹이며, 궁성이 내성 중앙에 자리한 구조

중국 고대 도성은 한나라에서 당나라에 이르기까지 궁성은 한 면 또는 두 면이 외성 가까이에 바싹 붙어 자리했는데, 이는 내란이 발생했을 때 쉽게 탈출하기 위해서였다. 변량에서 궁성을 완전히 대성의 중앙에 배치하기 시작한 것은 고도의 중앙 집권으로, 이는 내란을 철저히 근절시킨 결과다. 이것은 중국의 전제 왕권이 도성 체제에 있어 중기에서 후기로 전향한 표지 가운데 하나다.

(3) 도시 관리 방법과 조치의 진일보

이방의 폐지에 뒤이어 '군순포軍巡鋪'를 창설했다. 거주구 골목에 300보마다 하나씩 군순포옥軍巡鋪屋을 두었는데, 소속된 포병鋪兵은 5명이었다. 군수포는 소재 지역의 치안을 담당했는데, 중화인민공화국 건국 이전 북평北平의 '파출소巡警閣子'와 상당히 유사하다. 방의 담이 가로막고 있지 않았으므로 거주구는 실질적으로 하나로 연결되어 있었던 데다가 길옆에 상점을 세우게 된 뒤로는 도로가 좁아진 탓에 화재 방재 역시 중대한 문제가 되었다. 이 때문에 변량에는 화재를 감시하는 망화루望火樓 제도를 창설하여 화재를 제때 관리할 수 있도록 보고하도록 했는데, 군대와 카이펑부가 불을 끄고 인명과 재산을 구하는 일을 책임졌다.

군순포옥과 망화루를 설치한 것은 개방적인 가항제 도시의 치안과 관리의 필요에 따른 것으로, 중국 고대 도시 관리에서 처음 만들어진 것이다. 그런데 서민과 상인이 거리를 따라 집과 상점을 세울 수 있게 되면서 거리를 침범하는 일이 자주 발생했다. 그래서 내성의 거리 양쪽에 '표주表柱'라고 하는 표지 나무를 세워놓고, 거리를 침범할 경우에는 그것을 기준으로 철거하게 했다. 이것 역시 도시 관리의 새로운 조치 중 하나에 속한다.

5. 원나라의 대도성

원나라 세조世祖 원년(1267)에 금나라의 중도中都 동북쪽에 새로운 도성을 세웠다. 외성과 황성과 궁성으로 이루어진 삼중성으로 면적은 약 5090만 제곱미터이며 '대도大都'라고 칭했다. 대도는 중국 역사상 첫 번째로 평지에 세워진 가항제 도성이다. 도성 계획의 완전성과 면적의 광대함이라는 면에서 중국과 세계 고대 도성 발전사에 모두 중요한 의의가 있다.

외성 유적지는 지금의 베이징 구성舊城 내성 및 그 북부에 자리하는데, 평면은 남북으로 약간 더 긴 직사각형이며 모두 항토 공법으로 축성되었다. 기단의 폭은 24미터고 동쪽과 서쪽 성벽의 북단 및 북쪽 성벽 유지는 아직도 존재하는데, 속칭 '토성土城'이라고 한다. 대도성의 동·서·남 삼면에 각각 3개의 성문이 있고 북면에 2개의 성문이 있어 성문은 총 11개였고, 그 위에 성루를 지었다. 원나라 순제順帝 지정至正 18년(1358)에 대규모 봉기가 발생한 이후 성문 밖에 옹성을 더 세웠다.

대도의 동쪽 성벽과 서쪽 성벽의 가운데 문 사이로는 동서를 가로지르는 큰길이 나 있어 성 전체를 남북으로 양분했다. 동서 방향 분할선의 북반부에 고루와 종루를 세우고 그 가운데에 남북 방향의 큰길을 내서 성 전체의 기하학적 중축선을 형성했는데, 큰길 남단의 고루가 전체 성의 기하학적 중심을 차지했다. 서남쪽의 허우하이後海와 지수이탄積水潭은 대운하를 통한 수운의 종점이었으며, 특히 고루와 종루 일대에 번화한 상업 무역 중심이 형성되었고 부근에는 중앙 및 대도 지역의 관청이 배치되었다.

성의 남반부는 궁성이 중앙에 자리했는데, 그 중축선은 남쪽으로 황성 정문인 영성문欞星門과 남성 정문인 여정문麗正門을 마주하면서 성 전체의 건설 계획상 주축을 형성했다. 하지만 이 중축선은 전체 성의 남북향의 기하학적 분할선과 완전히 포개지지는 않았으며 약간 동쪽으로 치우쳐 있었다. 궁성의 북쪽은 어원御苑이었다. 이전 시대의 황성이 궁성 앞에 세워졌던 것과 달리 대도의 황성은 궁성을 둘러싸고 있었다. 황성에서는 태액지太液池를 비롯해 이후 계속해서 건설된 흥성궁興聖宮과 융복궁隆福宮 및 태자궁 등이 자리한 서쪽 지역의 면적이 비교적 넓었던 반면, 주로 서비스 및 저장 관련 부처가 배치된 동쪽 지역은 협소한 편이었다.

성안의 주요 도로는 남북 방향의 큰길 7갈래와 동서 방향의 큰길 4갈래로, 총 11개의 주요 도로가 성 전체의 격자형 도로를 형성하면서 전체 성을 여러 개의 직사각형 구역으로 나누었다. 황성을 비롯해 대형 관청과 사원과 사당이 자리하고 있었으며, 그 나머지 구역 안에 모두 가로 방향의 골목이 등거리로 배치되어 있었다. 이 골목을 후퉁胡同이라고 한다. 대도는 후퉁이 거리와 바로 통하는 개방형 도시였다. 대도의 주택 유지 몇 개가 1960년대에 발견되었는데 대부분 사합원이었지만 임대용 연립식 주택도 처음으로 발견되었다. 이는 상업이 발전하고 임시 유동인구가 증가했던 대도의 상황을 반영한다.(그림 44)

베이징의 1:500 지형도를 사용하여 도성 계획의 특징을 분석한 결과 다음 몇 가지를 발견했다.

첫째, 대도의 궁성과 어원을 하나의 총체로 간주하고서 그 동서 너비를 A, 남북 길이를 B로 설정하고 작도법을 이용해 지도를 탐색해보면, 대

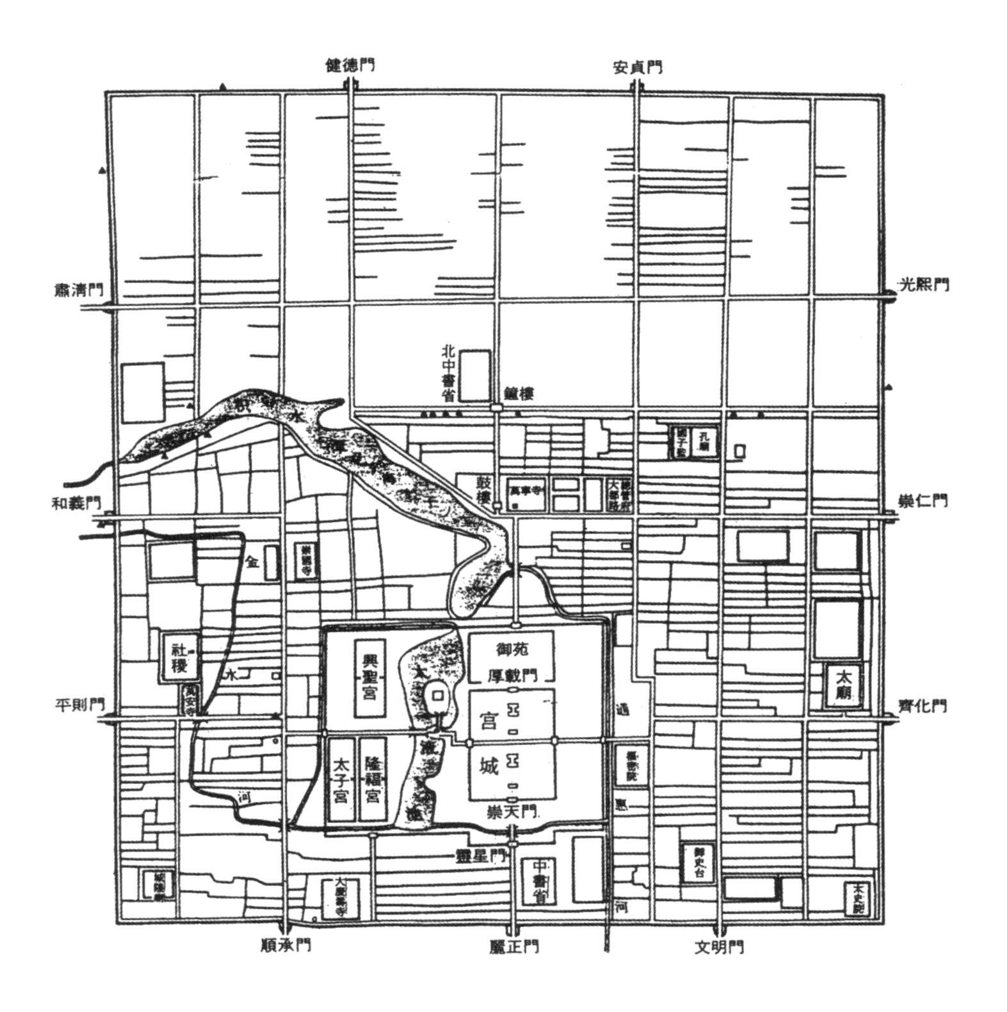

[그림 44] 원나라 대도 평면도

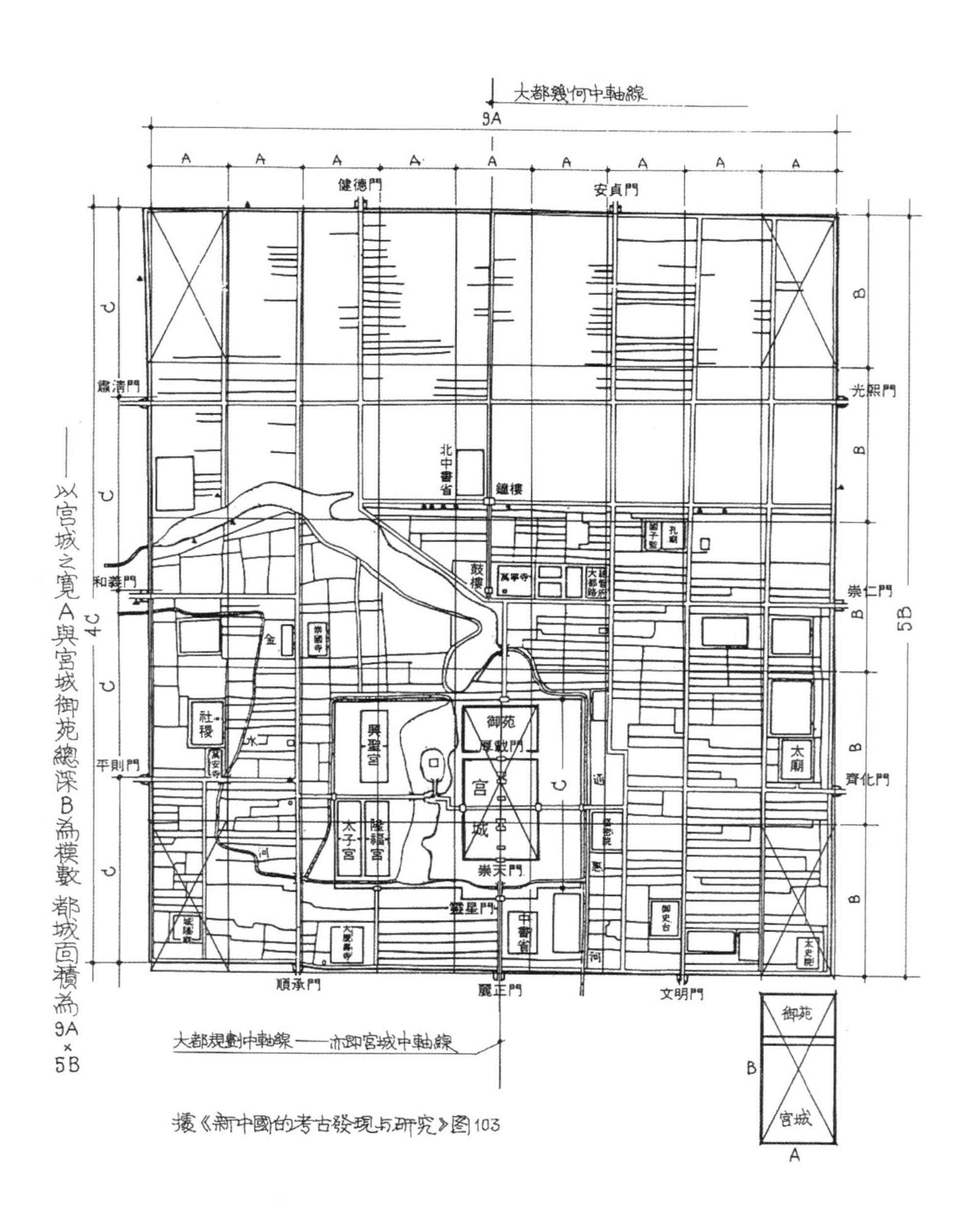

[그림 45] 원나라 대도의 도성 계획 방법 분석도

도성의 동서 너비는 9A, 남북 길이는 5B임을 알 수 있다. 즉 대도성의 면적은 궁성과 어원을 합친 면적의 45배다.(그림 45)

둘째, 성지城址의 실측도에 대각선을 그으면 교차점은 바로 고루의 위치다. 즉 고루가 대도성의 기하학적 중심에 자리했다. 고루와 종루 사이의 남북 방향의 큰길은 대도성의 남북향 기하학적 중축선이다.

셋째, 성 남반부에 건설된 궁성의 중축선은 주전인 대명전大明殿에서 남쪽으로는 남성의 정문인 여정문까지 뻗어 있고, 북쪽으로는 만녕사萬寧寺의 중심각中心閣까지 뻗어 있었다. 그 길이는 약 3650미터였다. 이것은 대도성 도성 계획에서의 중축선이었지만 성 전체 남북 방향의 기하학적 중심선상에 자리하지 않고 동쪽으로 약 129미터 이동했다. 이는 '물과 풀을 따라 이동하며 살아가던逐水草而居' 몽골의 전통적인 습관 때문에 궁성을 태액지 동쪽에 세우면서 초래된 것이다. 원나라 대도는 중국 역사상 유일하게 계획에 따라 평지에 건설된 가항제 도성으로, 당시 도시 계획의 수준을 충분히 반영한다.

4장

원·명·청 삼대의 도성 베이징성

베이징은 당나라 때 유주幽州였는데, 936년에 요나라 차지가 되었으며 938년에 요나라가 남경南京이라고 했다. 1122년, 북송과 금나라가 힘을 합쳐 요나라의 남경을 정복하고 임시로 북송이 관할하게 되었는데, 연산부燕山府라고 칭했다. 1127년 금나라가 북송을 멸망시킨 이후 1153년에 금나라 해릉왕海陵王이 이곳에 도읍하면서 중도中都라고 칭했다. 1215년에 몽골군이 금나라 중도를 함락했다. 1267년에 원나라 세조 쿠빌라이가 금나라 중도의 동북쪽에 경화도瓊華島를 중심으로 대도를 건설하기로 결정했고, 1284년에 기본적인 건설이 마무리되었다. 1368년에 명나라 군대가 대도를 정복한 뒤 북평부北平府로 개칭했다. 1416년에 명나라 영락제가 이곳에 도읍하여 대도 중남부에 새로운 도성인 베이징을 건설했는데, 1420년에 기본적인 건설이 마무리되었다. 1644년에 명나라가 멸망한 뒤 청나라 역시 베이징에 도읍했다. 이상은 베이징 지역에서 요·금·원·명·

청 다섯 왕조가 도성을 건설한 대략적인 과정이다.

1. 원나라의 대도성

원나라 세조 지원至元 4년(1267)에 금나라 중도 동북쪽에 새로운 도성이 세워졌다. 외성·황성·궁성이 있는 삼중성으로 '대도'라고 칭했다. 대도는 중국 역사상 첫 번째로 평지에 건설된 가항제 도성이다. 도성 계획의 완전성과 면적의 광대함이라는 면에서 중국과 세계 고대 도성 발전사에 모두 중요한 의의가 있다.

(1) 역사적 의의

도성은 국가의 통치 중심이다. 서주 이래 각 왕조의 도성은 대부분 두 개의 성, 즉 대성과 소성을 건설했다. 소성은 궁성으로, 궁정과 관부가 집중된 권력의 중심이다. 대성은 곽郭이라고도 하는데, 그 안에 백성을 거주하게 했다. "성으로 임금을 지키고, 곽으로 백성을 지킨다"라는 옛말은 대성과 소성의 서로 다른 기능을 말해준다.

전국시대부터 오대(기원전 475~기원후 960)까지 모든 도성에서는 이방제를 시행하여 폐쇄된 이방에 백성을 거주하게 하고 엄격하게 통제했다. 거주민이 이방을 출입할 때면 전담으로 관리하는 이가 있는 방문坊門을 통과해야만 했으며, 야간 통행금지를 시행하여 군대가 밤길을 통제했다. 궁성은 대성 안에 건설되었지만 한 면 또는 두 면의 성벽이 대성에 의지하고 있었다. 반란이나 민란이 일어났을 때 외부로 쉽게 달아날 수 있도록 하기 위한 것이었는데, 이는 당시의 정치적 상황이 빚어낸 것으로, 한나라와 당나라의 도성 장안과 뤄양 모두 그러했다.

송나라 때는 고도의 중앙집권제와 문관제도를 시행했는데, 수도와 그 주변 요지에 병력을 집중시키고 지방 군사력과 권세가의 세력을 약화시킴으로써 중앙의 권력이 강하고 지방의 권력이 약한 형세가 빚어졌다. 내부의 정변과 지방 세력의 반란 가능성을 철저히 차단함으로써 북송의 도성 변량은 비로소 궁성을 완전히 성 가운데에 배치할 수 있었다.

이와 동시에 북송 중기 이후에는 도시 상업과 수공업이 번영했는데, 폐쇄적인 방과 시장은 상업 발전을 제한했으므로 방장坊墻을 철거하여 거주구의 골목이 거리와 직접 통하게 했으며 거리 양쪽에 상점과 수공업 작업장을 세워 상업이 번영한 가항제 도시를 형성했다. 이러한 변화에 적응하기 위하여 성안에는 근대의 '파출소巡警閣子'와 유사한 군순포를 설치해 도시 치안과 거주민의 활동을 직접적으로 통제하면서, 기존에 거주민을 통제하던 이방의 역할을 대체했다.

방의 담이 제거된 이후 도성 중심에 궁성을 배치하고 개방적인 가항제를 시행한 것은 도성 건설에 있어서 중국의 왕권 전제 왕조가 중앙집권을 더욱 강화하고 중기에서 후기로 방향을 전환했다는 표지의 하나다. 북송의 변량, 남송의 임안臨安, 금나라의 중도는 모두 기존의 이방제 도시를 개조한 도성으로, 배치에 있어서 원래 구조의 제한을 받았다. 역사상 원나라 대도는 유일하게 국가 주도하에 미리 설계된 토지 계획에 따라 평지에 건설된 가항제 도성이며 명·청 두 시대에서도 기본적으로 계속해서 이를 사용했다. 대도는 가항제 도성의 특징을 제대로 구현했으며 도시 발전사에서 중요한 의의를 지닌다.

(2) 도시 개황

원나라 대도의 외성 유지는 지금의 베이징 구성舊城 내성 및 그 북부에 자리하는데, 평면은 남북으로 약간 더 긴 직사각형이다. 북쪽 성벽의 길이는 6730미터, 남쪽 성벽의 길이는 6680미터, 동쪽 성벽의 길이는 7590미터, 서쪽 성벽의 길이는 7600미터다. 모두 항토 공법으로 축성되었으며, 기단의 폭은 24미터다. 비를 막기 위해서, 성 옆에는 갈대의 대를 대량으로 저장해두었다가 비가 올 때 덮도록 했다. 동쪽과 서쪽 성벽의 북단 및 북쪽 성벽 유지는 아직도 존재하는데, 속칭 '토성土城'이라고 한다. 대도성의 동·서·남 삼면에 각각 3개의 성문이 있고 북면에 2개의 성문이 있어 성문은 총 11개였고, 그 위에 성루를 지었다. 원나라 순제 지정 18년(1358)에 대규모 봉기가 발생한 이후 성문 밖에 옹성을 더 세웠다.

대도의 동쪽 성벽과 서쪽 성벽의 가운데 문 사이로는 동서를 가로지르는 큰길이 나 있어 성 전체를 남북으로 양분했다. 동서 방향 분할선의 북반부에 고루와 종루를 세우고 그 가운데에 남북 방향의 큰길을 내서 성 전체의 기하학적 중축선을 형성했는데, 큰길 남단의 고루가 전체 성의 기하학적 중심을 차지했다. 서남쪽의 호수(지금의 허우하이와 지수이탄)는 대운하를 통한 수운의 종점이었으며 그 주위, 특히 고루와 종루 일대에 번화한 상업 무역 중심이 형성되었고 부근에는 중앙 및 대도 지역의 관청이 배치되었다.

성의 남반부는 궁성이 중앙에 자리했는데, 그 남북 중축선은 남쪽으로 황성 정문인 영성문과 남성 정문인 여정문을 마주하면서 성 전체의 건설 계획상 주축을 형성했다. 하지만 이 중축선은 전체 성의 남북향의 기하학적 분할선과 완전히 포개지지는 않았으며 약간 동쪽으로 치우쳐 있었다. 궁성의 북쪽은 어원이었다. 이전 시대의 황성이 궁성 앞에 세워졌던 것과 달리 대도의 황성은 궁성을 둘러싸고 있었다. 황성에서는 태액지를 비롯해 이후 계속해서 건설된 흥성궁과 융복궁 및 태자궁 등이 자리한 서쪽 지역의 면적이 비교적 넓었던 반면, 주로 서비스 제공 및 저장 관련 부처가 배치된 동쪽 지역은 협소한 편이었다.

성안의 주요 도로는 남북 방향의 큰길 7갈래와 동서 방향의 큰길 4갈래로, 총 11개의 주요 도로가 있었다. 성안의 황성 및 호수로 가로막힌 탓에 11개의 주요 도로 중에서 동서 방향의 큰길 1갈래와 남북 방향의 큰길 2갈래만 동서 또는 남북을 관통했다. 11개의 주요 도로가 성 전체의 격자형 도로를 형성하면서 전체 성을 여러 개의 직사각형 구역으로 나누었다. 황성을 비롯해 대형 관청과 사원과 사당이 자리하고 있었으며, 그 나머지 구역 안에 모두 가로 방향의 골목이 등거리로 배치되어 있었다. 이 골목을 '후퉁'이라고 한다. 실측에 따르면 후퉁의 폭은 약 7미터고, 각 후퉁의 중심 간의 거리는 77.6미터다. 즉 거주구의 세로 길이가 70.6미터인데, 대략 22.5장丈에 해당한다. 당시에 규정된 표준 택지는 8무畝였으며, 이를 기준으로 증감이 있었다.

대도는 명목상 '대연의 수大衍之數'[138]에 따라 50개의 방명坊名을 정하긴 했지만 이는 단지 구획의 명칭이었을 뿐 방장과 방문은 없었다. 대도는 후퉁이 거리로 직접 통하는 개방적인 도시였다. 대도 유지의 북반부에 가로 방향의 후퉁 유적이 발견되긴 했지만 건축 유지는 매우 드문데, 아마도 북성 근처는 충분히 발전하지 못했거나 전통적인 천막집 거주구였을 것이다. 대도의 주택 유지 몇 개가 1960년대에 발견되었는데 대부

---

138 50을 가리킨다. 『주역』 「계사」에 "대연의 수는 50大衍之數五十"이라는 구절이 나온다.

분 사합원이었다.(그림 46) 그런데 임대용 연립식 주택도 처음으로 발견되었는데, 이는 상업이 발전하고 임시 유동인구가 증가했던 대도의 상황을 반영한다.(그림 47)

대도의 거리는 모두 흙길이었다. 주요 도로의 양측에는 돌을 쌓아 만든, 폭이 약 1미터이고 깊이가 약 1.65미터인 배수용 겉도랑이 있었는데, 도로를 건너갈 때는 석판으로 그 위를 덮었다. 겉도랑의 말단은 성벽 아래의 배수용 속도랑과 연결되었고, 속도랑은 성 밖의 해자까지 설치되어 있었다. 거주구 후퉁의 하수도 상황은 명·청 시대 유적이 겹쳐진 탓에 현재까지는 불명확하다. 『석진지析津志』에는 원나라 대도를 건설할 당시 먼저 일곱 군데의 배수로를 팠다는 기록이 있으며 그 위치까지 밝혀놓았는데, 바로 당시 도시의 간선 배수로였다. 그 구체적인 상황은 현재로서는 살펴볼 수가 없다.

대도의 도시 급수와 배수 문제는 도성 계획 및 건설에서 원만하게 처리되었다. 대도의 주요 수계水系는 가오량허高梁河와 진수이허金水河 두 계통이 있었다. 가오량허는 창핑昌平의 백부천白浮泉과 옹산박瓮山泊(지금의 곤명호昆明湖)의 물을 끌어들여 화의문和義門(지금의 서직문西直門) 북쪽으로부터 성으로 진입해 하이쯔海子[139]로 흘러 들어갔다. 지원 30년(1293)에는 퉁후이허通惠河를 개통하고 24개의 갑문閘門을 세웠다. 이로써 대운하를 통해 퉁저우로 들어온 곡물 수송선이 북쪽 대도로 진입하여 하이쯔에 정박할 수 있도록 하여 조운 문제를 해결했다. 진수이허는 옥천산玉泉山의 물을 끌어들여 화의문 남쪽으로부터 성으로 진입한 다음 동쪽으로 흐르다가 다시 남쪽으로 굽어 흐르면서 두 줄기로 갈라져서는 지금

---

139 지수이탄積水潭을 가리킨다.

[그림 46] 베이징 후영방后英房의 원나라 주택 유지 복원도

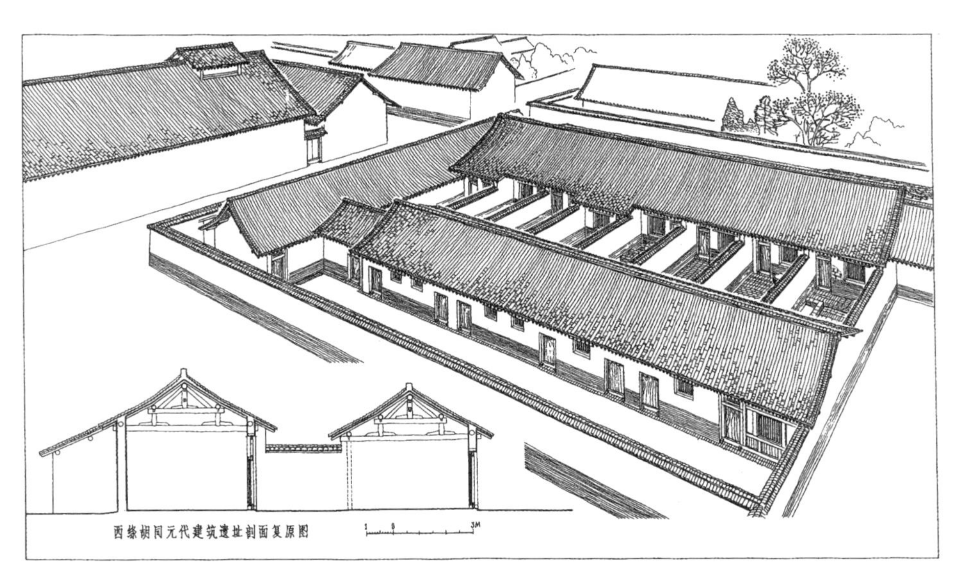

[그림 47] 베이징 서조西縧후통의 원나라 주택 유지 복원도

의 베이하이北海와 중하이中海로 각각 유입되어 궁정에 용수를 공급했다. 일반 백성은 우물물을 사용했다. 이를 위해 우물을 뚫었을뿐더러 우물물을 끌어올리기 위한 설비도 갖추었는데, 『석진지』에서 '시수당施水堂'이라고 한 것이다. 이는 수직 방향으로 놓인 바퀴와 연결된 두레박을 우물 아래로 내려보낸 뒤 위쪽에서는 수평 방향으로 놓인 바퀴[140]를 사람이 밀어서 두레박이 연결된 수직 방향의 바퀴를 움직이게 함으로써 두레박을 지상으로 끌어올린 다음 두레박에 담긴 물이 석조石槽에 쏟아지도록 하는 것이다. 이 물이 사람과 가축의 음용수로 사용되었다고 한다. 시수당은 당시에 처음 만들어진 것으로 생활용수를 해결했다. 이는 원나라 때 이미 기계식 급수 방식을 발명했음을 말해준다.

(3) 도성 계획의 특징

대도의 실측 자료 데이터가 아직 발표되지 않았기 때문에 실측도 및 베이징의 1:500 지형도를 이용해 도성 계획의 특징을 분석한 결과 다음 몇 가지를 발견했다.

첫째, 대도의 궁성과 어원을 하나의 총체로 간주하고서 그 동서 너비를 A, 남북 길이를 B로 설정하고 작도법을 이용해 지도를 탐색해보면, 대도성의 동서 너비는 9A, 남북 길이는 5B임을 알 수 있다. 즉 대도성의 면적은 궁성과 어원을 합친 면적의 45배다. 또한 동측에 있는 2갈래의 남

---

140 두레박이 달린 수직 방향의 바퀴가 수평 방향의 바퀴와 맞물려 돌아가는 구조다. 사람이 수평 방향의 바퀴에 달린 손잡이를 돌리면 수직 방향의 바퀴가 움직이면서 두레박을 끌어 올리게 된다.

북향 큰길 및 서측에 있는 3갈래의 남북향 큰길은 길 사이의 간격이 기본적으로 A와 같다. 이것 역시 대도성의 도성 계획에서 궁성의 면적을 모듈로 삼았다는 간접 증거로 간주할 수 있다.

궁성을 모듈로 삼은 도성 계획 방식은 수·당 시기 장안과 뤄양에서 이미 사용되었다. 송나라와 금나라의 도성은 기존의 주부급州府級 도시를 개조한 것이기 때문에 이러한 특징을 고려할 수 없었다. 이러한 도성 계획 방식이 원나라 대도에서 다시 등장한 것은 궁성을 모듈로 삼는 전통이 여전히 존재했음을 말해준다. 이것은 전통에 정통한 기획자인 유병충劉秉忠과 그가 이끈 한족 관리와 기술자에게 공로를 돌릴 수밖에 없다.

둘째, 성지城址의 실측도에 대각선을 그으면 그 교차점은 바로 고루가 있는 곳이다. 즉 고루가 대도성의 기하학적 중심에 자리했다. 고루와 종루 사이의 남북 방향의 큰길은 대도성의 남북향 기하학적 중축선이다.

셋째, 성 남반부에 건설된 궁성의 중축선은 주전인 대명전에서 남쪽으로는 남성의 정문인 여정문까지 뻗어 있으며 북쪽으로는 만녕사 안에 거대한 중심각中心閣을 특별히 세워서 이것을 중축선의 북단으로 삼았는데, 중축선의 총 길이는 약 3650미터였다. 이것은 대도성 도성 계획에서의 중축선이었지만 성 전체 남북 방향의 기하학적 중심선상에 자리하지 않고 동쪽으로 약 129미터 이동했다. 이는 구체적인 지형으로 말미암은 것이다.

몽골족은 유목민으로, 물과 풀을 찾아 이동하며 살아가던 습관이 있었다. 자리를 잡고 살거나 도성을 세우거나 행궁을 만들 때 대부분 강과 호수가 있는 곳을 선택했다. 그들이 금나라의 중도를 차지한 이후로는 그런 습속에서 벗어나게 되었다. 대도를 건설하기 이전 쿠빌라이는 우선 태액지(지금의 베이하이와 중하이)로 둘러싸인 만수산[141](지금의 베이하이 경화도)에 행궁을 세우고 거주했다. 그래서 대도를 건설할 당시에도 궁성을 호수 근처에 세우고자 했다. 태액지가 남쪽에 치우쳐 있기 때문에 궁성 역시 도성의 남반부에 세울 수밖에 없었다. 궁성을 태액지 동쪽에 세웠으므로 궁성이 서쪽으로 확장되는 것이 제한되었다. 한편 궁성은 어느 정도의 너비가 필요했기 때문에 방향을 틀어 동쪽으로 확장할 수밖에 없었다. 이렇게 해서 궁성의 중축선이 성 전체의 기하학적 중축선보다 동쪽으로 129미터(약 41장) 치우치게 되는 결과가 나타났다. 이를 통해 알 수 있듯이 대도의 도성 계획에서, 궁성이 도성의 북부에 자리했던 당·송 시기의 전통과 반대로 궁성이 도성의 남반부에 자리했던 것과 중축선이 성 전체의 기하학적 중심선상에 자리하지 않았던 것은 모두 궁성의 서쪽에 태액지를 두고자 했기 때문이다.

원나라가 대도를 건설할 당시 수·당 시기의 옛 도성은 오래전에 이미 폐허가 되었기 때문에 참고할 수 있는 것은 오직 금나라 중도와 북송의 변량이었다. 따라서 원나라 대도는 몽골족 원나라가 건국하면서 세워진 도성으로, 구체적인 지리환경과 결합되고 금나라와 북송의 도성 전통을 참작·흡수하여 만들어졌다고 할 수 있다. 송나라의 변량과 금나라의 중도는 각각 기존의 당나라 변주汴州와 유주幽州 옛 성의 제한을 받았는데, 지방 수부首府의 규모와 기세는 수·당 시기의 옛 도성에 비해 많이 뒤떨어졌다. 원나라 대도는 평지에 건설된 것으로, 도성 계획에서 그 이상이 충분히 구현될 수 있었다. 예를 들면 중축선의 형성, 도시 주요 도로의 대칭적 배치, 후통 간격의 균일성, 거리를 두고 마주한 후퉁이 각각 동서

141 만세산萬歲山이라고도 한다.

방향으로 하나의 선상에 놓인 점 등이다.

제국의 도성 체제를 나타내기 위해서 대도는 도성 계획에서 이전 시대의 특징을 흡수하기도 했다. 예를 들면 남면의 정문인 여정문에서 황성 정문인 영성문 사이에 길이가 약 700보인 '천보랑千步廊'을 세웠는데, 이는 북송 변량과 금나라 중도의 궁 앞에 있던 '어랑御廊'에서 발전한 것이다. 영성문 안에 세운 '주교周橋'라는 석교는 변량의 볜허강에 어가御街를 마주하고 있던 '주교州橋'(천한교天漢橋)에서 발전한 것인데, 이는 대도가 송나라와 금나라 도성과 모종의 연속성을 갖고 있음을 말해준다.

중국의 도시는 북송 후기 이후로 폐쇄적인 방시제坊市制에서 개방적인 가항제街巷制로 개조되긴 했지만 오직 원나라 대도만 중국 역사상 유일하게 평지에 도성 계획에 따라 건설된 가항제 도성으로, 가항제 도성의 특징 및 장점과 당시의 도시 계획 수준을 충분히 반영한다.

2. 명나라의 베이징성

명나라 홍무洪武 원년(1368)에 명나라 군대는 대도를 정복하고 북평부로 개칭했으며, 방어에 유리하도록 북쪽 성벽을 남쪽으로 2800미터 옮겨 소성의 범위를 축소했다. 영락 원년(1403)에 주체朱棣가 즉위한 후 북경, 즉 베이징이라고 칭했다.[142] 영락 14년(1416)에 원나라의 대도를 새로

---

142 영락 원년인 1403년에 영락제가 북평부北平府를 베이징순천부北京順天府로 승격시켰는데, 이로써 베이징 지역이 처음으로 '베이징'이라는 명칭을 사용하게 되었고 현재의 베이징이라는 명칭은 여기서 비롯했다.

운 도성으로 개축하고 새 궁전을 짓기로 결정했다. 영락 18년(1420)에 기본적인 건설이 마무리되자, 난징이 아닌 베이징을 '경사京師'로 삼았다.[143]

(1) 개축을 위한 조치

중국 고대에는 나쁜 전통이 있었는데, 신흥 왕조 대부분이 이전 왕조의 상징적인 건축을 파괴했다는 것이다. 궁전과 종묘는 물론이고 도성까지 파괴함으로써 '복벽復辟'의 희망을 끊어내고 자신의 상징물을 세웠다. 진시황이 육국을 멸망시킨 후 육국의 궁전을 파괴했으므로 항우項羽 역시 복수심에 셴양을 불태웠다. 이후에 이것이 관례가 되어 각 왕조가 교체될 때는 대부분 이러한 파괴가 발생했다. 명나라가 원나라 대도를 철거하고 개축한 것은 이러한 전통의 연속이긴 했으나 민족적 요인도 있다.

원나라 말 농민 봉기의 목적은 원나라의 폭정 특히 민족 억압에 반대하는 것으로, 그 구호는 "오랑캐를 몰아내자驅逐胡虜"였다. 따라서 명나라 건국 이후의 기본 조치는 당·송 이래의 한족 전통을 회복하고 발전시키는 것이었다. 베이징성은 원나라 대도를 바탕으로 개축했기 때문에 도성 계획 사상 역시 몽골족 원나라의 특징을 근본적으로 변화시켜 '중화의 회복恢復中華'을 대표할 수 있는 명나라의 새로운 면모를 빚어내는 것이었다. 하지만 대도의 거리 구조는 형성된 지 이미 백 년 가까이 되어 큰 변화를 주기 어려웠기 때문에 기본적으로 계속 사용할 수밖에 없었으며, 도시의 상징적인 배치와 건축군을 최대한 제거하고 당·송 이래 한족의

---

143 영락 원년에 영락제는 일찍이 그가 연왕燕王이었을 당시의 봉지封地였던 북평부를 베이징순천부로 승격시켰지만 경사京師는 여전히 난징이었다. 베이징이 경사가 된 건 베이징 도성 건설이 마무리된 다음 해인 1421년이다.

문화 전통에 따라 변화를 가미했다. 원나라의 대도를 명나라의 베이징으로 개축하고자, 성과 궁전을 모두 남쪽으로 이동하고 궁전과 성의 비례관계를 바꾸고 궁성 중축선을 성 전체의 중축선으로 삼는 등의 조치를 취했다.

① 성을 남쪽으로 이동하다

명나라 베이징성의 동면과 서면은 원나라 대도의 옛 성벽을 그대로 사용하였으며, 북쪽 성벽은 홍무제 때 세운 새로운 성벽이고 남쪽 성벽은 궁성이 남쪽으로 이동하면서 남쪽으로 약 700미터 확장되었다. 따라서 명나라 베이징성의 위치는 원나라 대도보다 약간 남쪽으로 이동했으며, 완전히 원나라 대도의 옛터에 재건된 것은 결코 아니다. 면적 역시 원나라 대도의 5090만 제곱미터에서 3500만 제곱미터로 줄어들었다. 도성이 남쪽으로 이동한 후에도 동성과 서성에는 원나라 때 성벽의 문 3개 중에서 남문과 중문을 남겨 둔 채 명칭만 변경했다. 남면과 북면의 성벽을 새로 건설하긴 했으나 도로망이 변하지 않았기 때문에 성문은 도로를 따라 남쪽으로 이동했을 뿐이지만 역시 성문 명칭을 변경했다. 결국 성문의 수는 11개에서 9개로 줄어들었고 성문의 명칭은 전부 변경되었다.

② 원나라 궁전을 철거하고 새 궁전을 세우다

도성을 건설하기 시작할 때 원나라 궁전을 완전히 해체했으며, 원나라 황권을 대표하는 원나라 후궁后宮의 정전인 연춘각延春閣의 토대 위에다 철거한 원나라 궁전의 폐기물을 대량으로 쌓아 인공 토산이 만들어졌는데, 바로 지금의 경산景山이다. 이는 원나라 정권을 진압한다는 상징적인 의의를 지녔으므로 명나라 사람들은 경산을 진산鎭山이라고 불렀다. 명나라는 원나라 대내大內의 남반부에 새 궁전을 지었는데, 궁전의 동쪽과 서쪽 담장은 원나라의 옛것을 그대로 사용하고 남쪽과 북쪽 담장은 남쪽으로 확장했다. 이렇게 해서 지금의 자금성이 형성되었다. 자금성의 폭은 원나라 궁전과 같으나 남북 길이는 다소 줄어들었다.

③ 도성과 궁성의 비례 관계를 변경하다

도성과 궁전의 척도가 바뀐 뒤에 도성과 궁성의 비례 관계에도 변화가 생겼다. 명나라 도성과 궁성의 동서 너비는 원나라 때와 같았고 그 비례는 여전히 9:1이었지만 남북 길이의 비례는 5.5:1로 바뀌었다. 이렇게 해서 도성과 궁성의 면적은 49.5:1로 바뀌었다. 베이징의 서북 귀퉁이가 안쪽으로 비스듬히 들어간 것을 고려한다면 도성과 궁성의 면적은 49:1이라고 간주할 수 있다. 『주역周易』「계사繫辭」에 "대연의 수는 50이고, 그중 사용하는 것은 49다大衍之數五十, 其用四十有九"라는 말이 나온다. 개축할 당시에 베이징성과 궁성의 비례 관계를 49:1로 했던 것은 바로 "대연의 수는 50이고, 그중 사용하는 것은 49다"라는 말을 은유한 것이다. 이로써 원나라의 대도가 9:5로 '구오지존九五之尊'을 상징하던 함의를 바꾸었으며, 도성 건설의 경전적 근거에 근본적인 변화를 주었다.

④ 성 전체의 유일한 남북 중축선을 확립하다

새로 건설한 자금성은 원나라 궁전을 바탕으로 남쪽으로 이동했기 때문에 여전히 원나라 대도 도성 계획의 중축선상에 자리했다. 동시에 원나라 대도의 기하학적 중심선의 상징인 고루와 종루 및 그 동쪽의 중심각을 철거하고 원래의 중심각 선상에 새로운 고루와 종루를 건설하여 남쪽으로 경산과 자금성을 마주하게 했다. 이렇게 해서 성 전체를 놓고 봤을 때 자금성을 관통해 기본적으로 남북을 꿰뚫는 단 하나의 도성 계획 중축선이 존재하게 되었다. 이는 원나라 대도에서 기하학적 중축선과 도성 계획상의 중축선이 병존하던 현상을 변화시켰다.(그림 48)

이상은 명나라 영락제 때 원나라의 대도를 베이징으로 개축하면서 취했던 주요 조치다.

베이징은 15세기 전반 선덕제宣德帝와 정통제正統帝 시기에는 더욱 완비되었는데, 흙으로 쌓은 성벽의 내측과 외측에 벽돌을 둘러 완전한 벽돌성이 되었다. 또한 9개 성문의 문루門樓와 옹성을 만들고 성문 밖에는 패루牌樓와 석교를 세웠다. 정통 4년(1439)에 기본적으로 완공되어 대도의 토성보다 훨씬 웅장하고 아름다운 벽돌 성이 되었다. 정통 7년(1442)에는 황성 정문인 승천문承天門(지금의 천안문天安門)과 황성 남쪽에 돌출된 외부外郛의 정문인 대명문大明門(근대에는 중화문中華門이라 칭했는데 이미 철거되었다) 사이 어도御道의 동측과 서측 천보랑千步廊 바깥에다 육부六部[144]와 오부五府[145] 등의 중앙 관청을 난징의 배치 특징에 따라 건설함으로써 원나라 대도의 관청이 분산 배치되었던 상황을 바꾸었다.

이로써 새 도성의 궁전과 중앙 관청의 건설이 기본적으로 완성되었으며 도시의 중축선이 한층 더 도드라지게 되었다. 대도의 기존 주요 도로와 동서 방향의 후퉁은 보존되었지만 원나라 정권의 상징이었던 궁전·단

---

144 이부吏部·호부户部·예부禮部·병부兵部·형부刑部·공부工部의 여섯 부를 가리킨다.
145 중군中軍·좌군左軍·우군右軍·전군前軍·후군後軍의 다섯 도독부都督府의 총칭이다.

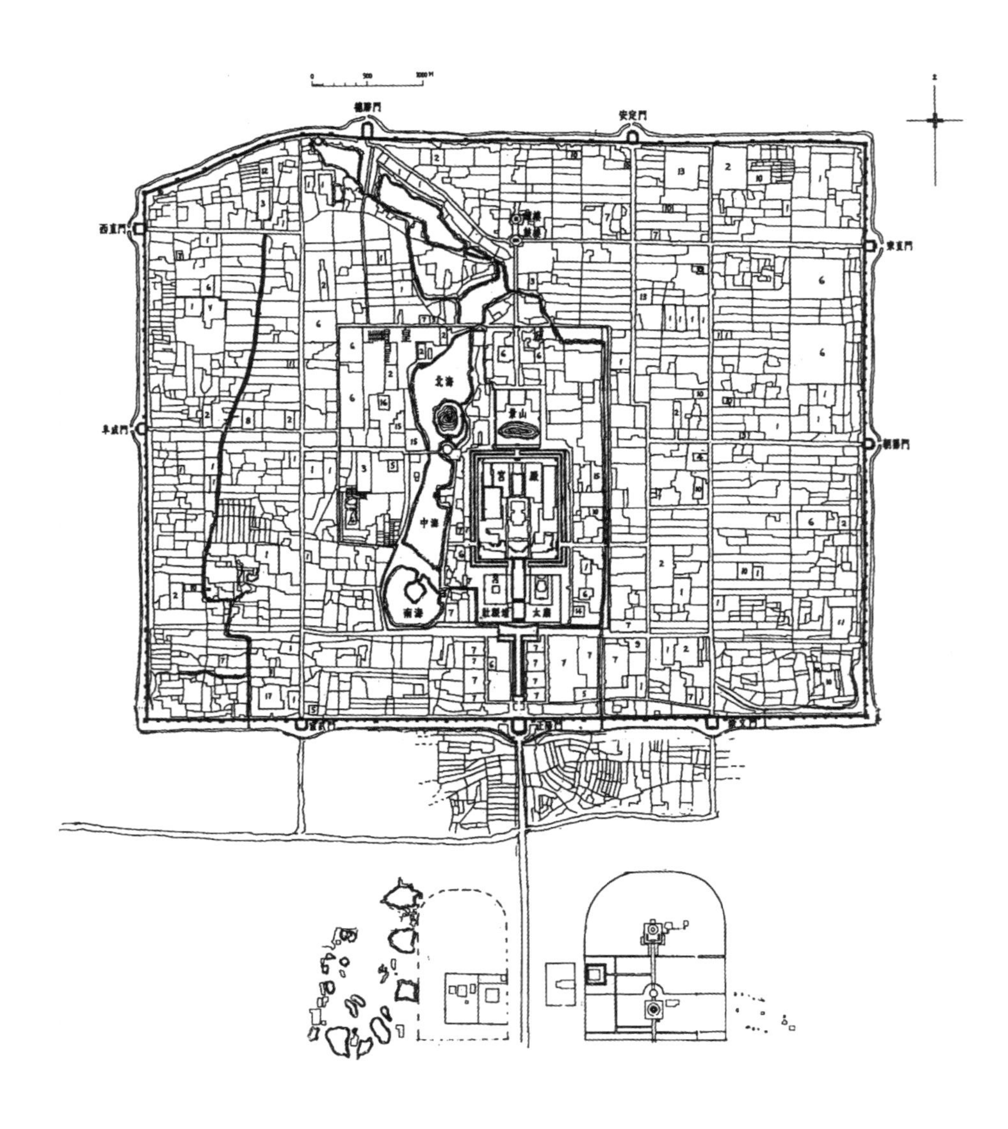

[그림 48] 명나라 영락제 때 건설하기 시작한 베이징성 평면도

묘壇廟·관청·성문·성벽 등의 주요 부분은 명나라의 새 건축으로 대체되었고, 원나라의 대도는 마침내 명나라의 새 도성 베이징으로 개조되었다.

(2) 명나라 베이징성의 배치

명나라 초에 건설된 베이징성(지금의 내성)은 동서 너비 6670미터이고 남북 길이 5310미터이며 면적은 3540만 제곱미터다. 성문은 남면에 3개가 있고, 동쪽·서쪽·북쪽에는 각각 2개씩 있어 모두 9개였다. 도시의 주요 도로와 후퉁은 기본적으로 원나라 대도의 옛것을 따랐는데, 남쪽과 북쪽의 성문이 마주하고 있지 않았기 때문에 성안에는 남북을 관통하는 도로가 없었다. 동쪽과 서쪽의 성문이 마주하고 있긴 했으나 지수이탄과 황성에 가로막힌 탓에 성 전체를 가로지르는 도로를 형성할 수 없었다. 각 성문 안의 큰길은 대부분 정자로丁字路였는데, 이것이 베이징성 주요 도로의 특징이다. 주요 도로와 보조 도로는 성안에서 세로로 긴 직사각형의 격자 도로망을 형성하고 있었으며, 격자 내부는 블록街區이고 블록 내부에는 가로 방향의 후퉁이 있었다. 성안의 큰길은 '丁'자 형태로 만들어져, 거리에서 전투가 벌어졌을 때 적의 기병이 돌진하는 걸 방해할 수 있어 도시를 지키기에 유리했다. 이는 아마도 몽골 기병과의 전투에서 얻은 경험일 것이다.

새로 건설된 자금성 궁전은 원나라 궁전이 있던 자리에서 남쪽으로 이동했으며 그 주위는 황성으로 둘러싸였다. 황성 안에는 궁정을 위한 공급과 서비스 기구가 주로 배치되었는데, 황성 서측에는 싼하이三海[146]

---

146 베이하이北海·중하이中海·난하이南海를 합쳐 부르는 말이다. 명·청 시기에 '서원西苑'이라고 칭했다.

원유苑囿 구역이 포함되어 있었으므로 전체적인 배치는 서쪽으로 치우쳐 있었다. 궁성과 황성은 기본적으로 도시의 중심부를 차지하고 있었는데, 남성의 정문인 정양문正陽門에서 북쪽으로 대명문·승천문·단문端門을 지나 궁전의 오문午門과 전삼전前三殿과 후양궁後兩宮과 현무문玄武門을 지난 다음 경산과 지안문地安門을 지나 북쪽으로 고루와 종루에 이르는 이 구역에 성 전체에서 가장 중요하고 가장 높고 웅장한 건축물이 모여, 4600미터 길이의 도시 계획 중축선과 스카이라인을 형성했다. 또한 황성 전면부의 좌우에 중앙 관청을 집중적으로 건설해, 고도로 중앙집권화된 왕조의 도성이 지닌 기세를 최대한 두드러지게 했다.

황성이 중앙에 자리했기 때문에 성 중부 동서 방향의 주요 통로가 차단되었으므로 제국의 수도 베이징 거리의 면모를 표현하는 가장 중요한 거리는 남북 방향으로 긴 숭문문내대가崇文門內大街와 선무문宣武門내대가밖에 없었다. 남북 방향의 두 거리가 동·서 장안가長安街, 조양문朝陽門내대가, 부성문阜成門내대가와 교차하는 곳에 각각 패루를 세워서 길의 표지로 삼았을뿐더러 긴 길의 단조로움을 없앴다. 남북 방향의 거리가 조양문내대가 및 부성문내대가와 교차하는 네거리에 각각 길을 질러 세운 4개의 패루[147] 주위에 상업 집중구가 형성되었다. 거주구의 후퉁이 큰길과 직접 연결될 수 있긴 했지만 후퉁 입구에는 울타리가 설치되어 있었으며, 거주민의 야간 출입을 관리하고자 파수꾼이 머무는 용도의 '퇴발堆撥'[148]이라는 작은 집도 있었다. 명·청 시대 베이징은 거주민이 제약 없

147 조양문내대가朝陽門內大街에 있는 4개의 패루를 동사패루東四牌樓, 부성문阜成門내대가에 있는 4개의 패루를 서사패루西四牌樓라고 한다.

148 만주어로 '병사가 주둔하는 곳'이라는 의미이며, '문훈門訓'이라고도 했다.

이 밤낮으로 자유롭게 드나들 수 있는 완전히 개방된 도시는 결코 아니었다.

베이징의 도로는 기본적으로 흙길이었다. 하수도 시스템은 기본적으로 대도의 옛것을 그대로 사용했으며, 성이 새롭게 남쪽으로 확장되면서 하수도 시스템 역시 어느 정도 발전했다. 길도랑에는 겉도랑과 속도랑이 있었다. 간선 수로는 겉도랑이었다. 속도랑은 대부분 돌을 쌓아서 만들고 위를 석판으로 덮었다. 역사 기록에 따르면 청나라 건륭 시기 내성 골목의 도랑 길이가 9만8100장이었는데, 명나라는 그것보다는 짧았지만 역시 규모가 상당했을 것이다. 속도랑은 여름비를 이용해 청소하고 준설했다는 것을 고려하더라도 해마다 슬러지를 파내야 했는데, 이것이 도시의 중요한 오염원이었다. 행인이 발을 헛디뎌 도랑에 빠졌다는 기록도 종종 보인다. 명나라 때 도랑이 막히거나 파괴되는 것을 방지하고자 유관 관리에게 순찰하면서 적시에 수리하도록 했다는 기록은, 도시를 유지하고 관리하는 데 있어서 도랑 관리가 늘 주의해야 하는 비교적 엄중한 문제였음을 말해준다.

(3) 명나라 후기에 확장 건설한 남쪽의 외성

명나라 정통제 이후 북방에서 외적이 침입했다는 보고가 잇달아 전해졌다. 정통 14년(1449)에 몽골 오이라트가 정통제를 포로로 잡자 베이징이 충격에 휩싸였다. 명나라 가정嘉靖 연간에 몽골의 알탄 칸이 거듭 침략하자 명나라 조정은 마침내 가정 26년(1547)에 베이징 외성을 건설하기로 결정했다. 원래 계획은 사면에 총 길이 70여 리에 달하는 외성을 건설하는 것이었으나 가정 32년(1553)에 남쪽 부분 13리 정도를 증축한 후 인력과 재정이 부족해 공사가 중단되었다. 그 결과 베이징은 처음 건설되었을 때의 직사각형에서 남쪽에 외성이 있는 '凸' 형태의 평면으로 바뀌었다.

남쪽의 외성은 동서 너비가 약 7900미터이고 남북 길이가 약 3200미터였다. 외성의 남면에는 문 3개, 동면과 서면에는 각각 문 1개, 북면에는 문 2개가 있었다. 남북 방향 도로 3개와 동서 방향의 큰길 하나가 수직으로 교차하며 외성의 주요 도로망을 형성했다. 외성을 건설한 이후 베이징의 중축선은 남쪽으로 영정문永定門까지 연장되었고 길이는 7600미터로 증가했다. 도시 면적 역시 6250만 제곱미터로 증가했다.(그림 49)

남쪽 외성은 원래 관상關廂[149]이었는데, 그 서측은 일찍이 원나라 때 남성(금나라의 중도성)에서 대도성으로 가는 통로였으며 서남쪽에서 동북쪽으로 비스듬히 뻗은 거리가 몇 갈래 형성되었다. 서측에서 전문대가前門大街[150]와 가까운 부분은 명나라 초에 외지에서 온 상인과 노동자가 임시로 머물 수 있도록 관부에서 이곳에 '낭방廊房'이라고 하는 임대 가옥을 지었기 때문에 정양문외대가正陽門外大街의 동측과 서측에 상업 골목이 형성되어 베이징의 중요 상업 및 수공업 지구로 점차 발전했다. 남쪽 외성을 새로 건설한 이후 상업과 수공업이 더욱 번창했으며 대형 술집과 희루戲樓[151]도 등장해, 외성은 명나라 후기 베이징에서 가장 번화한 지역 중 하나가 되었으며 베이징 경제의 전반적인 발전을 이끌었다.

대도시에서 상업과 수공업이 발달하면 임시로 거주하는 외래 인구가 나타나게 마련이다. 원나라 대도의 경우, 기록상으로는 아직 보이지 않지

149 성문 밖의 큰길과 그 부근의 거주구를 말한다.

150 정양문대가正陽門大街를 말한다.

151 공연에 사용되는 누각식 건축물을 말한다.

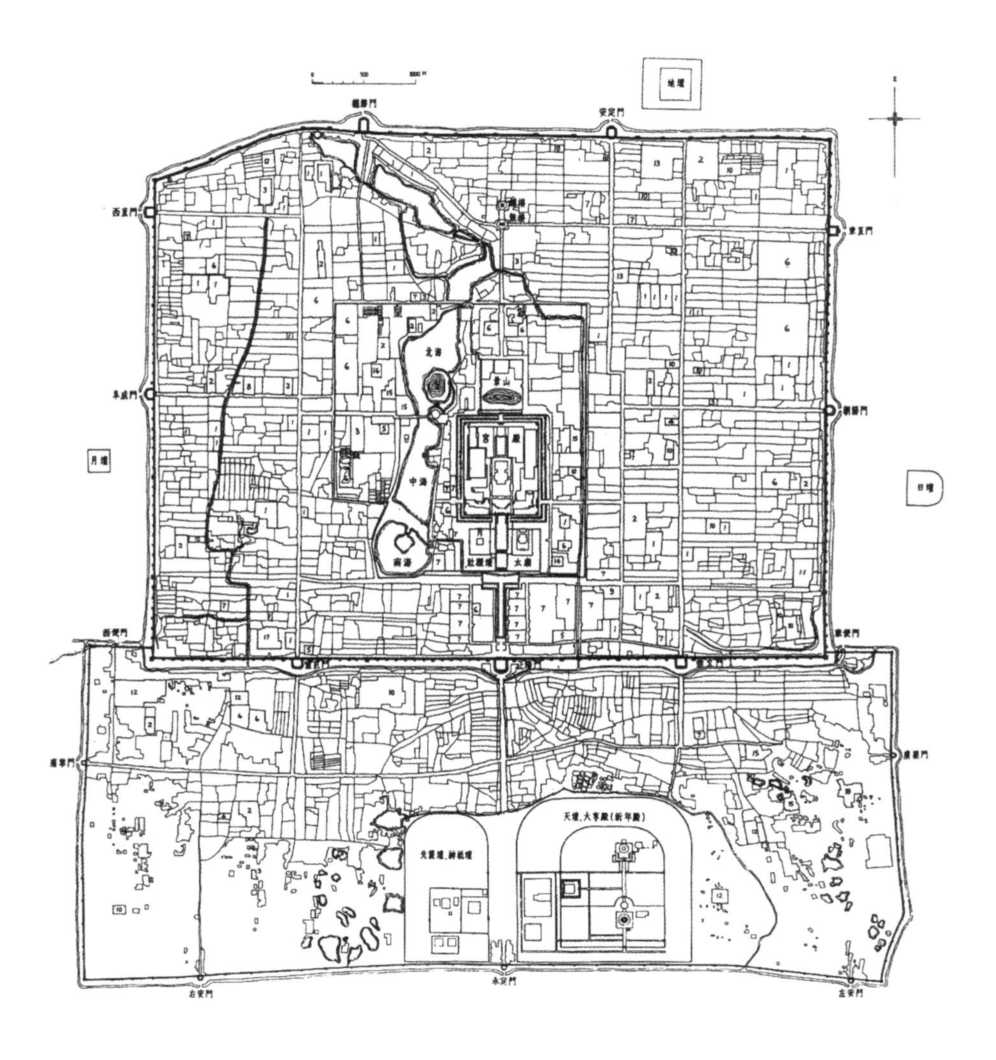

[그림 49] 명나라 가정 32년, 남쪽에 외성을 증축한 이후 베이징 평면도

만 발굴된 서조西絲후통의 원나라 때 간이 연립주택 유지는 그런 종류의 건축이 이미 존재했음을 증명한다. 명나라 초에는 난징에서도 임대용 연립식 상업 건물을 지었다. 정양문 밖의 현존하는 낭방두조廊房頭條는 바로 관부에서 계획적으로 세운 임대 낭방의 예로, 상업이 발달한 이후 도시에 새롭게 등장한 건축 유형이다.

3. 청나라의 베이징성

1644년 이자성李自成이 패하고 서쪽으로 도주할 때 궁전의 일부만 파괴했고 도시는 기본적으로 온전했기 때문에 청나라는 중국을 차지한 이후 베이징을 수도로 정했다. 청나라의 수도가 된 이후 베이징에는 세 가지 비교적 큰 변화가 있었다.

첫째, 내성의 한족을 남쪽의 외성으로 이주시키고 내성은 만주족이 거주하는 만성滿城으로 삼아, 내성에는 팔기군八旗軍을 주둔시키고 만주족만 거주할 수 있도록 했으며 왕과 패자貝子와 패륵貝勒 등 귀족의 저택을 대량으로 건설하여 내성을 만주족 군대와 백성의 전용 거주구로 만들었다.

둘째, 내성에는 만주족만 거주했으므로 황성을 외부와 차단할 필요가 없었기 때문에 몇몇 궁정 서비스 기관과 창고와 사원과 사당만 남겨두고 대부분은 거주구로 바꿔 팔기군과 만주족 백성이 황성 안에 거주하도록 함으로써 궁성을 지키는 일이 훨씬 편해졌다. 지금의 서황성근西皇城根 이동에서 부우가府右街에 이르는 지역, 동황성근東皇城根 이서에서 남지자南池子와 북지자北池子에 이르는 지역, 경산후가景山後街 지역의 거주구는 바로 이때 형성되었다. 이것들은 나중에 만들어졌기 때문에 그 동쪽과 서쪽 외측에 자리한 원·명 시기의 후퉁과는 대응 관계가 없다.

셋째, 한족을 남쪽 외성으로 몰아내면서 도리어 남쪽 외성이 명나라 때보다 충실해지고 완비되고 번영하게 되었다.

『대청회전칙례大淸會典則例』의 기록에 따르면 순치順治 9년에 다음과 같이 규정했다. "내성에서 외성으로 이주한 관민에게는 원래 거주하던 가옥에 따라 철거비와 건축비로 사용하도록 은을 지급한다. (···) 남성의 관유지와 민간의 공지를 살펴서 새집을 짓는 데 사용하도록 지급한다凡由內城迁徙外城官民, 照原住屋數給銀爲拆蓋之費用, (···) 察南城官地竝民間空地給與營造." 이로써 남쪽 외성으로 쫓겨난 건 한족 백성과 상인뿐만 아니라 지위가 높은 관리와 문인도 포함되어 있었음을 알 수 있다. 이로 인해 남쪽 외성의 경제적·문화적 중요성이 증대되어 이곳이 청나라 베이징의 경제와 문화의 중심이 되었다.

이렇게 해서 청나라 때 남쪽 외성의 상업이 번영했는데, 정양문외대가를 중심으로 동쪽의 숭문문외대가와 서쪽의 선무문외대가에 이르는 지역이 가장 번화한 상업구였다. 명나라 때 정양문외대가의 원래 폭은 약 80미터였는데, 상업의 발달로 인해 새로 생겨난 상점이 길의 동측과 서측을 침범하면서 큰길 양쪽을 따라서 평행한 상업지대가 형성되었고, 청나라 중후기에 이르러서는 정양문외대가의 폭이 20여 미터로 축소되어 밀집도가 높은 상업가가 되었다. 거리 양쪽의 어떤 상점들은 층집이었으며, 희원戲院 같은 공공건축도 건설되었고, 상업지대의 외측에는 남북 방향의 작은 거리가 두 갈래 형성되었다.

청나라 때는 숭문문외대가와 선문문외대가를 중심으로 각 성과 시의 동향회同鄕會와 회관 등을 대량으로 건설했다. 많은 저명한 문인과 학자가 베이징으로 들어온 뒤 이곳에 집중적으로 거주했다. 사람과 문화가 모여들자 유리창琉璃廠에는 서점을 중심으로 한 유명한 문화 거리가 형성되었다.

내성에는 각급의 만주족 귀족과 관리의 저택을 새로 지었으며, 기존 주택은 기민旗民[152]과 기정旗丁[153] 등에게 분배해 거주하게 하고 집값은 급여에서 공제했다. 그런데 오랜 시간이 지나면서 기민 가운데 생산에 종사하지 않는 이들이 거주하던 집을 허물어서 팔았기 때문에 도시 미관을 해치는 일이 계속해서 발생했다. 이로 인해 옹정 12년(1734)에 다음과 같은 명을 내렸다.

> 경사는 중요한 곳이다. 가옥은 마땅히 가지런하게 연결되어야만 보기에 장관이고 방비에 도움이 된다. 이후에 기민 등은 가옥을 온전하고 견고하게 하고 이유 없이 허물어 팔면 안 된다. 만약 상황이 절박해서 만부득이한 경우에는 원내의 자투리 건물을 헐어서 파는 것만 허락하되, 그 거리에 면해 있는 가옥의 경우 허물어서 파는 것을 일률적으로 금한다京師重地, 房舍屋廬自應聯絡整齊, 方足壯觀瞻而資防範. 嗣後旗民等房屋完整堅固不得無端拆賣, 倘有勢在迫需, 萬不得已, 止許拆賣院內奇零之房, 其臨街房屋一概不許拆賣.

이후 건륭 8년과 19년에도 유사한 금지령을 내렸다. 하지만 실제로는 거리에 면해 있는 가옥을 허무는 것만 금지할 수 있었을 뿐이고 후퉁 안에 있는 것은 후퉁과 면해 있는 가옥만 허물지 않는다면 내부의 가옥은

---

152 팔기자제八旗子弟인 기인旗人과 일반 백성을 말한다.

153 기병旗兵이라고도 하며, 팔기八旗 병정兵丁을 의미한다.

허물어서 공터가 되더라도 따지는 사람이 없었다. 이런 상황은 청나라 사람의 필기筆記에도 기록되어 있다.

대략 도광道光·함풍咸豐 이후 청나라 정권이 나날이 쇠락하면서 만성 안의 거주민에 대한 제한 역시 점차 느슨해져 한족 관리와 한족 백성이 점차 내성에 들어와 지낼 수 있게 되자 이들이 가옥을 구매하고 직접 짓기도 하면서 내성의 건축이 적게나마 회복되고 발전했다. 청나라 말에 이르러 내성 거주민은 한족이 주체가 되는 상태로 회복되었다. 1900년 8국 연합군이 침입했을 당시 베이징은 또 어느 정도 파괴되었다. 내성의 정문인 정양문이 불탔다가 얼마 뒤 재건되었고, 기반가棋盤街 동측과 서측에 상점이 세워져 '천가天街'의 거짓 번영을 만들어냈다.[154]

4. 명나라 베이징의 천단

영락 18년(1420)에 베이징에 천지단天地壇을 만들고 천지를 합사合祀했다. 남쪽은 방형이고 북쪽은 원형인 지반에 단장壇墻을 두르고 사면에 각각 문을 하나씩 냈다. 이는 하늘은 둥글고 땅은 네모지다는 고대의 천원지방天圓地方 사상을 상징한다. 그 안의 중앙에는 직사각형의 높은 대를 쌓고 대 주위에는 낮은 벽돌 담장을 둘렀으며 사면에 각각 문을 하나씩 냈다. 대 위에는 직사각형의 주전인 대사전大祀殿이 있으며 그 주위는 전

154 정양문正陽門에서 대명문(대청문)까지의 거리가 '천가天街'로도 불리는 기반가棋盤街다. 명·청 시기에 번화한 상업 중심이었다. 본문에서 '거짓 번영'이라고 표현한 것은 '천가'라는 명칭이 1900년 8국 연합군의 침략 이후 청나라 베이징의 실상과 부조화했기 때문이다.

문殿門·배전配殿·낭무廊廡로 둘러싸인, 남면은 네모지고 북면은 둥근 전정殿庭이 천지단 전체 구역의 평면 윤곽과 호응한다.

천지단의 남문에서 대사전 사이에는 지면에서 솟아 있는 '단폐교丹陛橋'라는 길이 있는데,[155] 이를 중심으로 천지단이 엄격한 대칭 구조를 이룬다. 고대의 대규모 건축군을 계획할 때는 중심 건물의 길이 또는 면적을 모듈로 삼는 전통이 있었다. 이것을 실마리 삼아서 실측도를 탐색해보면, 당시 천지단 전체 구역의 너비와 세로 길이가 각각 대의 너비 162미터의 8배와 6배임을 알 수 있다. 즉 천지단 전체 구역은 대사전 아래 높은 대의 너비를 모듈로 삼았는데, 천지단 전체 구역의 너비는 그것의 8배이고 세로 길이는 그것의 6배다.(그림 50)

명나라 가정 9년(1530)에 천지를 각각 제사하는 분사分祀로 바뀌면서 천지단 남쪽에 하늘에 제사를 드리는 원구단圜丘壇을 새로 만들었는데,[156] 그 터는 가로로 긴 직사각형이다. 천지단의 남문과 남쪽 담장을 원구단의 북문과 북쪽 담장으로 삼고 원구단의 동면·남면·서면의 삼면에 담장을 세워 단장壇墻이 되었으며, 각 면마다 1개의 문을 냈다. 단장 안에는 밖의 것은 방형이고 안의 것은 원형인 이중 유장壝墻을 쌓고 사면에 각각 1개씩 문을 냈다. 원형 유장 안에는 높이 3층의 둥근 단을 세웠는데 바로 하늘에 제사를 드리는 원구다. 가정 18년(1539)에는 원구단의

---

155 단폐교丹陛橋는 지금의 베이징 천단공원 기년전祈年殿 앞에 있는 돌길로, 해만대도海墁大道라고도 한다. 폭 30미터, 길이 약 360미터이며 천단 건축의 중축선이다. 단폐교의 남단은 지면보다 약간 높고 북단은 지면보다 3미터 이상 높다.

156 천지를 각각 제사하는 분사分祀로 바뀌면서 기존의 천지단 대사전 남쪽에다 하늘에 제사지내는 원구圜丘를 만들고, 북교北郊에는 땅에 제사지내는 지단地壇을 따로 만들었다.

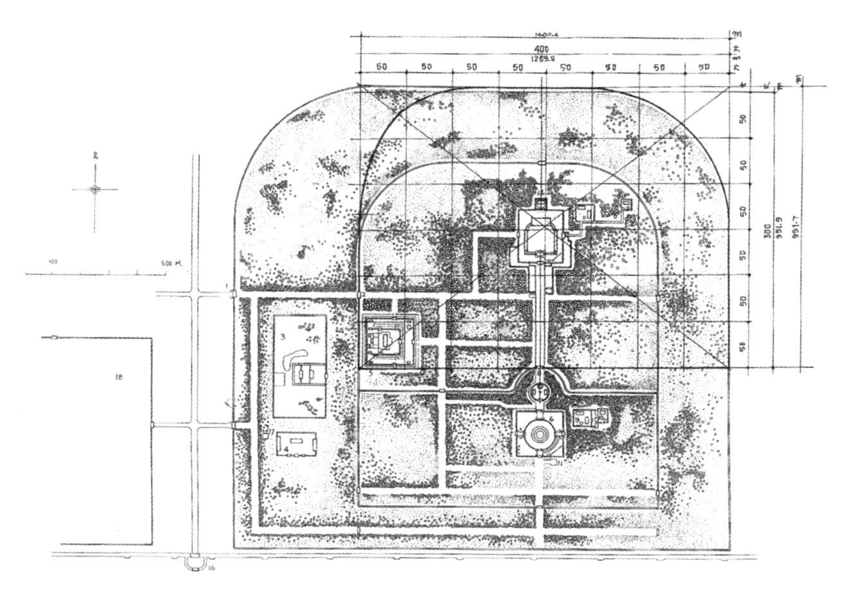

[그림 50] 영락제 당시의 천지단 평면 복원도•

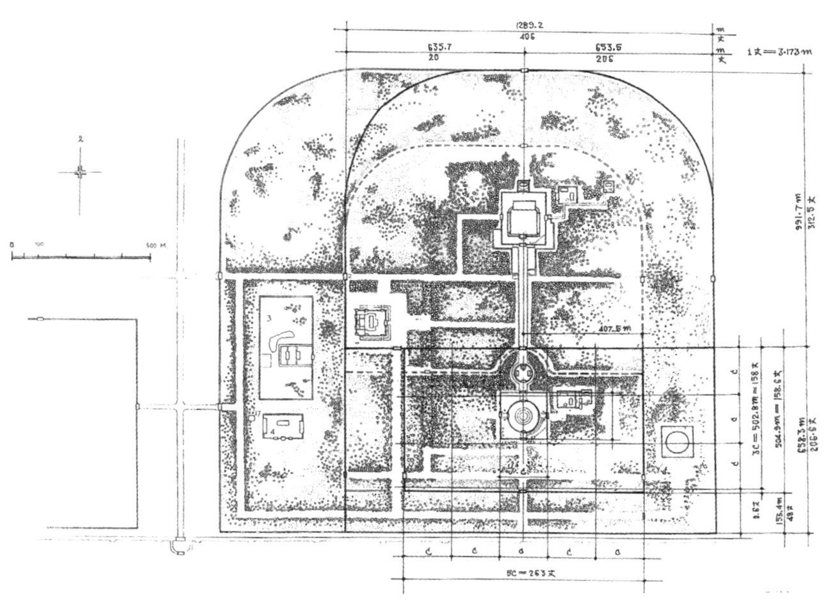

[그림 51] 명나라 가정 9년에 건설된 원구단••

• 그림에 격자 표시가 된 상단 부분이 영락제 당시 천지단天地壇의 범위다.

•• 그림에 격자 표시가 된 하단 부분이 원구단圜丘壇의 범위다.

북문과 방형 유장의 북문 사이에 황궁우皇穹宇를 세웠다. 황궁우는 하늘에 제사지낼 때 위패를 보관하는 곳으로 중첨重檐의 원형 건축이다. 황궁우 바깥으로는 원형의 벽돌담을 둘렀으며 남면에 문을 냈다.

원구단과 황궁우가 세워진 이후 새로운 제천구祭天區가 기본적으로 형성되었다. 원구단과 황궁우는 남북 방향으로 잇달아 자리하면서 중축선을 형성하는데, 이것이 기존 천지단의 중축선과 이어지면서 남북 길이 약 900미터에 달하는 공동의 중축선을 빚어내며 두 구역을 일체로 연결했다. 원구단 각 부분의 치수를 비교해보면, 원구단 구역의 너비와 세로 길이는 각각 방형 유장의 한 변의 길이 51.2장의 5배와 3배임을 알 수 있다. 즉 원구단을 계획할 당시에 방형 유장의 너비를 모듈로 삼았다. 이는 천지단 구역이 대사전 아래쪽 대의 너비를 모듈로 삼았던 방식과 유사하다.(그림 51)

가정 24년(1545)에 기존의 대사전을 대향전大享殿으로 개축했는데, 바로 지금의 기년전祈年殿이다. 대향전은 3층의 흰 돌을 쌓아 만든 원형 단인 '기곡단祈穀壇' 위에 세워졌다. 대향전의 직경은 24.5미터고 위쪽은 삼중 처마의 모임지붕이며, 제단 구역壇區에서 가장 웅장하고 거대한 건축물이다. 또 대향전 북쪽에는 제기를 보관하는 황건전皇乾殿을 세움으로써 기존 천지단 구역의 개축을 완성했다. 당시 천단에는 단장이 한 겹뿐이었는데, 현재 내단內壇[157]의 서쪽과 남쪽 담장 및 외단外壇의 북쪽과 동쪽 담장을 경계로 하여 동서로 1289.2미터, 남북으로 1496.6미터였으며, 원구단과 대향전 두 구역은 천단의 중축선상에서 남쪽과 북쪽에서 서로 마주했다. 이로써 천단의 정문은 더 이상 남면의 성정문成貞門이 아니었으며 서쪽 담장의 서천문西天門을 정문으로 삼았다.(그림 52)

가정 32년(1553) 베이징에 남쪽 외성을 증축한 이후 천단이 성안에

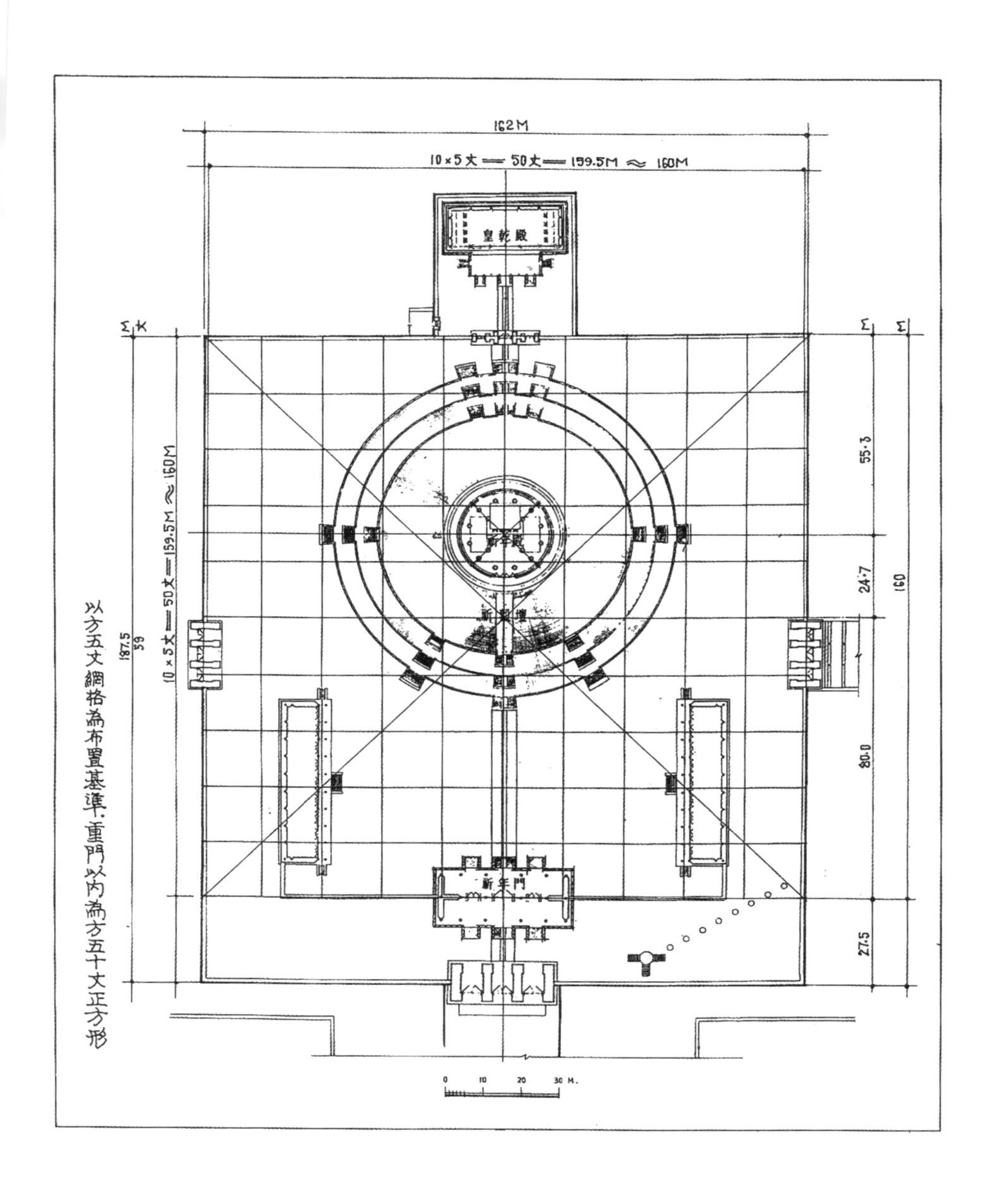

[그림 52] 명나라 가정 24년에 건설된 대향전 평면도

포함되었는데, 정양문 밖의 큰길을 끼고 천단이 그 서쪽의 선농단先農壇과 마주한 형태가 되도록 했다. 천단 외단의 담장을 증축하여 천단 구역을 확장했는데, 서쪽으로는 큰길과 가까운 곳까지 확장하고 남쪽으로는 외성의 남쪽 가까운 곳까지 확장했다. 이렇게 해서 천단의 남면과 서면에 내·외의 이중 담장이 형성되었다. 이와 상응해서 동면과 북면에도 내·외의 이중 담장이 형성되어야 했지만 이미 동쪽으로는 더 이상 확장할 수 없었으므로 결국 북면과 동면의 기존 단장을 외부 단장으로 삼았으며, 원구 내단의 동쪽 단장을 북쪽으로 연장하여 내단의 새로운 동쪽 단장으로 삼았고, 성정문에서 기년전 아래의 방형 기단까지 거리(단폐교의 길이)의 두 배가 되는 지점을 내단 단장의 북문으로 정했다. 이렇게 해서 최종적으로 내·외의 이중 단장이 형성되었고, 천단은 원래의 중축선 가운데 자리하던 것에서 지금처럼 동측으로 치우친 곳에 자리하게 되었다.(그림 53)

이상의 내용을 종합해보면, 천단의 형태와 구조는 변천 과정을 거쳤으며 명나라 가정 32년(1553) 이후에 지금과 같은 상태가 형성되었음을 알 수 있다. 역대로 하늘에 제사지내기 위해서 노천 원형 대를 건설했는데, 지금의 원구 역시 마찬가지다. 그런데 원구를 완공한 이후 그 북쪽에 자리한 명나라 초에 건설되었던, 천지 합사를 위한 대사전을 철거해야만

---

157 현재 천단 건축은 '回'자 형태의 이중 단장壇墻을 통해 내단內壇과 외단外壇 두 부분으로 나뉜다. 주요 건축은 내단에 집중되어 있다. 내단은 가로 담장을 통해 남부와 북부로 나뉘는데, 남부는 원구단圜丘壇이고 북부는 기곡단祈穀壇이다. 원구단의 중심 건축은 '원구'이고, 기곡단의 중심 건축은 '기년전'이다. 원구단과 기곡단 사이에는 지면보다 높은 길(단폐교)이 나 있다. 또 원구단 서천문 안쪽 남측에는 '재궁齋宮'이 있는데, 황제가 제사를 올리기 전에 재계齋戒하는 곳이다.

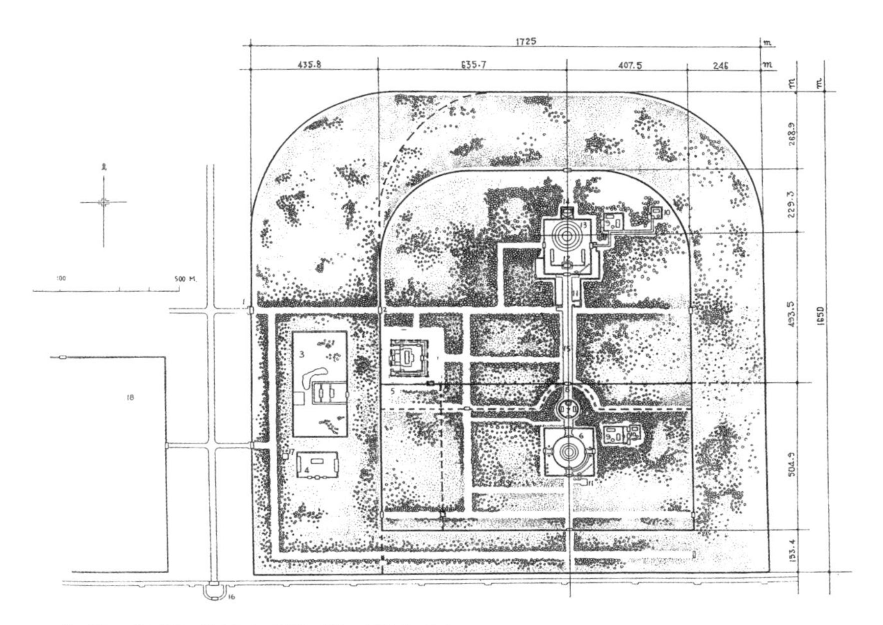

[그림 53] 남쪽 외성을 증축한 이후의 천단 평면도

했으며 결국 그것을 원형의 대향전으로 개축했다. 원래는 대향전에서 한 해의 풍년을 기원하는 기곡祈穀의 예를 거행하려고 했으나 예경禮經에 근거가 없고 선농단의 기능과 중복되어 거행할 수 없었다. 따라서 예제禮制의 관점에서 말하자면 대향전은 고정된 기능이 결코 없었다.

하지만 건축군 배치의 관점에서 보자면, 대향전 건설 덕분에 전체 건축군이 광채를 더하며 천단의 중심이 되었다. 대향전은 노천에 원형 대를 건설했던 역대 왕조의 전통을 바꾸었다. 비교적 단조롭고 밋밋했던 원구 북쪽에 형체가 거대하고 형상이 단정하고도 장중한 대향전이 우뚝 솟은 채 높은 대와 긴 길과 우거진 측백나무를 배경 삼아 천단의 중심이자 주요 랜드마크가 되면서 하늘에 제사지내는 원구를 부차적인 지위로 물러나게 했다. 그 예술적 울림은 역대 왕조의 동종 건축보다 월등히 뛰어나다.

청나라 때는 원구 주위의 난간을 남색 유리에서 한백옥漢白玉으로 바꾸고 기년전의 삼중 처마 색깔을 청색·황색·녹색의 3가지 색에서 짙은 남색으로 바꿈으로써 천단의 건축 형상이 더욱 완전하고 단정하고 장중해졌으며 색조가 더욱 순수하고 전아해졌다. 이는 옛 건축을 완전해지게 만든 매우 성공적인 사례다.

명나라 때 처음 건설되어 청나라 때 완전해진 천단은 고대 예제 건축이 도달할 수 있는 최고 수준을 대표하는 중국 고대 건축의 보물이다.

5. 황가 원유 및 그것의 설계 방법

청나라 때의 실물은 보존이 비교적 완전한데다가 실측도가 많아서 그것의 설계 방법을 살펴볼 수 있다.

청나라 때 황제가 노닐고 감상하되 거주하지는 않던 주요 원유苑囿로는 성안의 서원西苑과 서북 교외의 이화원頤和園·정명원靜明園·정의원靜宜園이 있는데 모두 대규모의 원유다. 배치가 비교적 자유로운데, 배치 계획상 주로 대경對景과 중축선 관계를 강조하고 초대형 건축물과 옆으로 길쭉한 건축물을 세워서 커다란 풍경구를 제어함으로써 전대미문의 두드러진 성과를 거두었다.

청나라 대형 원유의 또 다른 특징은 원림 속의 원림園中之園을 즐겨 지었다는 것이다. 중난하이中南海의 유수음流水音, 베이하이北海의 정심재靜心齋와 화방재畫舫齋, 이화원의 해취원諧趣園, 정의원의 견심재見心齋 등이 그 예다. 정교하게 잘 짜인 작은 정원이 그것이 자리하고 있는 대형 원유와 경관의 대비를 이루면서 서로를 돋보이게 하고 보완하는 역할을 했다.

① 중난하이

중하이와 난하이를 포함한다. 중하이는 금·원 시기에 이미 존재했으며, 명나라 초에 난하이를 새로 파고 그 북쪽 기슭에 남대南臺를 건설했다. 청나라 때 남대를 증수하고 영대瀛臺로 개칭했다. 건륭 23년(1758)에 영대의 남쪽 물가에 영훈정迎薰亭을 세우고, 건너편 기슭에 보월루寶月樓(지금의 신화문新華門)를 세워 영대와 대경을 이루는 한편 난하이 지역의 남북 중축선을 형성했다.

② 단성

원나라 의천전儀天殿의 옛터였는데, 명나라 때 벽돌을 쌓아 원형 성대城臺를 만들었으며 청나라 때 증수하고 '단성團城'이라 칭했다. 대 위의 주요 건축인 승광전承光殿은 평면이 '亞'자 형태이며 강희 29년(1690)에 세워졌다. 오래 묵은 소나무가 승광전 주위에 자리하고 있다. 청나라 때 또 승광전 앞에 유리벽돌 정자[158]를 세우고 원나라 지원至元 2년(1265)의 옥항아리玉瓮를 진설했다. 이렇게 해서 승광전과 정자를 통해 남북 중축선이 형성되었다. 단성은 북쪽으로 베이하이의 경화도瓊華島에 기대어 있고,[159] 남쪽으로는 중하이의 만선전萬善殿과 마주하고 있다. 단성 서쪽의

---

158 옥옹정玉瓮亭을 가리킨다.

159 경화도瓊華島는 베이하이 남부 영안교永安橋를 통해 단성團城과 연결되어 있다. 베이하이 남문으로 진입하면 영안교가 나온다.

금오옥동교金鰲玉蝀橋는 당시에 중하이와 베이하이의 명소를 연결하는 역할을 했다.

③ 베이하이

베이하이 중부에서 약간 남쪽에 자리한 경화도가 베이하이의 중심이다. 금나라 때는 경화도를 요서瑤嶼라고 불렀으며, 원나라 때는 만세산萬歲山이라고 불렀다. 청나라 순치 8년(1651)에 안전을 위하여 산꼭대기에 성 전체가 보이는 전망점과 신호포를 발사하는 곳을 설치하고 이를 엄호하고자 백탑白塔을 세웠다. 그래서 만세산을 백탑산이라고 부르게 되었다.

건륭 6년(1741)부터 경화도에 명소가 계속 건설되어 건륭 36년(1771)에 기본적으로 완공되었다. 베이하이의 북쪽과 동쪽에는 청나라 때도 많은 건물이 증축되었는데, 북쪽은 불교 사원인 서천범경西天梵境을 중심으로 하여 호수 가까이에는 유리 패방을 세우고 북단에는 유리각琉璃閣을 세워 남쪽으로 경화도를 마주하는 축선이 형성되었다. 서천범경의 동쪽에는 원림 속의 원림인 경청재鏡淸齋[160]를 세웠고 서쪽에는 명나라 때 만들어진 오룡정五龍亭 북쪽에 천복사闡福寺를 세웠다. 베이하이의 동쪽 기슭 북단에는 선농단先農壇을 세워 그 남쪽의 화방재를 멀리 마주하며 역시 남북 축선이 형성되었다.

베이하이의 주요 경관은 경화도이고 산꼭대기의 백탑이 랜드마크다. 건륭제 때 탑을 둘러싸고 네 방향의 축선이 형성되었다. 남면은 위에서부터 아래로 보안전普安殿·정각전正覺殿·영안사永安寺이고 앞쪽에는 호수

---

160 베이하이 정심재靜心齋의 원래 명칭이다.

를 가로질러 단성과 통하는 퇴운적취교堆雲積翠橋[161]가 있어 전체의 중축선을 이룬다. 북면·서면·동면의 크고 작은 건축 명소는 위에서부터 아래로 역시 축선을 형성하긴 하지만 남면의 축선과 비교하면 모두 보조 축선이다.

경화도가 그 주위 경관과 호응을 이루게 하고자 설계상 다음처럼 일련의 조치를 취했다.

첫째, 단성이 서쪽으로 약간 치우쳐 있어 경화도의 남북 축선에 자리하고 있지 않기 때문에 경화도 앞의 퇴운적취교를 세 구획으로 꺾어 만들었다. 즉 북쪽 구획은 경화도의 남북 축선상에 있고, 남쪽 구획은 백탑에서 단성에 이르는 연접선상에 있으며, 중간 구획은 남쪽과 북쪽 구획을 연결한다. 또한 다리 남쪽과 북쪽에 '퇴운堆雲' 패방과 '적취積翠' 패방을 세워 북쪽으로는 경화도와 마주하고 남쪽으로는 단성과 마주하게 했다. 이는 모두 대경對景의 역할을 강조한 것으로, 경화도와 단성 두 개의 중요 명소를 유기적으로 연결했다.

둘째, 명나라 때의 기존 배치로 인한 제약 탓에 베이하이 북쪽 기슭의 몇몇 대형 건축군이 모두 경화도의 남북 축선에 자리하고 있지 않기 때문에 경화도 북쪽의 의란당漪瀾堂 서쪽에 의란당의 형태와 규모가 같은 도녕재道寧齋를 나란히 지어서 북쪽 기슭의 서천범경과 마주하게 함으로써 대경과 축선을 연계했다. 또한 도녕재 남쪽 절벽 위에 청동 승로반承露

161 영안교永安橋를 말한다. 영안교 남단과 북단에 각각 패루가 있는데, 북쪽 패루에는 '퇴운堆雲'이라 적혀 있고 남쪽 패루에는 '적취積翠'라고 적혀 있어서 영안교를 '퇴운적취교'라고도 한다.

盤을 세웠는데,[162] 이것이 경화도 중축선 남단의 표지가 되었다.

셋째, 베이하이의 주요 수면水面은 경화도 북쪽에 있기 때문에 북면·동면·서면의 삼면에서 관상하게 되는 경화도 북쪽이 중요한 경관이다. 하지만 산꼭대기 백탑의 규모가 거대한 반면 산 북쪽 명소는 모두 고만고만하고 크기도 작아서 기세를 빚어내기 어렵다. 그래서 경화도 북반부에 기슭을 따라서 2층으로 된 반환형半環形의 장랑長廊을 세웠는데, 중앙 부분은 남북 축선상에 의란당을 세워 중심을 강조했으며 양쪽 끝에는 각각 성루城樓를 세워 마무리했다. 이렇게 경화도의 북반부를 하나로 연결함으로써 경화도 북쪽 경관의 총체성을 대대적으로 강화했으며, 대규모 건축물을 통해 황가 원유의 기세를 도드라지게 했다.

베이하이의 대형 건축군, 예를 들면 영안사·서천범경·천복사·극락세계極樂世界·선잠단先蠶壇 등은 모두 '중앙을 택한다擇中'는 원칙에 따라 주요 건축을 지반의 기하학적 중심에 배치했다.

이상의 내용을 통해 볼 때 청나라 건륭제 때 베이하이의 건설은 치밀하게 설계된 것임을 알 수 있다.

④ 청의원

청의원淸漪園은 지금의 이화원이다. 청의원의 호수 명칭은 명나라 때 옹

---

162 정확히 말하면, 신선이 두 손을 올려 승로반承露盤을 받들고 있는 청동상을 세웠다. 청나라 때 건륭제가 한나라 무제를 모방해 경화도에 이 청동상을 세웠다. 한나라 사람들은 신선의 선로仙露를 마시면 장생한다고 믿었는데, 무제가 선로를 구하기 위하여 장안長安의 건장궁建章宮에 신명대神明臺를 만들고 그 위에 신선이 두 손으로 동반銅盤을 받들고 있는 청동상을 세웠다. 이 동반이 바로 선로를 받는 데 사용하는 '승로반'이다.

산박瓮山泊이었다. 건륭 14년(1749)에 물을 모으라 명하고 호수 면적을 점차 확장해 거대한 호수가 되었는데, 곤명호昆明湖라는 명칭을 하사했다. 건륭 16년(1751)에는 건륭제 모친의 60살 생일을 축하하기 위하여 옹산瓮山을 만수산萬壽山이라 개칭하고 산 앞에 대보은연수사大報恩延壽寺를 세워 풍경구의 중축선을 형성했으며 산 주위에 잇달아 명소를 건설했다. 이 황가 원유의 명칭을 청의원이라 정했으며 황제가 노닐며 감상하는 곳이 되었다.

만수산의 동면과 북면만 담을 둘러서 막았으며, 남면과 서면에는 곤명호가 있어서 담을 세우지 않고 관문과 교량만 통제하였으므로 백성들은 호수의 동쪽·남쪽·서쪽 삼면에서 멀리 바라볼 수 있었다. 그러므로 만수산의 남면은 청의원 전체에서 가장 중요한 경관이었다. 청의원은 동남면·남면·서면 삼면이 열려 있고 호수로 분리된 반개방형 황가 원유다.

청의원은 기본적으로 항저우 서호西湖를 모방해 건설했는데, 만수산은 서호 북면의 보석산寶石山과 고산孤山을 본뜬 것이고 서제西堤는 서호의 소제蘇堤를 본뜬 것이다. 황가 원유의 봉래 삼도를 상징하기 위하여 곤명호에 용왕묘도龍王廟島를 비롯해 서제 바깥 수역에 두 개의 작은 섬을 만들고 그 위에 각각 치경각治鏡閣과 조감당藻鑒堂을 세워 3개의 섬이 정립한 구조를 빚어냈다.[163] 1860년 영국과 프랑스 군대의 침략으로 청의원은 불타고 말았다.

---

163 곤명호昆明湖의 3개 섬 남호도南湖島·치경각도治鏡閣島·조감당도藻鑒堂島가 각각 봉래·방장·영주의 3개 선도仙島를 상징한다. 곤명호의 동남쪽에 자리한 남호도는 3개의 섬 중에서 가장 큰 섬으로, 용왕묘龍王廟가 있어서 용왕도(또는 용왕묘도)라고도 한다. 곤명호는 서제西堤를 비롯한 제방에 의해 동호東湖·서북호西北湖·서남호西南湖로 나뉜다. 남호도는 동호, 치경각도는 서북호, 조감당도는 서남호에 있다.

광서 14년(1888), 서태후는 청의원 옛터를 그녀가 거주할 이궁離宮으로 개축하고 '이화원'으로 명칭을 바꿨다. 재원이 부족한 탓에 동부 조구朝區에 인수전仁壽殿, 침구寢區에 낙수당樂壽堂 및 보조 건축만 건설했다.[164] 호수의 동면·남면·서면의 삼면을 따라 담장을 증축하고 용왕묘도와 조감당도와 서제가 이화원 안에 포함되면서 완전히 폐쇄적인 이궁이 되었다. 후산後山과 서제 이서 부분은 복원할 여력이 없어 여전히 손상된 상태였다. 만수산의 중심은 대보은연수사를 개축한 배운전排雲殿으로, 서태후가 생일을 지낼 때 알현을 받던 곳이다. 그 밖의 기본 배치는 청의원의 옛 규칙을 그대로 따랐다.

청의원의 자취와 현황을 종합해보면 배치 계획의 몇 가지 특징을 알 수 있다.

주요 부분인 만수산의 경우, 산등성이를 경계로 삼아 전산前山과 후산의 두 부분으로 나뉜다.

만수산 전산은 호수에 면해 있으며, 호수 남쪽 기슭에서 멀리 바라보면 주요 경관이 보인다. 그림[165]에서 알 수 있듯이 지금의 배운전(원래의 연수사 대웅보전)이 호수에 임한 패방에서부터 산꼭대기의 불향각佛香閣과 지혜해智慧海까지 올라가면서 만수산 전체의 남북 중축선을 형성한다. 이 중축선을 강조하고자 그 동측과 서측에 개수당介壽堂(원래의 자복루慈福樓) 만수산비萬壽山碑와 청화헌淸華軒(원래의 나한당羅漢堂) 보운각寶雲閣(속칭 동

164 궁전 건축에서 조구朝區는 조정朝廷이 있는 구역이고, 침구寢區는 침전寢殿이 있는 구역이다. 궁전 건축은 『주례周禮』에 따라 '전조후침前朝後寢'의 원리를 따랐다. 즉 정사政事를 목적으로 한 조정은 앞쪽에 배치하고, 황제의 일상생활과 관련된 침전은 뒤쪽에 배치했다.

165 [그림 18]을 참고하면 된다.

정銅亭)을 대칭이 되도록 세워 보조 축선을 형성했다. 또한 만수산 동부와 서부에는 호수를 면한 곳에 구방鷗舫과 어조헌魚藻軒을 대칭이 되도록 세우고, 만수산 앞 호수 기슭에 배운전 앞 패방을 중심으로 동쪽과 서쪽에 각각 헌관軒館을 대칭 구조로 세움으로써 배운전에서 불향각으로 이어지는 선의 핵심적 지위를 부각했다. 또한 베이하이 경화도 북면과 유사한 방법을 적용해 남면의 호수 기슭을 따라 약 700미터 길이의 장랑을 만들어서 전산前山 경관의 총체성을 강화했다.

곤명호의 용왕묘도가 동쪽으로 약간 치우친 채 배운전에서 불향각으로 이어지는 축선에 놓여 있지 않기 때문에 이 축선의 남쪽 연장선상의 곤명호 남부에 봉황돈鳳凰墩을 증축하고 그 위에 봉황루를 지어 배운전·불향각과 대경對景을 이루도록 했다. 이 방법을 통해 만수산의 중축선이 남쪽으로 곤명호 남쪽 기슭까지 연장되었다(봉황루는 영국과 프랑스 군대의 침략으로 파괴되었고, 현재는 이곳에 새로 정자를 세워서 표지로 삼았다).

이 밖에도 만수산의 동부와 서부 산 중턱에 각각 동쪽과 서쪽을 멀리 바라볼 수 있는 비교적 큰 건축인 경복각景福閣과 화중유畫中遊를 세워 만수산 동측과 서측 산꼭대기의 주요 명소가 되었다. 경복각과 화중유는 각각 동쪽으로는 원명원을 바라보고 서쪽으로는 정의원을 바라볼 수 있는 전망처다.

만수산 북쪽과 남쪽의 지형 변화로 인해 산 북쪽의 중축선은 약간 동쪽으로 치우치게 되어 산 남쪽의 중축선과 약 50미터 어긋나 있다. 만수산의 중심 건축은 남쪽에서 북쪽으로, 대규모 라마교 사원인 향엄종인지각香嚴宗印之閣과 수미영경須彌靈境인데, 수미영경 정북쪽에 북궁문北宮門을 세우고 장교長橋로 수미영경과 북궁문을 연결하여 산 북면의 중축선이 형성되었다. 향엄종인지각의 동측과 서측에는 각각 라마 탑을 2개씩 대칭이 되도록 세워서 중축선을 두드러지게 했다. 또 향엄종인지각 동쪽과 서쪽 외측의 지대가 높은 곳에 각각 선현사善現寺와 운회사雲會寺라는 작은 사원을 세워 북면 중축선 양측의 보조 축선을 형성했다. 향엄종인지각 양측의 라마 탑을 배치할 당시에 서측의 라마 탑 2개를 의도적으로 산 남쪽 중축선의 북쪽 연장선상에 세웠다. 이렇게 해서 만수산 북쪽과 남쪽의 중축선 사이에 어느 정도의 연계가 생겨났다.

덕화원德和園 · 옥란당玉瀾堂 · 낙수당 · 배운전 · 개수당 · 청화헌 · 수미영경 등 원림의 대형 건축군은 여전히 '중앙을 택한다擇中'는 전통적인 방법에 따라 주요 건축을 지반의 기하학적 중심에 배치했다.

이상의 연구를 통해 알 수 있듯이 당시에 청의원 특히 그중 만수산 부분의 배치에 대한 설계는 매우 정밀했는데, 이는 당시 대형 원림의 배치 방법 설계의 새로운 성취를 반영한다.

5장

명나라 베이징의 궁전·단묘 등 대형 건축군 총체적 계획의 특징

중국 고대 건축의 가장 중요한 특징 중 하나는 정원식 그룹 배치를 채택하여 건축물이 수평 방향으로 펼쳐져 있다는 것이다. 크게는 궁전과 사원에서 작게는 민가에 이르기까지 각종 건축군이 크기와 공간 형태가 각각 다른 정원을 크고 작은 단일 건축으로 둘러싸 서로 다른 용도를 충족시켰으며, 풍부하고 다양한 예술적 효과를 거두었다. 현존하는 대형 건축군을 통해 볼 때, 정원이 여럿이고 가옥이 복잡하게 배열되어 있고 공간 형태의 변화가 많다 하더라도 그 배치는 모두 주종이 분명하고 조화롭게 통일을 이루며 리듬과 운율이 뚜렷하고 규칙성이 매우 강하다. 중국 고대 건축군은 계획과 설계에 있어서 체계를 갖춘 일련의 효과적인 방법이 분명 존재했다. 그렇지 않다면 상술한 효과를 얻기가 어려웠다.

현존하는 중국 고대 건축 서적 가운데 단일 건축과 관련해서는 『영조법식』 『노반경魯班經』 『공부공정주법』 등의 기술 전문 저작이 있지만, 유독 도시 계획 및 대형 건축군의 총체적인 배치 계획과 관련해서는 그 어떤 저작이나 자료가 남아 있지 않다. 따라서 현존하는 실물을 연구함으로써 실마리를 찾고자 시도할 수밖에 없다.

한·당·송·원의 중국 고대의 궁전과 사당 등에 대하여 역사서에서는 수천수만에 달하고 장엄하며 웅장하다고 격찬했지만 안타깝게도 죄다 없어졌다. 개별 유적이 부분적으로 발굴되긴 했지만 그 전모를 파악할 수는 없다. 현존하는 대형 고건축군 가운데 보존이 기본적으로 온존하고 원래의 계획과 설계의 의도 및 방법을 비교적 잘 반영하는 것은 명·청 시대의 건축뿐인데, 궁전·원유·단묘壇廟, 왕부王府와 황가에서 세운 대형 사원 등이 포함된다. 그중 베이징 자금성 궁전을 비롯해 태묘·사직단·천단 등은 기본적으로 명나라 때의 배치를 유지하고 있으며 모두 황가의 프로젝트에 속하므로 그것들의 총체적인 계획에서 나타나는 공통된 특징은 바로 명·청 시대 건축의 계획 및 설계 방법의 특징이라고 할 수 있다. 또한 명나라의 궁실과 단묘는 위로는 송·원을 계승하고 아래로는 청나라로 이어지므로 이것부터 탐색하여 수확을 얻는다면 쉽게 위로 거슬러 올라가고 아래로 뻗어갈 수 있다.

여기서는 베이징 자금성 궁전을 비롯해 태묘와 천단의 설계 특징 및 사용 방법을 소개하고자 한다. 상술한 각 건축군의 예술적 처리 및 성취와 관련해서는 최근 연구 논문이 많이 나왔으므로 이 책에서 길게 설명하지 않겠다.

1. 베이징 자금성 궁전

자금성은 대내大內라고도 하는데, 현재 고궁故宮으로 통칭된다. 고궁은 명나라 영락 15년(1417)에 건설되기 시작해 영락 18년(1420)에 완공되었다. 자금성의 주요 건축은 앞쪽에 자리한 태화전太和殿·중화전中和殿·보화전保和殿을 '전삼전前三殿'이라고 칭하며, 뒤쪽에 자리한 건청궁乾淸宮과 곤녕궁坤寧宮을 '후양궁後兩宮'이라고 칭한다. 후양궁의 좌우에는 '동·서 육궁六宮'이 있다. 이것들 모두 주전이 중앙에 자리하고 낭방廊房과 배전이 전정殿庭을 에워싸고 있는 궁원宮院이다. 자금성 궁전의 현황을 자세히 연구한 결과, 구체적인 계획과 설계에서 그야말로 심혈을 기울였으며 많은 특징이 있다는 것을 발견했다.

(1) 자금성 궁전과 명나라 베이징성의 관계

명나라 홍무 원년(1368)에 서달徐達이 대도를 정복한 뒤 북평부로 개칭했다. 성 주위가 너무 넓어 방어에 불리했으므로 그해에 바로 북쪽 성벽을 폐기하고 남쪽으로 약 3000미터 되는 지점에 북쪽 성벽을 새로 건설했는데, 바로 지금의 덕승문德勝門과 안정문安定門이 있는 북쪽 성벽이다. 북쪽 성벽을 제외한 나머지 성벽에는 변화가 없었다. 영락 14년(1416) 11월에 성조成祖 주체가 이곳에 도성을 세울 것을 결정했으며, 이듬해에 대규모 건설이 시작되었다. 영락 18년(1420)에 궁전·단묘壇廟·왕부 등의 기본적인 건설이 마무리되었으며, 남쪽 성벽을 지금의 장안가長安街 일선에서 지금의 정양문正陽門 일선으로 남쪽으로 확장했다. 이후 선덕宣德·정통正統 연간(1426~1449)에 성루와 전루箭樓, 궁전 앞 천보랑千步廊 외측의 관청을 잇달아 지었고, 성안의 곳곳에 창고 등을 건설했다. 이러한 상황은 명나라 영락제가 베이징을 수도로 정할 당시에 통일된 계획이 분명 존재했고 이를 지속적으로 시행했음을 말해준다. 하지만 이 문제에 관한 문자 자료가 아직 발견되지 않았기 때문에 현황 및 유적에 대한 연구를 통해 조금씩 밝혀나갈 수밖에 없다.

명·청 시기 베이징성을 비교적 큰 범위에서 연구하는 데 현재로서 사용 가능한 가장 좋은 실측도는 베이징의 1:500 지형도다. 여기서는 이 지형도에서 획득한 자료에 근거해서 논의하기로 하겠다.(그림 54)

1:500 지형도를 통해 계산한 자금성 외곽의 크기는 동서 753미터, 남북 961미터다. 자금성은 베이징성 중앙에 자리하고 있는데, 남북 방향에서 보자면 자금성 북쪽 성벽부터 베이징성 북쪽 성벽까지의 거리는 2904미터고 자금성 남쪽 성벽부터 베이징성 남쪽 성벽까지의 거리는 1448.9미터다. 자금성 외곽의 남북 길이를 이 두 거리와 비교해보면 2904(미터):961(미터)=3.02:1, 1448.9(미터):961(미터)=1.51:1임을 알 수 있다.

고대 중국에서는 보步 또는 장승丈绳[166]으로 장거리를 측정했는데 그다지 정확하지 않았으며, 지형에 변화가 생길 경우에는 더욱 부정확해서 1~2퍼센트의 오차는 완전히 무시할 정도였다. 이를 감안하다면 자금성 북쪽 성벽부터 베이징성 북쪽 성벽까지의 거리는 자금성 남북 길이의 3배이고, 자금성 남쪽 성벽부터 베이징성 남쪽 성벽까지의 거리는 자금성 남북 길이의 1.5배임을 알 수 있다. 즉 베이징을 건설할 때 도성 계획에서, 베이징성의 남북 길이를 자금성 남북 길이의 5.5배로 정했던 것이다.

---

166 고대에 장거리를 측정할 때 사용한 도구로, '측승測繩'이라고도 한다. 거리를 측정할 때 단거리는 장간丈杆을 이용하고 장거리는 측승을 사용했다.

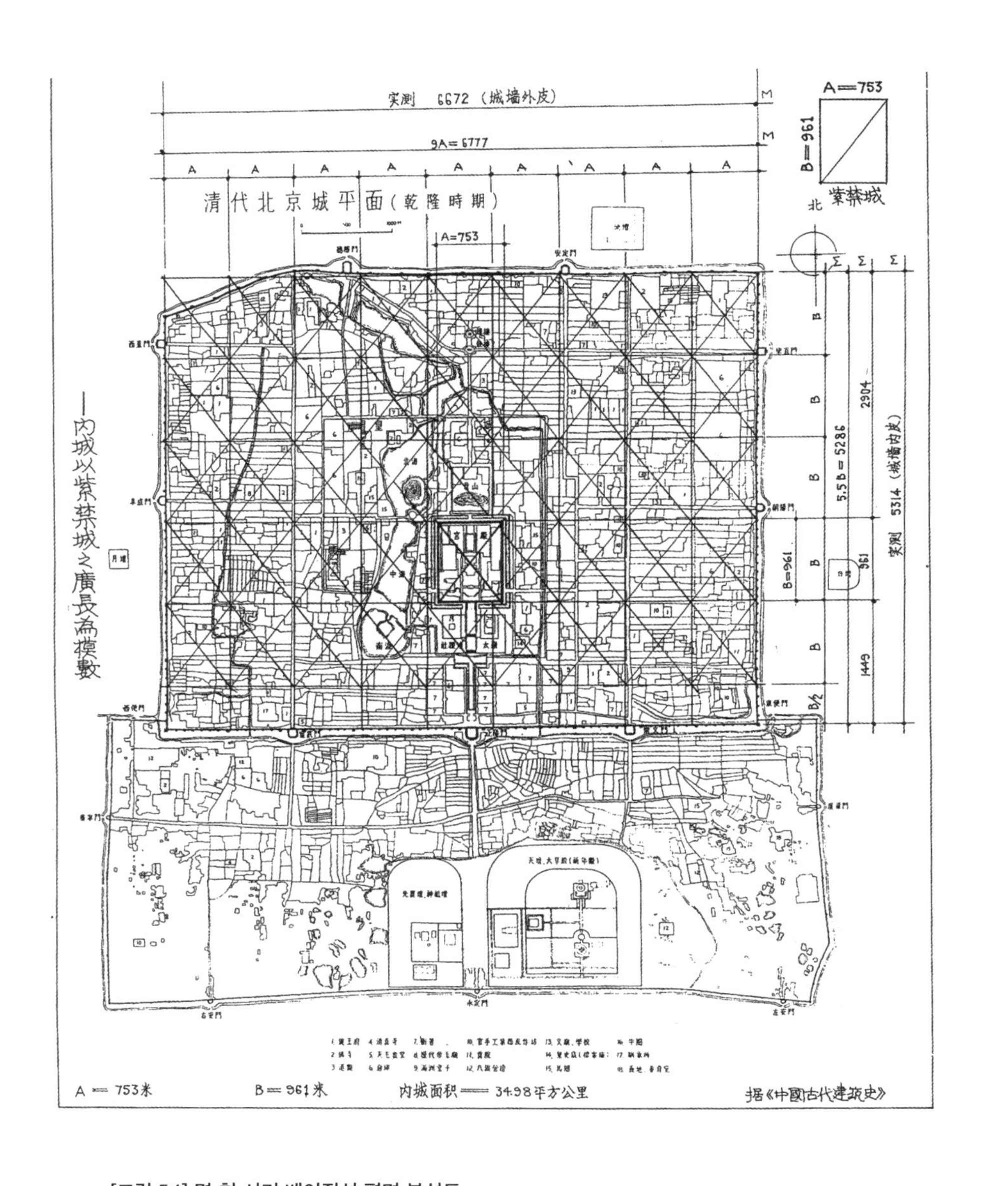

[그림 54] 명·청 시기 베이징성 평면 분석도

자금성의 위치를 확정할 때 자금성을 남쪽으로 치우치게 위치시킴으로써 자금성과 베이징성 남쪽 성벽의 거리가 자금성과 베이징성 북쪽 성벽의 거리의 절반이 되도록 했다.

명나라 베이징성의 동서 너비는 약 6637미터로 자금성 외곽의 동서 너비와 비교하면 6637(미터):753(미터): = 8.81:1이다. 9:1에 가깝고 오차는 2퍼센트다.

베이징성의 동서 길이는 싼하이와 지수이탄이 그 사이에 있어서 남북 길이보다 정확하게 측정하기 어렵다. 베이징 자금성의 중앙선은 도시의 동서 가운데 선에 자리하고 있지 않은데, 서측에 있는 싼하이로 인해 부득이하게 동쪽으로 129미터 이동했기 때문이다. 하지만 풍수의 영향 또는 특정 숫자에 맞추려고 했던 것도 완전히 배제할 수 없는 요소다. 일부 궁전과 단묘의 경우, 역사 기록에 따르면 그 치수의 끝자리가 종종 이상하게 소수점 이하의 수다. 예를 들면 자금성의 너비가 236.2장이고 길이가 302.95장인 것 역시 그러한 이유 때문일 것이다. 이상의 여러 가지에 근거해보면, 베이징성을 계획할 때 베이징성 너비의 1/9에 소수점 이하의 수를 더한 것을 자금성 너비로 삼았다고 볼 수 있다.

앞의 분석을 통해서 알 수 있듯이, 명나라 자금성의 너비는 베이징성 너비의 1/9이고 자금성의 길이는 베이징성 길이의 1/5이다. 바꿔 말하자면 베이징성의 길이와 너비는 자금성의 길이와 너비를 모듈로 삼은 것으로, 너비는 자금성의 9배, 길이는 자금성의 5.5배, 면적은 자금성의 49.5배로 50배에 가깝다고 볼 수 있다.

그런데 명나라 베이징성의 동서 성벽과 명나라 자금성의 동서 성벽은 모두 부분적으로 원나라 대도와 원나라 대내의 동서 성벽을 그대로 사용했기 때문에, 명나라 베이징성의 동서 너비가 자금성의 9배가 되는 이 비례는 실제로 원나라에서 계승된 것이다. 최근 고고학자들은 원나라 대도 유적에 대한 현지 조사와 발굴을 통해 평면 복원도를 작성했다. 복원도에서 대내의 너비는 A, 대내 및 그 북쪽 어원의 남북 길이는 B라고 가정했을 때 대도성의 동서 너비는 9A, 남북 길이는 5B임을 작도법으로 증명할 수 있다. 즉 원나라 대도성의 길이는 대내와 어원을 더한 값을 모듈로 삼았으며, 대도성의 면적은 대내와 어원 면적을 합한 것의 45배다.

주목할 만한 것은 9와 5라는 두 숫자다. 『주역』에는 구오九五가 '귀한 자리貴位'라는 말이 여러 차례 나오는데, 주注와 소疏에서는 "그 바른 자리를 얻어 구오의 존귀한 자리에 거한다得其正位, 居九五之尊" "왕이 된 자는 구오의 부귀한 자리에 거한다王者居九五富貴之位"라고 설명하면서 구오를 임금의 자리로 간주했다. 후세에는 '구오지존九五之尊'이 황제라는 의미로 파생되어 일반인은 이 두 숫자를 병용하여 사용하는 것이 허락되지 않았다. 원나라 대도의 계획에서 도성과 대내 사이에 9와 5의 배수 관계가 출현한 것은, 바로 이 두 숫자를 사용해 대내는 제왕의 거처이고 대도성은 제왕의 도성으로 모두 '귀한 자리'에 속한다는 의미를 나타내려는 것이었다.

고대 중국에는 신흥 왕조가 종종 이전 왕조의 도성과 궁성을 파괴하는 나쁜 전통이 있었다. 그렇게 함으로써 이전 왕조의 '왕기王氣'를 없앨 수 있다고 여겼던 것이다. 서달이 대도를 함락시키자 곧바로 북쪽 성벽을 남쪽으로 옮긴 데는 방어의 필요성 외에 그러한 이유도 있었다. 따라서 명나라가 베이징에 도읍할 때 반드시 원나라 도성과 궁성을 대대적으로 헐고 개축해야 했으며 결코 완전히 계승할 수는 없었다.

성 서쪽의 싼하이와 동쪽의 일부 연못의 제약으로 인해 대도성의 동서 성벽과 대내의 동서 성벽은 변경할 수 없었기 때문에, 동서로 9:1의 비례가 이미 확정된 상황에서 남북의 비례만 변경할 수 있었다. 그래서 베이징성의 남쪽 성벽과 궁성 자금성을 모두 남쪽으로 이동함으로써 남북 비례가 5.5:1로 변경되었다. 이 비례는 자금성 면적을 대성大城의 1/50로 만들기 위해 의도적으로 확정한 것이다. 이는 『주역』「계사」에서 "대연의 수는 50이고, 그중 사용하는 것은 49다大衍之數五十, 其用四十有九"라고 한 말에 근거한 것이다. 왕필王弼의 주注에서는 "천지의 수를 펼칠 때 의지하는 것은 50이다. 그중 사용하는 것은 49이고 그 나머지 하나는 쓰지 않는다演天地之數, 所賴者五十也. 其用四十有九, 則其一不用也"라고 설명했다. 궁성 면적이 성 전체 면적의 1/50을 차지하면 도성과 궁성의 면적은 49:1이 된다. 옛사람은 도성의 궁전을 건설할 때 이처럼 '천지 음양의 수'에 부합시킴으로써 '만세 기업萬世基業'을 이루고자 했다.

명나라가 대도를 베이징으로 개축할 당시에 지형의 제약으로 동서 성벽을 변동할 수 없는 상황에서 '대연의 수 50'으로 원나라 대도의 '구오의 귀한 자리'를 대체하는 부회附會의 수법을 찾아낸 것은 상당히 고심한 결과다. 실제로는 단지 대성과 궁성을 남쪽으로 평행 이동하여 북성을 축소했을 뿐이다. 도시의 중축선, 주요 도로망, 블록街區 안의 골목 등은 모두 이전 것을 계속 사용하면서도 경전에서 변화의 근거를 찾아냈던 것이다.

명나라가 대도를 베이징으로 개조하는 데 있어서 가장 큰 변동은 원나라 궁전을 없애고 새로운 자금성을 건설한 것이다. 원나라 궁전은 원나라 정권의 상징으로, 명나라는 반드시 그것을 해체해야 했다. 그 방법은 새로 건설하는 자금성을 남쪽으로 약간 이동한 지점에 자리하게 하여 궁전에서 원나라 황권을 가장 잘 상징하는 황제와 황후의 침궁寢宮인 연춘각을 자금성 밖의 북면에 자리하게 만들고 그 자리에 해체한 원나라 궁전의 폐기물을 쌓음으로써 '진압鎭壓'의 의미를 나타냈다. 이렇게 함으로써 명나라는 원나라가 다시 일어날 희망을 영원히 갖지 못할 것이라고 여겼다. 폐기물 더미 위에는 흙을 덮고 나무를 심었는데, 이로써 지금의 경산景山이 만들어졌다. 명나라 사람들이 경산을 '진산鎭山'이라고 불렀던 데는 바로 이런 의미가 있다.

이렇게 새로운 명나라 베이징이 원나라 대도의 토대 위에 출현했다. 명나라 베이징은 궁성의 길이와 너비를 모듈로 사용하는 도성의 오랜 전통을 여전히 유지하면서도 비례의 숫자와 '이론 근거'를 바꾸었다. 또한 황권과 정권을 상징하는 궁전과 관청을 전부 해체하고 새로 건설하여 원나라 대도와 원나라 정권의 주요 흔적을 없앴다.

(2) 자금성 각 궁전의 면적상 모듈 관계

자금성 궁전은 수십 개의 크고 작은 궁원宮院으로 구성되어 있으며 이 궁원은 모두 폐쇄적인 정원이다. 주요 궁원은 중축선상에 자리하고 있으며 부차적인 것들은 중축선 양측에 대칭적으로 배치되어 있다.

중축선상의 주전인 '전삼전'과 '후삼궁'의 주요 궁원은 여러 차례 건설되고 파괴되었다. '전삼전'은 명나라 정통 5년(1440), 가정 41년(1562), 만력 43년(1615), 천계天啓 5년(1625)에 중건되었다. 청나라 때는 태화전을 9칸에서 11칸으로 변경하고, 그 좌우의 동무東廡와 서무西廡로 통하는 사랑斜廊을 방화 격벽으로 바꾸었으며 동무와 서무에 방화벽을 더했다. '후양궁'은 명나라 정통 5년, 정덕 16년(1521), 만력 26년(1598), 만력 32년(1604)에 대대적으로 수리했다. 또한 정덕 말 가정 초에 양궁 사이에 교태전을 세웠다.

현존하는 '삼전'과 '양궁'의 개별 건축은 명나라 초의 원래 것이 아니

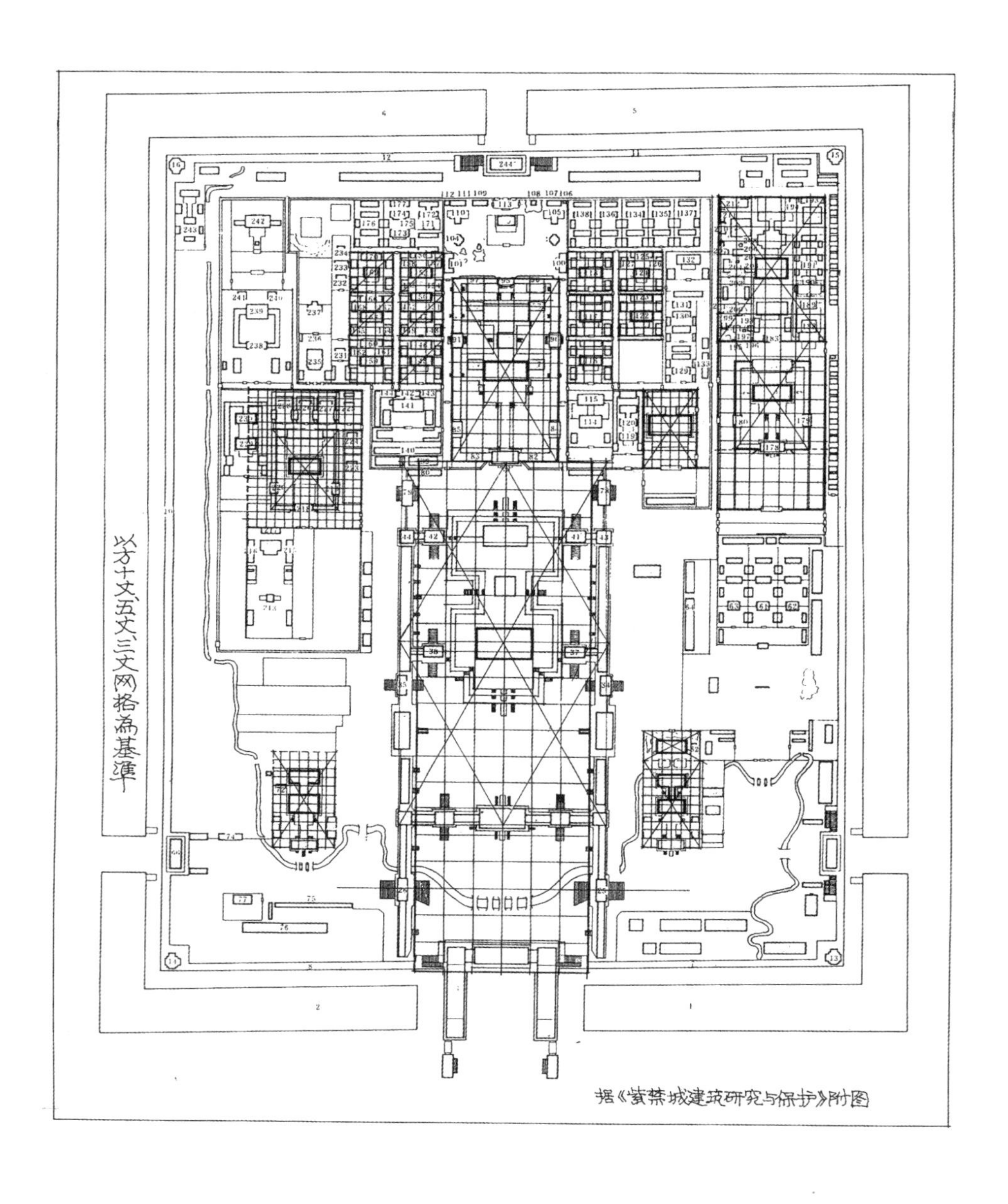

[그림 55] 명·청 시기 자금성 궁전 평면 분석도

지만 궁원이 차지하고 있는 범위, 문·전·낭廊·무廡의 토대, 주전 아래 한 백옥으로 만들어진 '공工'자 형태 기단의 위치와 크기 등은 크게 변화했을 리가 없으므로 여전히 그것들의 위치와 치수에 근거해서 그 설계 규칙과 방법을 추측할 수 있다.

자금성 '후양궁'의 평면 치수는 동서로 118미터, 남북으로 218미터다. 직사각형 궁원으로, 남북 길이와 너비의 비는 11:6이다.

'전삼전' 건축군은 동서로 234미터, 남북으로 348미터다. 그 면적은 234(미터)×348(미터)이며, 남북 길이와 동서 너비의 비는 3:2다.(그림 55) 이들 치수를 좀 더 분석해보면 '전삼전'의 동서 너비가 '후양궁' 너비의 약 2배임을 알 수 있는데, 이 숫자는 물론 우연이 아니다. 자금성 평면도를 여러 번 분석하고 검토한 결과, 태화문에서 건청문까지의 거리는 437미터로 '후양궁' 남북 길이의 2배임을 발견했다. 이는 '전삼전'을 설계할 당시에 태화문에서 건청문까지의 거리를 '전삼전'의 남북 길이로 삼았으며 그 길이를 '후양궁' 길이의 2배로 만들었음을 말해준다. 이렇게 해서 '전삼전' 면적은 '후양궁'의 4배가 된다.

이상의 상황은 자금성의 총체적인 배치 계획에서 일부 중요 건축군의 치수가 특정 모듈에 의해 제어되었음을 말해준다.

또한 자금성 평면도를 보면 '동·서 육궁'의 치수 역시 '후양궁'의 치수와 관계가 있음을 알 수 있다. 동·서 육궁은 후양궁의 동측과 서측에 있는데, 각각 2열씩 나란히 병렬해 있으며 각 열마다 남쪽에서 북쪽으로 3개의 궁이 있다. 동·서 육궁의 북쪽에는 '건동오소乾東五所'와 '건서오소乾西五所'가 동쪽과 서쪽에 병렬해 있는데, 각각 다섯 조組의 3진進 사합원이다.[167] 동·서 육궁의 가장 남쪽 담장에서 건동오소와 건서오소의 가장 북쪽 담장까지의 거리는 216미터로, 이는 후양궁의 남북 길이 218

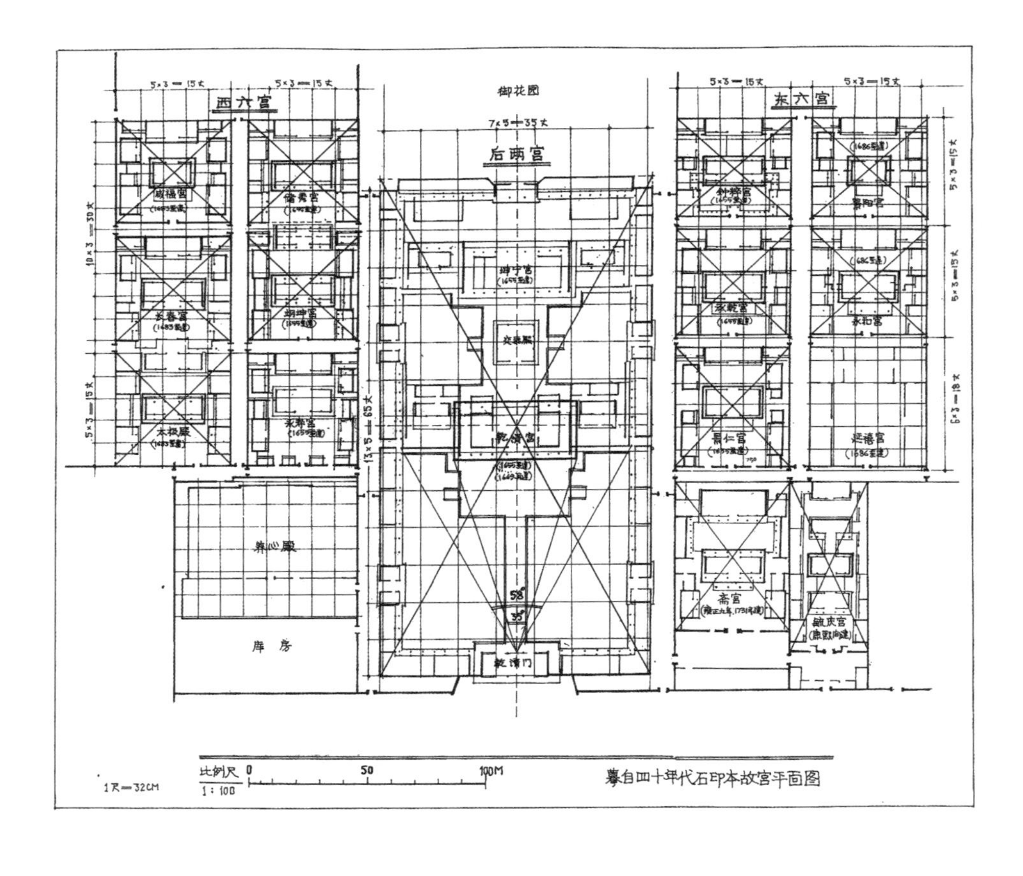

[그림 56] '후양궁'과 '동·서 육궁' 배치 분석도

미터에 가깝다. 동육궁의 경우, 후양궁의 동무東廡 바깥 담장에서 동육궁의 동쪽 궁 바깥 담장까지의 거리는 119미터로, 이는 후양궁의 동서 너비 118미터에 가깝다. 이러한 상황은 동·서 육궁을 설계할 당시에 후양궁 윤곽 치수의 영향을 받았음을 말해준다.(그림 56)

(3) '후양궁'과 황성 각 건축 간의 모듈 관계

[그림 57]에서 알 수 있듯이 오문에서 대명문(대청문)까지의 길이 역시 '후양궁'의 길이를 모듈로 삼았다. 오문에서 천안문 사이(단문 포함)에 있는 동·서 조방朝房[168]의 남단에서 북단까지의 거리는 438.6미터로 후양궁 길이의 2배보다 불과 2.6미터 더 긴데, 2배로 간주할 수 있다.

천안문에서 원래 천보랑 남단인 대명문까지의 길이는 '후양궁' 길이의 3배다. 천안문 앞 동삼좌문東三座門과 서삼좌문의 거리는 356미터로, 이는 '후양궁' 너비의 3배다. 이는 천안문에서 대명문에 이르는 황성의 서곡 부분을 설계할 당시에 그 길이와 너비가 '후양궁' 길이와 너비의 3배가 되도록 했음을 말해준다. 즉 '후양궁'의 길이와 너비를 모듈로 삼았던 것이다.

---

167 저자는 '2진進 사합원'이라고 했지만 오류이므로 '3진 사합원'으로 바로잡았다. '건동오소乾東五所'의 건축 다섯 조組는 서쪽에서 동쪽으로 두소頭所·이소二所·삼소三所·사소四所·오소五所라 칭하고, '건서오소乾西五所'의 건축 다섯 조는 동쪽에서 서쪽으로 두소·이소·삼소·사소·오소라 칭한다. 각 소마다 정전 3채, 배전 4채가 있다. 각 소의 정전 3채는 남북으로 배열되어 있는데, 1진과 2진에는 각각 정전 1채와 배전 2채가 있으며 3진에는 정전 1채만 있고 배전은 없다.

168 신하들이 입조入朝하기 전에 대기하며 휴식하던 곳이다. 자금성의 조방朝房은 어로御路 좌우 양측에 자리하는데, 천안문天安門과 단문端門 사이 그리고 오문午門 광장 양측에 늘어서 있다.

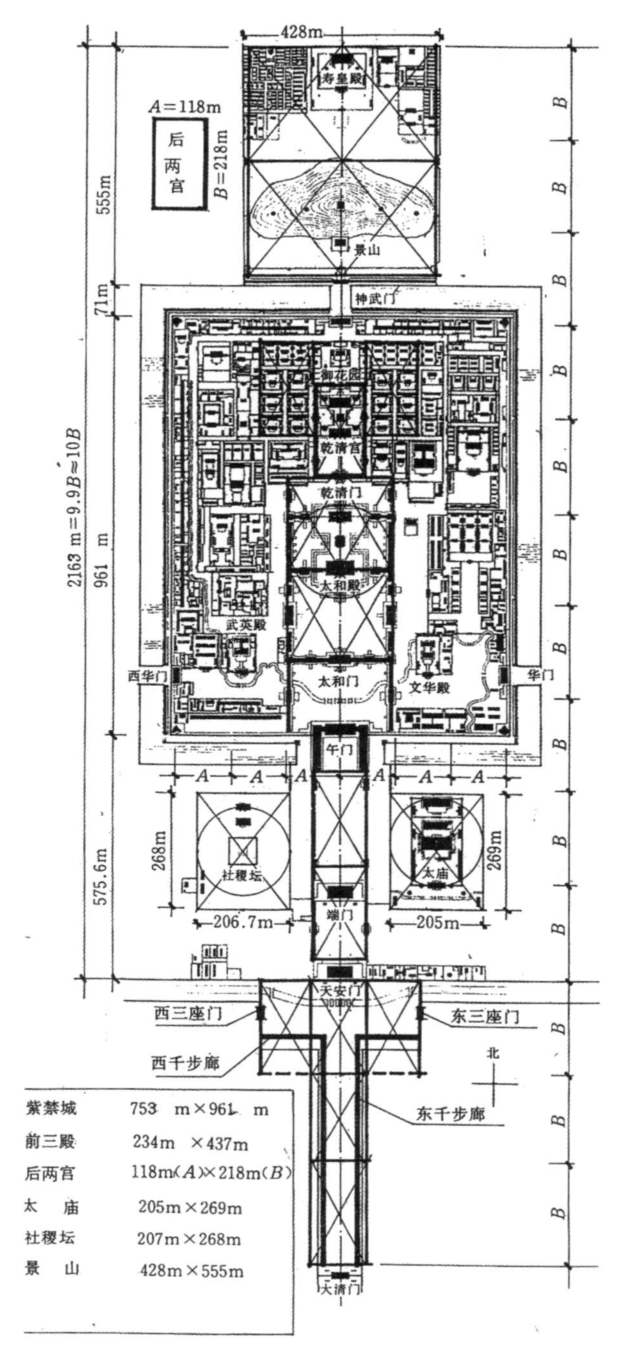

[그림 57] '후양궁'과 황성 각 부분 간의 모듈 관계

더 큰 범위에서 보면, 경산 북쪽 담장에서 대명문 밖 담장까지의 거리는 2,828미터로 '후양궁' 길이의 13배다. 즉 황성 주요 부분의 총 길이 역시 '후양궁'의 길이를 모듈로 삼았다.

(4) 궁원 내부의 건축 배치 방법

이상의 논의는 단지 전삼전, 후양궁, 동·서 육궁 등 궁원의 상대적인 관계에 관한 것이다. 이것들 모두 대형 궁원으로, 각 궁원 내에는 보다 구체적이고 상세한 배치 방법이 있다.

첫째, 주전은 중앙에 자리한다. 전삼전, 후양궁, 동·서 육궁 등을 포함한 자금성 내 각 조組의 궁전은 공통된 특징이 있다. 즉 각 궁원의 주전을 정원의 기하학적 중심에 배치했다. 예를 들어 이들 정원의 꼭짓점 4개를 이어 대각선 2개를 그리면 그 교차점이 주전의 중앙에 자리한다는 게 바로 명확한 증거다.

둘째, 격자망을 기준으로 삼았다. 자금성의 각 궁원을 배치할 당시에 그 규모와 중요성에 따라 10장丈·5장·3장의 세 가지 격자망을 배치의 기준으로 삼았다. 명나라 때 1척尺의 길이는 약 31.9센티미터였는데, 이를 바탕으로 10장·5장·3장의 세 가지 격자망을 그려서 각 궁원의 실측도로 검토해보면 대응 관계를 명확히 찾을 수 있다. '전삼전'에서 사용한 것은 10장 격자망인데, 기본적으로 동서로 7칸이고 남북으로 11칸이다. 이 격자망은 '전삼전'의 외부 윤곽과는 관련이 없는데, 왜냐면 전삼전의 외부 윤곽은 '후양궁'을 모듈로 삼아 확정한 것이기 때문이다. 하지만 격자망이 궁원 내 배치와는 오히려 밀접한 관련이 있다.

[그림 58]에서 알 수 있듯이 태화전 앞 전정殿庭의 경우, 태화전의 동

서 담장을 경계로 삼는다면 여기서 남쪽으로 태화문 동측과 서측 문이 자리한 기단의 북쪽 가장자리까지는 5칸이다. 태화전 앞 전정의 동서 너비는 체인각體仁閣과 홍의각弘義閣의 기단 제일 앞쪽을 기준으로 계산하면 6칸이다. 즉 태화전 앞 전정의 남북 길이와 너비는 50(장)×60(장)으로 설계되었다. 만약 태화전 전정의 남북 길이를 태화전 앞에 돌출된 월대月臺의 제일 앞쪽까지로 계산한다면 3칸을 차지하므로 30장이고, 태화전 아래의 커다란 기단의 동서 너비는 4칸을 차지해 40장이다.

이 밖에도 태화문 좌우의 측문은 그 중앙선이 격자망 선상에 자리하는데, 태화문 중앙선과의 거리는 2칸으로 20장이다. 태화전 자체의 너비는 2칸을 차지해 역시 20장이다. 10장 격자망과 '전삼전' 건축의 밀접한 호응 관계는 전삼전이 확실히 이러한 격자망을 토대로 배치되었음을 증명한다.

태화문에서 오문까지, 그리고 오문 밖에서 천안문 밖의 금수교金水橋까지도 10장 격자망을 기준으로 삼아 배치되었다. 후양궁과 동·서 육궁은 전삼전보다 작기 때문에 5장 격자망을 사용했다. '후양궁'은 동서 7칸이고 남북 13칸으로, 너비는 35장이고 길이는 65장이다. 후양궁 전정殿庭의 너비는 6칸으로 30장이다. '동·서 육궁'은 각 궁의 너비가 3칸이고 궁 앞에 난 길의 폭을 포함한 남북 길이는 역시 3칸으로, 매우 규칙적으로 배치되어 있다.

청나라 건륭 36년(1771)에 건설된 황극전皇極殿과 낙수당樂壽堂은 5장 격자망을 운용한 가장 전형적인 예다.(그림 59) 황극전과 낙수당은 기본적으로 동서 7칸, 남북 24칸의 5장 격자망에 자리하고 있다. 남쪽에서 북쪽으로 차례대로 보면 횡가橫街가 2칸, 궁전 앞 광장이 4칸, 외조外朝 부분이 8칸, 내정內廷 부분이 10칸을 차지한다. 즉 남북 길이는 총 24칸으

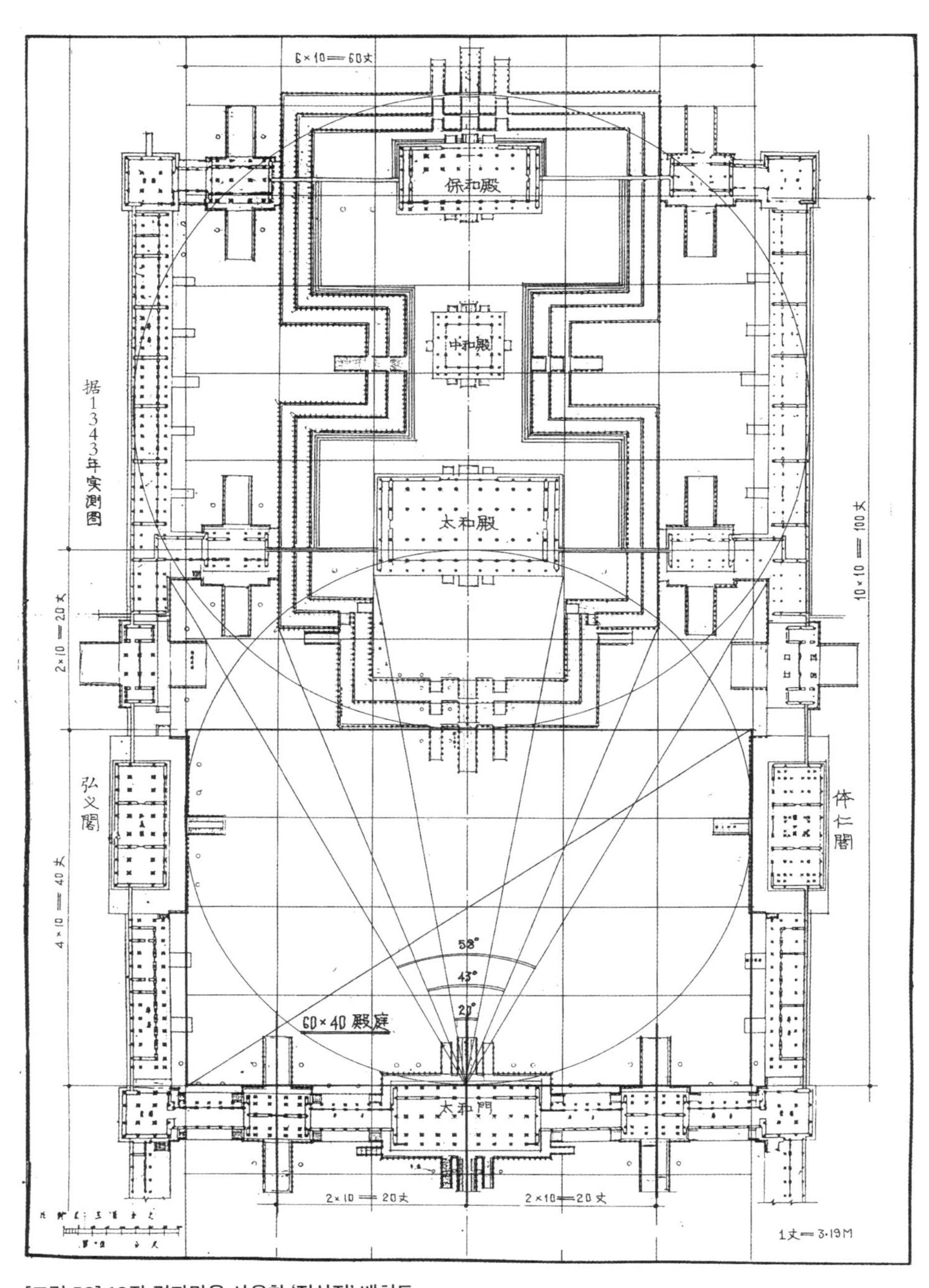

[그림 58] 10장 격자망을 사용한 '전삼전' 배치도

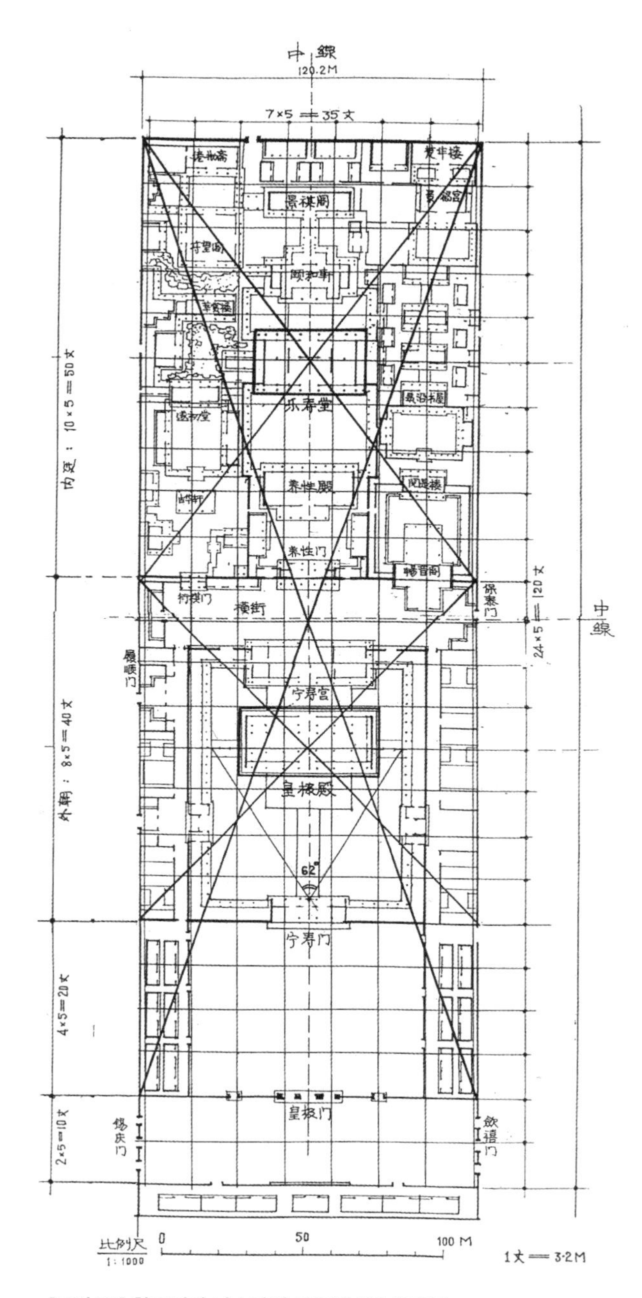

[그림 59] 황극전과 낙수당에 운용된 5장 격자망

로 120장이다. 동서 너비의 경우, 영수궁寧壽宮 문 앞 광장 및 외조의 정원은 5칸을 차지해 25장이며, 외조의 주전인 황극전은 3칸을 차지해 15장이고, 내정의 주전인 낙수당 역시 3칸을 차지해 15장이다. 이러한 현상은 궁전의 배치가 5장 격자망과 매우 명확한 대응 관계가 있음을 말해준다.

자금성에서 이상의 궁원보다 작은 무영전武英殿·자녕궁慈寧宮·봉선전奉先殿 등의 경우에는 3장 격자망을 기준으로 채택했다.

셋째, 숫자에 끌어다 맞추었다. 원나라 대도의 궁성과 대성 간에 성립하는 9와 5의 숫자 관계는 자금성에서도 등장한다. '전삼전'의 동서 총 너비는 234미터고, 전삼전 아래의 '공工'자 형태 기단의 동서 너비는 134미터다. 이 둘 사이에 바로 9:5의 관계가 성립한다. 이밖에도 '공工'자 형태 기단의 남북 길이는 228미터에 가까운데, 이는 '전삼전'의 총 너비와 기본적으로 같다. 따라서 '공工'자 형태 기단의 길이와 너비의 비례 역시 기본적으로 9:5다. '후양궁' 아래에도 '공工'자 형태의 기단이 있는데, 그 길이와 너비는 97(미터)×56(미터)로 역시 기본적으로 9:5의 비례다. '전삼전'과 '후양궁'은 외조와 내정의 중심이므로 9와 5의 비례를 의도적으로 채택함으로써 그곳이 제왕의 거처임을 강조했다.

(5) 설계 특징 및 방법의 의의와 기능

이상의 논의에서 알 수 있듯이 자금성의 계획과 설계에서 여러 번 등장하는 특징이 적어도 세 가지가 있다. 즉 '후양궁'의 길이와 너비를 모듈로 삼았다는 것, 중심 건축을 기하학적 중심에 배치했다는 것, 격자망을 정원 내 건축 배치의 기준으로 삼았다는 것이다. 그중 어떤 것은 설계 기법과 관련이 있고 또 어떤 것은 모종의 상징적 의의를 지닌다.

'후양궁'을 모듈로 삼은 것은 면적의 격차를 제어할뿐더러 상징적 의

의를 지닌다. 자금성에서 가장 중요한 건축은 바로 전삼전과 후양궁이다. 전삼전은 대전大典을 거행하는 곳으로 국가의 상징이다. 후양궁은 황제의 가택으로 가족 황권을 대표한다. 고대 왕조는 일개 성을 가진 이가 왕이 되어 한 집안이 천하를 차지함으로써 국가는 바로 그 집안에 속했다. 황제가 나온 집안으로 말하자면 '화가위국化家爲國' 즉 일가一家 가 변하여 나라가 되었다고 할 수 있다.

'가家'(가족 황권)를 대표하는 '후양궁'의 면적을 4배로 확대하면 '국國'을 대표하는 '전삼전'이 된다. 이것이 바로 궁전 설계 방법을 통해 '화가위국'을 구현한 것이다. 북쪽 경산에서 대명문에 이르는 중축선의 거리 역시 '후양궁'의 길이를 모듈로 삼은 것, 동육궁·서육궁·건동오소·건서오소 등 작은 궁원의 각 집합이 '후양궁'의 면적이 되도록 한 것 등에도 그러한 함의가 있다. 이러한 함의를 통해 황권이 모든 것을 통솔하고 모든 것을 포괄하며 모든 것을 낳고 자라게 한다는 것을 나타내고자 했다. 범위를 넓혀서 말하자면, 원나라 대도와 명·청 베이징처럼 도성 계획에서 궁성을 모듈로 삼은 것 역시 같은 함의를 지닌다.

자금성의 각 궁원은 크게는 '전삼전', 작게는 '동·서 육궁'의 각 작은 궁전에 이르기까지 대부분 지반의 기하학적 중심에 주전을 배치했다. 이것은 오랜 역사를 지닌다. 현재 볼 수 있는 가장 이른 예는 산시陝西 치산岐山 펑추鳳雛의 조주早周 유지인데, 당시는 아직 상나라 말에 속하는 때로 지금으로부터 약 3000년 전이다. 중심 건물을 중앙에 배치하는 사상이 처음 등장하는 문헌은 전국 시대 말의 저작인 『여씨춘추呂氏春秋』다. "옛날에 왕이 된 자는 천하의 중앙을 택하여 나라(도읍을 가리킨다)를 세웠고, 나라의 중앙을 택하여 궁을 세우고, 궁의 중앙을 택하여 종묘를 세웠다古之王者擇天下之中而立國, 擇國之中而立宮, 擇宮之中而立廟"라고 했다. 이를 통해

'중앙을 택한다擇中'는 것이 오랜 전통을 지녔음을 알 수 있다. 한·당 이래로 명·청에 이르기까지 궁전과 단묘 및 큰 사원은 대부분 그러했으며, 자금성에서는 보다 보편적으로 표현되었을 따름이다. 노예사회와 봉건사회는 모두 등급이 엄격한 사회였는데, 크기가 다른 건축군에서 서로 다른 방식으로 주요 건축을 중심에 배치한 것은 당시 서로 다른 등급에 있어서 각각 그 중심이 있고 그것들이 순서대로 예속되어 최후에는 모두 황제에게 예속되는 상황을 반영한 것이다. 건축 배치의 측면에서 말하자면, 중앙을 택하는 것은 가장 쉬운 배치 방법이기도 하다.

배치 계획에서 격자망을 이용하는 방법 역시 매우 오랜 역사를 지닌다. 당나라 대명궁과 낙양궁은 모두 50장 격자망을 사용했다. 취푸曲阜 공묘孔廟에서는 5장 격자망을 사용했다. 베이징의 문묘文廟와 동악묘東嶽廟에서는 3장 격자망을 사용했다.

자금성 궁성에서는 3가지 격자망이 동시에 출현했다. 즉 외조의 경우 중심이 되는 '전삼전'부터 남쪽으로 황성 정문인 천안문까지, 나라를 대표하는 이 부분에서는 10장 격자망을 사용했다. 내정의 경우 중심이 되는 '후양궁' 및 태상황이 거주하는 황극전에서는 5장 격자망을 사용했다. 또한 외조의 보조 궁전인 무영전과 문화전 및 태후가 거주하는 자녕궁에서는 3장 격자망을 사용했다. 이는 서로 다른 격자망의 선택이 건축군의 규모는 물론 그것의 등급 및 성질과도 관계가 있음을 반영하는 것이다.

건축 계획 및 설계의 관점에서 보자면 서로 다른 규모의 건축에 각각 다른 격자망을 사용하는 것은 각각 다른 비례 척도를 사용하는 것과 비슷한데, 건축의 규모와 공간에 있어서 그것의 차등을 둘 수 있다. 규모와 등급이 비슷한 건축군이 동일한 격자망을 사용한다면 그 규모와 공간을 용이하게 제어함으로써 통일과 조화의 효과를 거둘 수 있다. 이 방법은 자금성처럼 수많은 크고 작은 궁원으로 구성된 복잡한 건축군을 설계하는 데 특히 중요했다.

이상에서 언급한 특징들은 다음에 소개할 명·청 시기 태묘와 천단에서도 찾아볼 수 있는데, 다만 표현 형식이 완전히 같지는 않을 따름이다.

2. 명·청 시기 베이징 태묘

지금의 노동인민문화궁勞動人民文化宮이 바로 명·청 시기 베이징 태묘다. 태묘는 자금성 바깥 동남쪽, 즉 오문에서 천안문 사이 어도의 동쪽에 자리하며 어도를 사이에 두고 사직단과 멀리서 마주하고 있다.

태묘는 명나라 영락 18년(1420)에 건설되었는데, 현존하는 건축은 가정 24년(1545)에 중건한 것이다. 또한 청나라 건륭 원년~4년(1736~1739) 사이에 대대적으로 보수했다. 현재 태묘는 내·외 이중으로 담장이 둘러져 있다. 외부의 남쪽 담장 중앙에는 출입구가 3개 뚫린 장문墻門이 있으며 담장 양측에는 각각 측문이 1개씩 있다. 외부의 북쪽 담장은 중앙에 출입구가 3개 뚫린 장문만 있고 측문은 없다. 내부의 남쪽 담장 중앙에는 너비 5칸의 극문戟門이 있는데 가운데 3칸에는 판문板門을 설치했으며, 극문 양측에는 각각 너비 1칸의 측문을 세웠다. 내부의 북쪽 담장과 후전後殿의 북쪽 담장은 하나의 선상에 자리하며, 후전의 동·서 외측에만 각각 측문을 1개씩 냈다. 내부 담장 안쪽 중축선상에 앞뒤로 잇달아 전전前殿·중전中殿·후전을 세웠다. 전전은 제전祭殿이고, 중전은 황제와 황후의 위패를 두는 침전寢殿이다. 전전과 중전은 '공工'자 형태의 기단 위

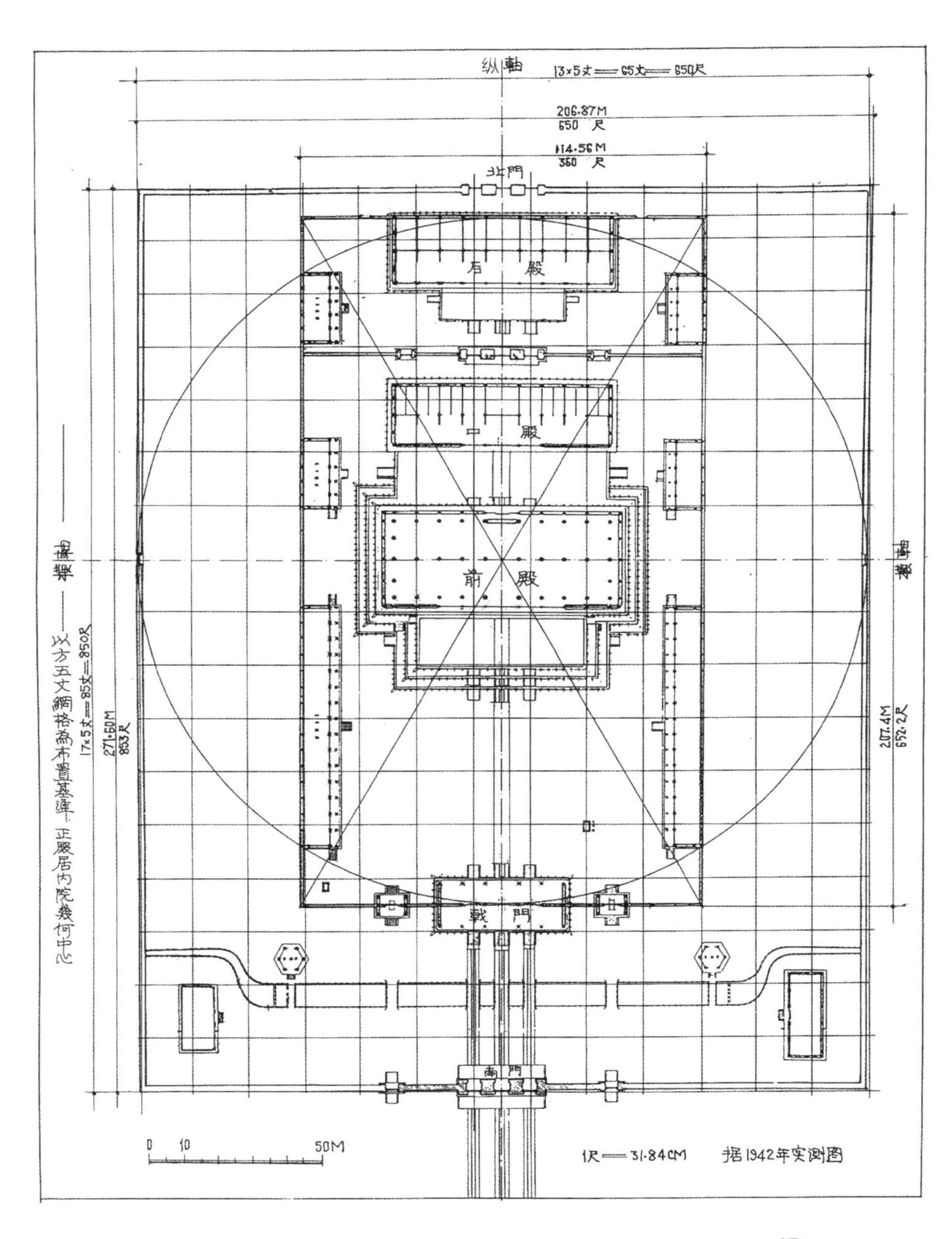

[그림 60] 명·청 시기 태묘의 평면 분석도

에 자리한다. 후전은 원조遠祖의 위패를 모시는 사당인 조묘祧廟인데, 비교적 작은 기단 위에 따로 자리하고 있다. 후전과 중전 사이에는 담장이 가로지르고 있다. 현재 전정의 너비는 11칸이고, 전정의 좌우에 각각 너비 15칸의 동·서 배전이 있다. 중전과 후전은 각각 9칸이며 좌우에 각각 5칸짜리 배전이 있다.(그림 60)

현재 태묘의 외부 담장의 동서 너비는 206.87미터고 남북 길이는 271.6미터로, 3:4의 비례에 가깝다. 천안문 안쪽 어도의 서쪽에서 태묘와 마주하고 있는 사직단의 외부 담장의 동서 너비는 206.7미터고 남북 길이는 267.9미터로, 실질적으로 태묘와 동일하다.[169] 이는 명나라 초 태묘를 건설하던 당시에 통일시켜 정해둔 치수로, 명척明尺 650(척)×850(척)에 해당한다.

태묘의 내부 담장의 남북 길이는 207.45미터고, 동서 너비는 114.56미터다. 그 비례 관계는 9:5다. 자금성의 삼대전[170]과 마찬가지로, 태묘는 비록 죽은 황제를 모시는 곳이긴 하지만 9와 5의 두 숫자로써 이곳이 천자의 거처임을 상징한다.

태묘의 외부 담장의 동서 너비 206.87미터와 내부 담장의 남북 길이 207.45미터는 실질적으로 동일하며, 외부 담장의 너비와 내부 담장의 너비 역시 9:5의 비례다. 이는 '전삼전'의 총 너비와 전삼전 아래 커다란 기단의 너비 비례가 9:5였던 것과 그 방식이 기본적으로 같다.

내부 담장 안쪽 중축선상에 앞뒤로 잇달아 전전·중전·후전이 자리하

---

169 [그림 15]를 참고하면 된다.

170 자금성의 전삼전前三殿에 해당하는 태화전太和殿·중화전中和殿·보화전保和殿을 가리킨다.

고 있는데, 내부 담장의 네 모서리에서 대각선을 그으면 그 교점이 바로 전전의 중심에 위치한다. 이는 내부 담장이 둘러싸고 있는 정원에서 전전이 기하학적 중심임을 증명한다. 이 교점을 원의 중심으로 삼고 이 중심에서 내부 담장의 남쪽(또는 북쪽)까지의 거리를 반지름으로 삼아서 원을 그리면, 전전의 동·서 배전 남쪽 측벽 및 후전의 동·서 배전 남쪽 측벽의 외각外角 4개가 모두 공교롭게도 원호圓弧 위에 자리한다. 이것은 당연히 설계에서 심혈을 기울여 처리한 것이다.

태묘는 배치에 있어서 역시 5장 격자망을 기준으로 사용했다. 명나라 때 척의 길이로 환산하면 태묘 외부 담장의 너비는 65장, 길이는 85.2장이다. 내부 담장의 너비는 36장, 길이는 65장이다. 격자망으로 보자면, 외부 담장의 범위는 동서로 13칸이고 남북으로 17칸이며, 내부 담장의 범위는 동서로 7칸이고 남북으로 13칸이다. 내부 담장의 동서 너비로 35장이 아닌 36장을 택한 것은 길이와 너비의 비 9:5를 유지하고자 했기 때문이다.

[그림 60]에서 볼 수 있듯이, 5장 격자망을 그려보면 진수이허의 북쪽 기슭, 극문 기단의 남·북 가장자리, 전전 기단의 남·북 가장자리, 후전 남쪽의 담장 등은 모두 동서 방향의 격자망 선상에 놓이게 된다. 외부 담장의 남문, 극문, 전전, 후전 측면 계단과 측문 등의 중앙선은 모두 남북 방향의 격자망 선상에 놓이게 된다. 또한 극문, 전전 앞 월대, 전전과 중전 사이의 거리 등은 모두 1칸을 차지한다는 것을 알 수 있는데, 즉 5장 정도로 제어되고 있다. 극문의 북쪽 계단에서 전전의 남쪽 계단까지의 거리는 5칸, 즉 25장이다. 전전 월대의 상층 너비는 3칸으로 15장이다. 이러한 현상을 통해 알 수 있듯이, 궁원 안에 건축을 배치할 당시에 격자망이 기준 역할을 했다.

자금성 궁전에 나타났던 특징, 즉 주전을 정원의 기하학적 중심에 배치하고 숫자 9와 5를 통해 황가의 성격을 두드러지게 한 것은 태묘 계획에서도 다시 나타났다. 이는 그러한 특징이 명나라 대형 황가 건축의 계획과 배치에서 통용되던 방법이었음을 말해준다.

3. 명·청 시기 베이징 천단

명·청 시기 천단은 베이징 내성의 남쪽에 자리했다. 천단은 내성의 정문인 정양문과 외성의 정문인 영정문 사이 대가 큰길의 동측에서 큰길을 사이에 두고 서측의 산천단山川壇과 마주하고 있었다. 천단은 명나라 영락 18년(1420)에 건설되었는데, 원래는 도성의 양陽에 해당하는 곳 7리 안쪽에 건설한다는 전통에 따라 약간 동쪽으로 치우친 곳에 만들었다.[171] 명나라 가정 32년(1553)에 남쪽 외성을 증축한 이후에야 천단이 외성 안에 포함되었고 서쪽으로 정양문외대가에 면하게 되었다.

처음 건설되었을 당시에는 천지단天地壇이라고 불렀는데, 천지단은 명나라 홍무 11년(1378)에 세워진 난징 대사전大祀殿의 규제規制에 따라 건설한 것으로 이곳에서 천지를 합사合祀했다. 명나라 가정 9년(1530)에 천

---

171 『예기주소禮記注疏』 권卷 29 「옥조玉藻」 공영달孔穎達 소疏에서 인용한 순우등淳于登의 말에 다음 내용이 나온다. "명당은 도성의 남쪽 병사의 땅에 3리 밖 7리 안쪽에 자리한다明堂在國之陽, 丙巳之地, 三里之外, 七里之內." 도성의 양陽에 해당하는 곳은 도성의 남쪽이다. 병사丙巳는 이십사방위에 속하는 병방丙方과 사방巳方을 가리킨다. 이 두 방위는 동남쪽에 해당하는 손방巽方과 정남에 해당하는 오방午方 사이의 30도 범위에 해당한다. 본문에서 "전통에 따라 약간 동쪽으로 치우친 곳"에 만들었다고 한 것은 바로 이런 맥락이다.

지를 각각 제사하는 분사分祀로 바뀌면서 천지단 대사전의 남쪽에다 하늘에 제사지내는 원구圜丘를 만듦으로써 지금의 원구 건축군이 형성되었다. 또한 북교北郊에는 땅에게 제사지내는 지단地壇을 따로 만들었다. 가정 24년(1545)에는 고대 명당明堂에 관하여 전해지는 이야기를 참고하여 원래 대사전의 자리에 원형의 대향전大享殿을 건설했는데 바로 지금의 기년전祈年殿이다.

기년전에서는 매년 봄 풍년을 기원하는 기곡祈谷의 예를 올렸다.[172] 이때부터 천단은 실질적으로 남쪽과 북쪽 두 부분으로 구성되었는데, 북쪽은 기년전 건축군이고 남쪽은 원구 건축군이다. 두 건축군 사이를 가로지르는 담장에는 성정문成貞門[173]이 나 있다. 성정문 북쪽의 남북 방향 큰길이 기년문祈年門까지 이어지면서 원구에서 기년전에 이르는 중축선을 대대적으로 강조하고 있다.

천단은 현존하는 청나라 황제의 제사 건축 중에서 특징이 가장 많은데, 배치가 엄정하며 형체가 장중하고 간결하며 색채가 아름답고 단정하며 신비함이 가득하여 세계적으로 유명하다. 설계 및 시공에 있어서 천단 건축군의 탁월한 성취에 대해서는 최근에 논의가 매우 많이 이루어졌으므로 여기서는 굳이 다루지 않겠다. 여기서는 천단의 총체적인 배치 계획의 특징과 현재 상태에 이르기까지의 과정에 대해 살펴보기로 한다.

---

172 명나라 가정제嘉靖帝 때 건설된 대향전大享殿의 용도는 해마다 계추季秋에 상제上帝에게 대향大享을 지내고 가정제의 부친 예종睿宗을 배향配享하는 것이었다. 그런데 이후 그 기능을 상실하였고, 청나라 때는 대향전에서 매년 봄에 기곡祈穀의 예를 거행했다. 1751년, 건륭제가 대향전을 '기년전祈年殿'으로 개칭함으로써 비로소 이름과 실질이 부합하게 되었다.

173 원구단의 북문이자 기곡단의 남문이 된다.

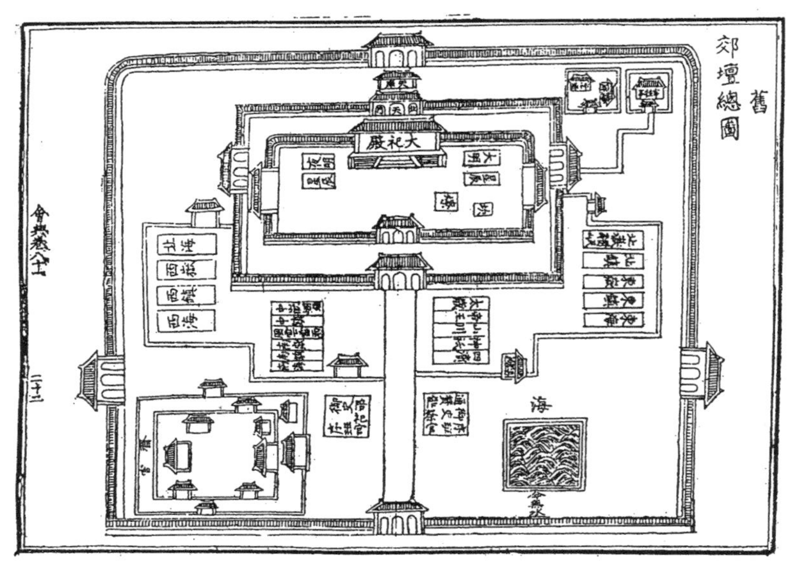

[그림 61] 『대명회전』에 나오는 명나라 영락제 때의 천지단

중국의 고대 궁전과 단묘壇廟는 중축선에 의한 대칭적인 배치를 일관되게 채택했는데, 앞에서 언급한 자금성 궁전과 태묘가 명백한 증거다. 그런데 하늘에 제사지내는 천단의 남북 중축선이 동측으로 약간 치우쳐 자리하고 있는 것은 그야말로 매우 특이한 일이다. 500여 년 동안의 발전과 변화를 역사적으로 살펴보면 그 원인을 찾을 수 있다. 현재 천단의 전신인 영락제 때 건설된 천지단에 대해서는 『대명회전大明會典』에 기록이 있으며 그림도 첨부되어 있는데, 여기서는 이를 간단히 「영락도永樂圖」라고 부르기로 하겠다.(그림 61) 가정 9년과 가정 22년에 세워진 원구와 기년전의 두 건축군 역시 『대명회전』에 그림이 실려 있는데, 여기서는 이를 간단히 「가정도嘉靖圖」라고 부르기로 하겠다. 이들 그림을 통해 지금 베이지 천단의 형성 과정 및 계획의 특징을 알 수 있다. 다음에서는 4개의 발전 단계로 나눠서 소개하기로 한다.

(1) 영락 18년 건설 당시 천지단의 구조 및 계획의 특징

「영락도」와 『대명회전』 등의 기록에 따르면, 영락 18년에 난징의 옛 체제에 따라 건설된 천지단에는 남쪽은 방형이고 북쪽은 원형인 단장壇墻 하나만 있었다. 단장 사면에는 각각 문이 1개씩 나 있다. 남문이 정문인데, 여기서부터 북쪽으로 난 길이 주요 건축군인 대사전 앞까지 이어지면서 제단 구역 전체의 남북 중축선을 형성한다.

대사전 건축군의 평면은 직사각형이며 내·외 이중 유장壝墻이 있다. 외부 유장의 사면에 각각 1개씩 문을 냈는데, 북문의 북쪽에 천고天庫가 있다. 남문 안쪽에 또 문이 있는데, 대사문大祀門이다. 대사문 안쪽 북면의 전정殿庭 가운데 주전인 대사전이 자리한다. 높은 대 위에 너비 11칸의 대전인 대사전이 세워져 있는데, 대사전 아래의 높은 대가 실제로는 제단壇이다. 그래서 명나라 초의 기록에서는 "제단을 쌓고 그 위에 건물을 세웠다壇而屋之"라고 했다. 대사전 동측과 서측에는 동무東廡와 서무西廡가 있다. 대사전과 연결된 대사문 양측의 내부 유장이 남쪽은 방형이고 북쪽은 원형인 형태로 전정을 에워싸면서 천지단의 전체 윤곽과 호응한다. 천지단의 서남쪽 귀퉁이에는 재궁齋宮을 세웠다. 재궁의 정문은 동향으로, 대사전에서 남문에 이르는 길과 마주하고 있다.

「영락도」를 현재의 상태와 대조해보면 알 수 있듯이, 천단의 지형은 남쪽이 높고 북쪽이 낮다. 현재 천단 내에 남북으로 난 큰길인 단폐교丹陛橋의 남단은, 즉 성정문成貞門과 가까운 곳은 지면보다 몇십센티미터 높지만 기년전과 접해 있는 단폐교의 북단은 지면보다 3.35나 높아서 약 3미터의 고도차가 있다. 반드시 먼저 높은 대를 쌓아서 남문보다 조금 높게 해야만 비로소 제단을 건설할 수 있었다. 「영락도」에 그려진 대사전 건축군을 현재 기년전 건축군과 비교해보면, 대전이 직사각형에서 원형으로 변하고 아래에 3층의 원형 단[174]이 더해진 것 외에 부속 건축 및 배치는 기본적으로 변하지 않았다. 이를 통해 현재 기년전 건축군 아래의 커다란 직사각형 기단 및 남북으로 이어진 길은 영락제 때 이미 존재했음을 유추할 수 있다. 현재 재궁은 「영락도」에 그려진 것과 마찬가지로 기년전 서남쪽에 서면과 남면 두 단장 가까이 자리하고 있는데, 현재 재궁 서쪽의 내단 서쪽 단장이 바로 영락제 때 천지단의 서쪽 단장에 해당한다는 것을 알 수 있다.

「영락도」에서 천지단은 중축선을 중심으로 대칭을 이루는데, 현재 기년전에서 성정문까지 단폐교로 연결된 선이 당시 천지단의 중축선이다. 따라서 동쪽 단장은 중축선 동측에 서쪽 단장과 대칭을 이루는 곳에 자리하는 게 마땅하다. 현재 단폐교 동쪽에는 내·외 이중의 동쪽 단장이 있는데, 그중 외부 동쪽 단장에서 중축선까지의 거리는 내부 서쪽 단장에서 중축선까지의 거리인 635.7미터와 매우 비슷하다.[175] 따라서 현재 천단의 외부 동쪽 단장이 영락제 당시 천지단의 동쪽 단장임을 확인할 수 있다. 천지단의 남문인 성정문은 「영락도」의 남문으로, 천지단의 남쪽 단장은 바로 성정문과 같은 선상에 자리했다. 현재 활 모양으로 꺾인 남쪽 담장은 명나라 후기에 재궁을 증축한 뒤 남쪽으로 이전한 것이다. 기년전의 중심에서 남쪽으로 남문 성정문까지의 거리는 493.5미터고 북쪽으로 외단의 북쪽 단장까지의 거리는 498.2미터로, 양자는 실질적으로

---

174 기곡단祈穀壇을 가리킨다.

175 [그림 51]을 참고하면 된다. 외부 동쪽 단장壇墻에서 중축선까지의 거리는 653.5미터다.

같다. 따라서 현재의 외단 북쪽 단장은 영락제 당시의 북쪽 단장이다.

「영락도」에서는 동·서 단장에 동문과 서문이 있고 서문의 남쪽에 재궁이 있는데, 현재 내단의 서문이 바로 영락제 때 천지단의 서문이며 동문은 지금 외단 동쪽 단장과 대응하는 곳에 있었음을 알 수 있다. 동문과 서문 사이에는 큰길이 나 있는데, 이 큰길의 중심선에서 북쪽으로 기년전 중심까지는 247.7미터고 남쪽으로 성정문까지의 거리는 245.8미터로 실질적으로 같다.

이상에 근거하여 현재 천단 그림 위에 명나라 영락제 때 건설된 천지단의 평면 복원도를 그릴 수 있다. 천지단의 동서 너비는 1289.2미터고 남북 길이는 991.7미터다. 대사전 아래 높은 대의 동서 너비는 162미터고 남북 길이는 187.5미터이며, 대의 중심에서 북쪽으로 약간 치우친 곳에 대사전이 자리하고 있다. 대사전의 중심은 바로 천지단의 기하학적 중심이며, 대사전은 남쪽에 난 길을 통해 성정문과 연결되는데 이 연결선이 천단구의 남북 중축선을 형성한다. 실제 치수에 근거해 그린 영락제 당시의 천지단 그림을 통해 천지단의 설계 규칙을 알 수 있다. 자금성 각 궁원이 '후양궁'을 모듈로 삼았던 것과 비슷하게 천지단은 대사전 아래 높은 대의 너비를 모듈로 삼았다. 천지단의 동서 너비는 대사전 아래 대 너비의 8배이고, 남북 길이는 대사전 아래 대 너비의 6배다. 재궁의 길이와 너비 역시 기본적으로 대사전 아래 대 너비와 같다.

종합하자면, 영락 18년에 천지단을 계획할 당시에 먼저 의례의 필요에 따라 대사전 건축군의 규모를 확정하는 동시에 대사전 아래 커다란 대의 길이와 너비를 확정했다. 그리고 대사전 아래 대의 너비를 모듈로 삼아 이것의 6배와 8배로 천지단의 길이와 너비를 정했다.

천지단은 중축선을 중심으로 대칭적인 구조인데, 남문인 성정문과 단폐교라는 길이 남에서 북으로 배치되어 있으면서 중축선을 형성했다. 대사전 건축군에서 대사전은 천지단의 기하학적 중심에 자리함으로써 그것의 가장 중요한 지위를 두드러지게 하는 동시에 동문에서 서문으로 이어지는 선이 대사전 중심에서 남문까지의 중간 지점, 즉 천지단의 남쪽 단장에서 북쪽으로 1/4인 지점에 위치하게 하였다. 이는 중축선과 기하학적 중심을 강조하는 단순하고 장중하며 모듈 관계가 명확한 계획이다.

(2) 가정 9년에 건설된 원구

명나라 가정 9년(1530)에 천지단 남쪽에다 하늘에 제사지내는 원구단을 건설했다. 현재 원구는 흰 돌을 쌓아 만든 3층의 원형 단으로 각 층의 직경은 23.5미터, 38.5미터, 54.5미터다. 이것은 청나라 때 확장한 결과로, 명나라 때의 것보다 크다. 원구 바깥으로 원형의 담장과 방형의 낮은 담장이 둘러 있는데, 이를 유장壝墻이라고 한다. 원형 유장의 직경은 104.2미터, 방형 유장의 한 변의 길이는 167.6미터로, 방형 유장의 길이만 명대의 옛 상태를 유지하고 있다.

단장이 가장 바깥을 둘러싸고 있는 원구단 구역의 전체 형태는 직사각형이다. 이 원구단의 북쪽 단장은 바로 영락제 때 천지단의 남쪽 단장이다. 원구단 구역의 동·서 단장은 영락제 때 천지단의 동·서 단장을 남쪽으로 연장하여 만든 것이다. 따라서 원구단 구역의 동서 너비는 영락제 때 천지단과 동일하게 1,289.2미터이며 남북 길이는 504.9미터다.[176]

현재의 천단 그림에서, 천지단의 동문과 서문 사이 큰길의 중앙선을 경계로 이 선에서 북쪽으로 북쪽 단장까지는 745.9미터고 남쪽으로 원

---

176 [그림 51]을 참고하면 된다.

구단 남쪽 단장까지는 750.7미터다. 시공 오차를 고려하면 양자는 실질적으로 같다. 이러한 상황은 원구단 구역을 처음 건설할 당시에 이미 신·구 두 구역을 통일적으로 계획하여 영락제 때 천지단의 동·서 큰길을 새롭게 통일된 천단 전체의 남북 분할선으로 삼아 이에 근거하여 원구단 구역 남쪽 단장의 위치를 정했음을 말해준다.

원구단 구역 남북 길이 504.9미터는 방형 유장의 너비 167.6미터의 세 배보다 겨우 2.1미터 남짓 긴데, 실질적으로 세 배라고 할 수 있다. 이로써 유추해보면, 원구단을 계획할 당시에 총체적인 고려하에 남쪽 단장의 위치를 이미 확정했기 때문에 영락제 때의 천지단을 활용하는 방식을 취할 수밖에 없었고 원구단 구역 남북 길이의 1/3을 방형 유장의 너비로 삼았음을 알 수 있다. 이렇게 해서 원구단의 남북 길이가 방형 유장의 너비를 모듈로 삼은 현상이 빚어졌다. 이는 물론 전통 방식을 유지하기 위하여 택한 부득이한 방법이었다.

(3) 가정 24년에 대향전으로 개축한 이후의 천단

원구가 건설된 뒤 대사전을 철거하고 그 자리에 기곡단祈穀壇을 세웠다. 기곡단은 가정 24년(1545)에 완공되었다. 직경 91미터의 3층 석대石臺인 기곡단 위에 삼중 처마의 모임지붕인 대향전大享殿이 있는데, 대향전의 직경은 24.5미터다. 청나라 건륭 16년(1751)에 대향전을 기년전祈年殿으로 개칭했다. 기년전과 마찬가지로 높은 대 위에 자리하고 있는 사방의 문과 무廡 등은 기본적으로 영락제 때의 옛것을 기본적으로 그대로 따랐다.

기년전 앞에는 2개의 중문重門이 있는데, 그중 두 번째 중문의 양옆으로 담장이 있다. 동서 방향의 이 담장에서 북면 유장까지의 거리는 160미터다. 즉 두 번째 중문의 가로 담장을 경계로 그 북쪽에 놓인 대의 평면은 한 변의 길이가 약 160미터인 정사각형이다. 기년전의 중심은 이 정사각형의 중심에서 북쪽으로 24.7미터 지점에 있다. 즉 대의 중심에서 기년전의 직경만큼 북쪽으로 물러난 지점이 기년전의 중심이다.

자금성이나 태묘와 마찬가지로 기년전 건축군 역시 격자망을 기준으로 삼아 배치되었다. 대 위의 정사각형 한 변의 길이 160미터는 절묘하게도 명척明尺 50장에 해당하는데, 5장을 1칸으로 해서 가로 세로 각각 10칸씩의 격자망이다. 기년전의 가장 바깥쪽 계단의 직경과 기년문의 너비는 각각 2칸으로, 10장이다. 기곡단의 3층 대 중에서 가운데층은 직경이 5칸으로, 25장이다. 동무와 서무 남북 길이는 3칸이고 기년문 기단의 북쪽 가장자리에서 기곡단 제일 아래층 대의 남쪽 가장자리까지도 3칸으로, 15장이다. 다른 건축의 배치 역시 대부분 격자망과 일정한 관계가 있다.[177]

이를 통해 알 수 있듯이 기년전 아래의 커다란 대는 남북으로 긴 직사각형이긴 하지만 만약 기년전의 두 번째 중문부터 계산한다면 정사각형이며, 대에서 남쪽으로 튀어나온 부분은 고대에 '격문隔門'이라고 칭하던 중문을 하나 더 추가하기 위해서다. 이로써 천단의 총면적을 계획하는 데 있어서 기년전 아래 대의 너비, 즉 대의 한 변의 길이를 모듈로 삼았음을 알 수 있다.

기년전이 완공된 후, 북부의 기년전 구역과 남부의 원구단 구역을 포함한 천단의 전체 범위는 현재의 내단 서쪽과 남쪽 단장 및 외단의 동쪽과 북쪽 단장을 기준으로 동서 길이는 1289.2미터, 남북 길이는 1496.6

177 [그림 52]에 관련 격자망 배치 구조가 상세히 나온다.

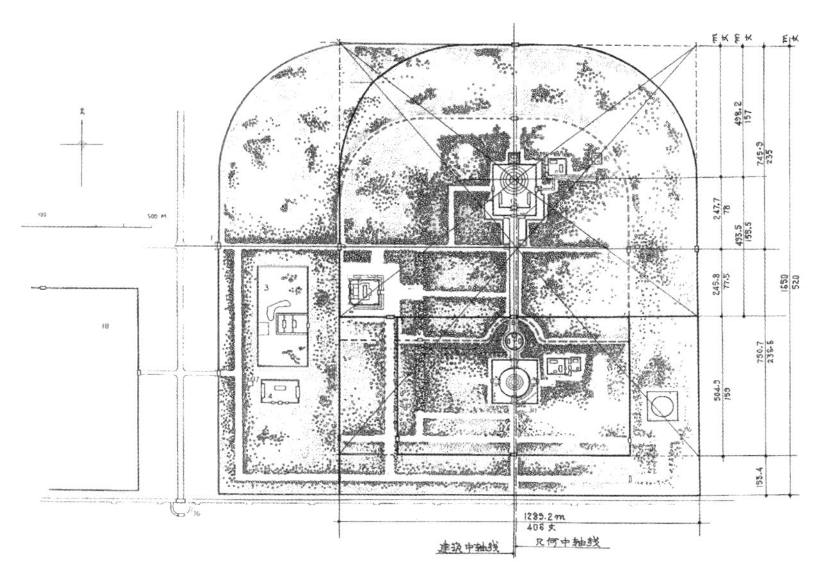

[그림 62] 대향전(기년전) 건설 이후의 천단 평면도

미터가 되었다. 그리고 정문은 남문에서 서문으로 바뀌었다. 동문과 서문 사이의 큰길은 남북 분할선에 자리하게 되었는데, 이 큰길과 기년전에서 원구에 이르는 남북 중축선의 교점이 바로 확장된 천단의 기하학적 중심이다.(그림 62)

(4) 남쪽 외성을 증축한 이후의 천단

가정 32년(1553) 베이징에 남쪽 외성을 증축할 때 천단이 그 안에 포함되었다. 외성의 정문 영정문과 내성의 정문 정양문 사이의 큰 길이 베이징 중축선의 전주前奏가 되었다. 기년전 건설 이후 천단은 지금의 내단 서문을 정문으로 삼았다. 당시에는 길을 사이에 두고 천단이 서쪽의 선농단과 마주하며 웅장한 기세를 드러내도록 길을 면한 쪽에 문을 세워

야 했다. 당시 원구단 남쪽의 방형 유장에서 새로 세운 남면의 담장[178]까지의 거리가 약 169미터에 불과했으므로 다른 건축을 배치하기에 부족했다. 그래서 서면에 큰길을 면하고 있는 쪽과 남면 성벽 가까운 쪽에 외단 단장을 증축했으며 서문을 새로 세웠다.

서면과 남면에 이중 담장이 출현한 이후 이에 상응하여 동면과 북면에도 담장을 세워야만 내·외 이중 단장이 형성될 수 있었다. 하지만 천단의 크기가 이미 매우 큰 데다가 당시 단장의 북면에는 연못이 있고 동면은 숭문문외대가의 동쪽에 자리했기 때문에 동쪽과 북쪽으로는 확장하기가 마땅치 않았다. 그래서 동면과 북면에는 기존의 단장을 외부 단장으로 삼았으며, 그 안에 새로 담장을 만들어 기존의 서면·남면 단장과 연결함으로써 내단의 단장이 형성되었다. 현재의 내·외 이중 단장은 이렇게 형성된 것이다.

천단처럼 중요한 건축군은 개축이라 할지라도 일정한 규율이 있을 것이다. 실측 수치로 계산해보면, 새로 만든 내단의 동쪽 단장에서 서쪽 기년전 아래 높은 대의 동쪽 면까지의 거리는 기년전 대의 너비의 두 배가 된다. 새로 만든 내단의 북쪽 단장에서 성정문까지의 거리는 723.1미터로, 단폐교의 길이 361.2미터의 두 배다. 그 의도는 성정문에서 단폐교 길이의 두 배가 되는 지점을 내단 북쪽 단장의 위치로 정함으로써 기년전 건축군의 남쪽 외문外門(즉 높은 대의 남쪽 가장자리)이 내단 구역의 남북 중간선상에 자리하게 하려는 것이다. 내단의 동쪽과 북쪽 단장의 위

178 가정嘉靖 9년의 상황을 말한다. 당시 천지단 남쪽에 원구단圜丘壇을 만들면서 기존 천지단의 남문과 남쪽 담장을 원구단의 북문과 북쪽 담장으로 삼고 원구단의 동면·남면·서면의 삼면에 담장을 세워 단장壇墻이 되었다. 또 단장 안에는 안쪽에 원형의 유장壝墻을 쌓고 바깥쪽에 방형의 유장을 쌓았다.

치는 기존의 모듈을 사용하든 새로 형성된 비례 관계를 사용하든 모두 일정한 바탕이 있었던 것이다. 내·외 단장이 건설된 이후 천단은 중축선을 통해 엄격한 대칭 구조를 이루었던 기존 형태에서 중축선이 동쪽으로 치우치고 내단과 외단 역시 가운데에 자리하지 않는 현재 상태가 되었다.

이상에서 살펴본 천단의 4가지 발전 단계의 계획 및 설계 특징을 통해 알 수 있듯이, 영락 18년에 처음 건설할 당시에는 대사전 아래 높은 대의 너비를 모듈로 삼아 중축선에 의한 엄격한 대칭 구조를 택했다. 또한 주전인 대사전을 천지단의 기하학적 중심에 배치했다. 남면에 원구를 증축할 당시에는 천단 전체 구역의 중심을 남쪽으로 이동시켜 동문과 서문 사이의 큰길 선상에 중심이 자리하게 했다. 그리고 이 중심에 근거해서 원구단 구역의 남북 길이를 정하고, 원구단 구역 남북 길이의 1/3을 원구 방형 유장의 너비 척도로 삼았다. 천단의 전체 구역은 당시에도 여전히 중축선을 통한 대칭을 이루었고 명확한 중심을 지녔다. 그런데 남쪽 외성이 건설된 이후 전체적인 도성 계획에 맞춰 천단을 서면과 남면으로 확장하면서 중축선 배치를 포기하고 동면과 북면을 감축할 수밖에 없었다. 하지만 이 감축 역시 일정한 모듈과 비례 관계에 최대한 부합하는 것이었다. 이를 통해 서로 다른 시대의 설계자와 개축자가 이전 사람의 계획 및 설계 특징을 세심하게 체득하여 전력을 다해 동일한 방법을 채택하고자 했던 고심, 그리고 탁월한 계획 및 설계 수준을 알 수 있다.

4. 결론

명나라 궁전 및 단묘 건축군에 대한 이상의 소개를 통해 알 수 있듯이, 고대에 대규모 건축군을 계획하고 설계할 때 총체적인 배치에는 확실히 일정한 규칙성이 있었다. 예를 들면 정원이 여럿인 대형 건축군을 계획할 때는 특정 정원의 남북 길이와 동서 너비를 모듈로 삼았다. 대형 건축군은 모듈의 배수(예를 들면 '전삼전'은 '후양궁'의 4배임), 소형 건축군은 모듈의 분수(예를 들면 육궁과 오소의 면적의 합은 '후양궁'과 동일함)로써 크기가 다른 각종 정원 간의 관계 및 전체적인 윤곽의 치수를 제어했다. 다중 정원에서는 바깥 정원의 동서 너비를 안쪽 정원의 남북 길이로 삼았고, 하나의 정원에서는 주요 건축을 전체 정원의 기하학적 중심에 배치했다. 이 밖에도 격자망을 정원 배치의 기준으로 삼아 척도 및 규모를 제어하는 방법 역시 당시에 보편적으로 채택했던 평면 설계 방식이다.

이상의 내용을 단일 건축의 경우에 그 규모와 등급에 따라 서로 다른 재材(송나라 방식)나 두구斗口(청나라 방식)를 모듈로 삼았던 상황과 함께 고려한다면, 도시와 궁성의 계획부터 정원 안의 배치와 단일 건축의 설계에 이르기까지 고대 중국에서는 이처럼 큰 것부터 작은 것까지 모듈로 제어하는 총체적인 설계 방법으로 도시, 궁성, 크고 작은 정원, 단일 건축 간에 서로 다른 척도상의 관계를 설정함으로써 조화와 통일을 이루고 총체성과 연관성이 강한 효과를 달성해 중국 고대 도시와 건축군의 특유한 풍모를 빚어냈음을 확인할 수 있다.

기본 모듈의 확정과 관련해서 말하자면, 특정 정원의 치수 및 남북 길이와 동서 너비의 비는 실제 사용 용도 및 예제와 등급 제도에 따라 결정되었다. 하지만 때로는 기타 요인의 영향을 받기도 했다. '전삼전'과 '후양궁'의 '공工'자 형태 기단 및 태묘 내부 담장의 경우에 9:5의 비를 채택함으로써 천자의 거처임을 상징했던 것이 바로 그 예다.

이를 바탕으로 유추해보면, 각종 건축에는 우리가 이해하지 못하는 견강부회한 것들이 많을 것이다. 고대에 음양오행陰陽五行을 가장 극단적으로 견강부회한 건축의 예가 바로 명당明堂이다. 현존하는 당나라 총장總章[179] 연간의 「명당조서明堂詔書」를 통해 볼 때 당시에 설계한 명당은 칸수, 면활面闊, 기둥 높이부터 각종 부재의 길이와 수량에 이르기까지 거의 모두 특정 숫자에 끌어다 맞췄다. 하지만 도면의 초안을 분석해보면 명당의 총 너비, 주망柱網의 배치, 기둥 높이, 보의 길이, 보의 수량 등이 기본적으로 건축의 합리적 필요에 따라 배치되었음을 알 수 있다. 하지만 그 이후에 각종 고서에서 별로 관계도 없는 숫자를 찾아내 연결지음으로써 특정 숫자에 부합되도록 만들어서 근거로 삼은 것은 매우 견강부회하여 거들떠볼 가치도 없는 듯 보인다.

명·청 시대 궁전과 단묘壇廟의 계획에서도 유사한 현상이 존재한다. 앞에서 말한 9:5의 비례에 관해 말하자면, '전삼전'과 '후양궁'은 모두 커다란 기단의 길이와 너비 비를 사용하긴 했지만 전삼전은 전 앞의 월대를 계산에 넣어야 했고 후양궁은 월대를 계산에 넣지 않았다. 태묘의 경우, 전전과 후전이 '공工'자 형태의 기단 위에 있지만 그 비례는 9:5가 아니며 내부 담장의 남북 길이와 동서 너비를 9:5로 정했다. 이러한 상황은 이들 궁전을 설계할 당시에 사용 기능 및 건축 예술의 요구에 따라 우선 설계부터 한 다음에 거기에 들어맞는 설명을 끌어다 쓴 것이지 통일되고 고정된 방식은 결코 없었음을 말해준다.

---

179 총장總章(668~670)은 당나라 고종 이치李治의 연호다.

내 생각엔 역대 왕조의 역사 문헌과 현존하는 실례를 전체적으로 살펴보면 고대의 건축 계획과 설계에서 상징 수법, 음양오행, 풍수설 등이 결코 지배적인 위치에 놓여 있지 않았다. 계획과 설계에서 이러한 것들이 표현된 데는 다음 두 가지 가능성이 있다. 하나는 풍수가가 건축주의 권세에 기대어 간섭할 경우 설계사가 어쩔 수 없이 양보한 것이다. 다른 하나는 설계사가 의도적으로 그것을 이용해 자신의 설계를 내세우면서 건축주에게 자신의 설계안을 견지하는 수단으로 삼은 것인데, 그 전제는 우매한 설이 계획과 설계의 합리성 및 건축 예술의 완전성을 훼손하지 않도록 하는 것이었다.

미신에 대한 유가의 태도는 "성인이 신비한 도로써 가르침을 베푸니 천하가 복종한다聖人以神道設教而天下服矣"[180]는 식이었다. 이것의 실질은 아무리 말해도 통하지 않는 사람을 상대로 만약 그에게 위엄을 부릴 수 없다면 미신으로 위협할 수밖에 없었던 것이다. 여러 종류의 건축주는 최고 권위자인 제왕이거나 제멋대로 상벌을 내리는 귀관이거나 적어도 가옥을 지을 자본이 있는 사람이었다. 이들 앞에서 설계사는 늘 열세에 놓여 있었다. 자신의 설계를 채택하도록 하기 위해, 자신의 설계안의 장점을 유지하기 위해, 건축주의 임의적 변경을 피하기 위해, 설계사는 '신비한 도로써 가르침을 베푸는' 방식을 이용했다. 음양설과 풍수설을 꺼내 자신의 설계에 신비함을 더하고 후대 자손의 흥망성쇠와 화복禍福으로 위협한 것은 실제로 자신의 설계를 변호하기 위한 가장 수월하고도 유효한 방법이었다. 따라서 고대 건축의 계획 및 설계를 구체적으로 연구할 때는 이런 측면에 타당한 주의를 기울임으로써 음양오행과 풍수 사상이

180 『주역周易』「관괘觀卦·단사彖辭」에 나오는 말이다.

건축에 미친 영향을 이해해야 한다. 하지만 이것은 앞에서 말한 계획 및 설계 방법과 비교하자면, 부차적인 것이며 끌어다 맞춘 것이다. 기본적인 사용 기능과 예술 표현에 어긋나지 않는다는 전제하에 한 시대의 건축의 면모 및 구체적인 건축의 성패와 우열을 진정으로 결정짓는 것은 바로 건축 계획과 설계로, 이것은 고대 기획자와 설계사의 성과다.

중국 고대 대형 건축군의 계획과 설계에 있어서 눈부신 성취와 독특한 경험은 우리가 발굴하고 정리하고 총결해야 한다. 이 글은 초보적인 시론에 불과하므로 빠뜨린 부분이 분명히 있을 것이고 견강부회한 측면도 있을 것이다. 하지만 이 초보적 탐색이 말해주듯이 만약 역대의 대형·중형 건축군의 평면도를 정확히 측량하고 자료를 입수해 모으고 종합하여 대형 건축군의 계획과 설계의 특징 및 방법을 귀납하고 총결한다면, 중대한 수확을 거두고 건축 연구의 취약한 부분을 보충함으로써 고대의 우수한 건축 전통에 대한 인식이 보다 심화되고 전면화될 것임이 분명하다. 이 방면의 성과를 총결한다면 앞으로 중국 풍격을 지닌 현대 건축을 창조하는 데 참고가 되어 단일 건축의 설계뿐만 아니라 총체적인 계획에서도 중국의 특징을 반영할 수 있을 것이다.

부기附記

이 글의 초고는 일찍이 1997년에 중국공정원中國工程院이 펴낸 『중국 과학기술 전연前沿』에 발표했다. 여기서는 이것을 일부 수정하고 문헌 고증과 구체적인 추산 과정을 일부 삭제했으며, 최근 새로운 연구 성과 가운데 정원 배치에서 그 규모에 따라 크기가 다른 3가지 격자망을 사용한 것과 관련된 내용을 보충했다. 이 글에서 논의한 것은 고대 건축군의 설계 규칙이므로 그림을 통해 살펴보아야 한다. 그림을 새로 그리면서 발생하는 오차를 없애기 위해서 이미 발표했던 자료와 그림을 최대한 채택했는데, 신뢰도를 높이고자 작도법을 이용한 분석에서 이것을 활용했다. 여기서 사용한 그림의 작자에게 양해를 구하며 감사의 말씀을 드린다.

6장

전국 시대 중산왕릉 「조역도兆域圖」에 반영된 능원 제도

허베이성 핑산현平山縣 중치지촌中七汲村 서쪽의 전국 시대 중산국中山國 1호묘에서 금과 은을 상감한 「조역도兆域圖」 동판이 출토되었다. 동판의 길이는 94센티미터, 너비는 18센티미터, 두께는 약 1센티미터다. 동판 위에는 능원陵園의 평면 배치도가 금과 은으로 상감되어 있는데, 배치도에는 능원 건축 각 부분의 치수 및 건축 간의 거리가 기록되어 있으며 중산왕의 왕명이 첨부되어 있다.[181] 이것은 전국 시대 능묘陵墓에 관한 매우 중요한 발견이다.

출토된 청동 명문銘文에 따르면 1호묘는 중산왕 '착䲨'의 능묘다. 「조역도」에 새겨진 왕명에 "하나는 능묘에 묻고 하나는 부고府庫에 보관하라其

181 허베이성 문물관리처, 「허베이성 핑산현 전국 시대 중산국 고분 발굴 브리핑河北省平山縣戰國時期中山國墓葬發掘簡報」, 『문물文物』, 1979년 제1기. — 저자 주

一從, 其一藏府"는 말이 있는 것을 통해 볼 때, 「조역도」에 그려진 것은 중산왕 착의 능묘를 중심으로 한 능원의 평면도다. 그림 속의 왕당王堂은 중산왕 착의 묘인데, 바로 1호묘의 회랑 유적을 포함한 건축물이다. 역시 상부의 회랑 유적을 포함하고 있는 2호묘는 바로 애후哀后의 묘다.

「조역도」에는 3기의 큰 묘와 2기의 작은 묘가 그려져 있지만, 기단 위에는 1호묘와 2호묘에 해당하는 큰 묘 2기만 존재한다. 중산왕 착은 기원전 310년경에 장사지내졌고, 착의 아내인 애후는 착보다 앞서 사망하여 착보다 먼저 장사지내졌기 때문에 두 사람의 묘는 실제로 존재한다. 「조역도」에 나오는 나머지 묘 3기의 묘주는 착이 사망할 당시에 건재했다. 그 이후 10여 년 사이에 조趙나라가 중산국을 멸망시키고 그 왕을 푸스膚施로 이주시켰는데,[182] 왕족 및 이전 왕의 유족들도 아마 모두 따라갔을 것이다. 그리고 그들이 사망한 뒤에는 「조역도」의 능원에 들어갈 수 없었던 것이다. 따라서 「조역도」는 실제로는 온전히 실현될 수 없었던 능원 평면 설계도다.

「조역도」에 그려진 왕의 묘와 애후의 묘는 이미 발굴되었으므로 「조역도」와 유적을 상호 참조하여 동판 「조역도」의 내용을 비롯해 왕릉 왕당의 건축 및 전체 능원의 건축 설계에 대해 연구할 수 있다.

1. 「조역도」

「조역도」의 각 주요 부분에 모두 치수가 표시되어 있긴 하지만 척尺과 보步의 두 가지 단위를 겸용했기 때문에 이것을 통일된 단위로 환산해야

---

182 조나라가 중산국을 멸망시킨 해는 기원전 296년이다. '그 왕'은 중산국中山國의 6대 군주이자 마지막 군주로, 이름은 '상尙'이다.

만 비례에 따라 제도製圖할 수 있다. 마침 내궁內宮의 너비와 관련하여 「조역도」에서는 왕당과 부인당夫人堂 두 곳에 모두 치수를 표시했다. 이 두 곳의 너비는 같으나 표시된 '척'과 '보'의 숫자는 다른데, 이에 근거해서 「조역도」의 1보가 몇 척에 해당하는지 알아낼 수 있다.

동판에서 중심에 자리한 왕당 부분 내궁의 전·후 담장 사이에 표시된 치수는 다음과 같다.

6보+50척+50척+200척+50척+50척+6보=12보+400척

부인당 부분 내궁의 전·후 담장 사이에 표시된 치수는 다음과 같다.

6보+40척+40척+150척+40척+40척+24보=30보+310척

양자의 너비는 같다. 즉 30보+310척=12보+400척이다.

18보=90척이 되므로 1보=5척이다.

이상은 「조역도」에 표시된 파坡 50척 또는 파坡 40척을 봉분 경사면의 수평 투영 길이로 간주해 추산해낸 결과로, 1보가 6척 또는 6척 6촌寸이라는 고서의 기록과는 부합하지 않는다.[183] 그렇다면 파장坡長이 수평 투영 길이가 아닌 경사면의 길이斜長를 가리킬 가능성이 있지 않을까? 일정

---

183 『예기禮記』「왕제王制」에서는 "옛날에는 주척 8척을 1보로 삼았는데, 지금은 주척 6척 4촌을 1보로 삼는다古者以周尺八尺爲步, 今以周尺六尺四寸爲步"라고 했다. 『한서漢書』「식화지 상食貨志 上」에서는 "6척이 1보다六尺爲步"라고 했다. 청나라 추백기鄒伯奇의 『학계일득學計一得』 권상卷上 「고척보고古尺步考」에서는 「고공기考工記」에 나오는 뇌耒, 병거兵車의 바퀴, 창 자루戈柲 등의 규격에 근거해서 6척 6촌이 1보라고 추정했다.—저자 주

각도까지 기울었을 때 1보가 6척 또는 6척 6촌이라는 결론을 얻을 수 있지 않을까? 다음처럼 간단히 검산해볼 수 있다.

봉분의 경사각을 ∠A라 하고 파장이 경사면의 길이를 가리키는 것이라고 가정한다면 그 수평 투영 길이는 각각 50尺cosA, 40尺cosA가 된다. 이것을 앞의 등식에 대입하면 다음과 같다.

25보+6보+50척cosA+50척+200척+50척+50척cosA+6보

=25보+6보+40척cosA+40척+150척+40척+40척cosA+24보

즉 20尺cosA=18보-70척이다.

봉분의 경사각은 예각일 수밖에 없다. 즉 0°~90° 사이이다.

cos0°=1, cos90°=0이므로 cosA는 1~0 사이로, 각도가 커질수록 수치는 작아진다.

∠A=0°일 때 빗변은 수평이 되는데, 앞에서 이미 1보=5척이라고 검산했다.

∠A=90°일 때 cosA=0인데, 앞의 등식에 대입하면 18보-70척=0이다.

즉 1보=70척/18=3.89척이다.

이상에서 알 수 있듯이, ∠A가 예각일 때 1보의 길이는 5척~3.89척 사이에서 변화하는데 최대값은 5척이며 각도가 증가함에 따라서 감소하므로 1보가 6척 또는 6척 6촌이 되는 결과를 얻는 것은 불가능하다.

이것은 「조역도」에 표시된 보와 척의 환산 관계로, 이것에 근거하면 「조역도」에 '보'로 기록된 담장 간의 거리를 '척'으로 환산할 수 있고 비

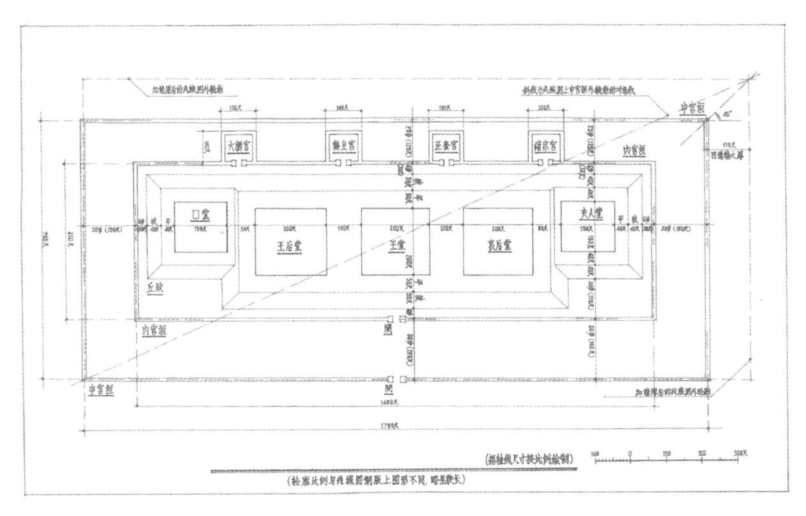

[그림 63]「조역도」

례에 따라 능원의 평면도를 그릴 수 있다.(그림 63)

「조역도」에서 두 궁원宮垣의 담장 두께는 표시되어 있지 않기 때문에 일단은 한쪽 담장 중앙에서 다른 쪽 담장 중앙까지의 거리를 가리킨다고 간주하기로 하겠다. 이렇게 하면 내궁원內宮垣의 치수는 1480(척)×460(척), 중궁원中宮垣의 치수는 1780(척)×765(척)이라고 추산할 수 있다. 이렇게 척으로 환산하여 그린 능원 평면도와 「조역도」의 윤곽 치수를 비교하면, 양자의 윤곽 비례가 다르며 닮은꼴이 아니다. 「조역도」에 나오는 중궁원 윤곽 치수는 85.8(센티미터)×40.2(센티미터)이며, 능원 평면도의 윤곽 비례는 이에 비해 가로로 좀 더 길다.

이렇게 되면 다음과 같은 문제가 생겨난다. 동판의 도형이 부정확한 것은 아닐까? 아니면 능원 평면도에서 담장 간의 거리를 한쪽 담장 중앙에서 다른 쪽 담장 중앙까지의 거리로 간주한 채 담장 두께를 계산하지 않았기 때문에 부정확한 것일까? 이 문제는 제도製圖를 통해 검산해볼 수 있다.

능원 평면도의 도형에 담장 두께를 추가한다면, 중궁원의 두께가 내궁원의 두께와 다르다 하더라도 동일한 궁원의 남·북 담장과 동·서 담장의 두께는 반드시 동일하므로 담장 두께를 추가할 경우에 궁원의 정면과 측면에 추가되는 두께는 동일하다. 즉 능원 평면도 도형의 한쪽 각(예를 들면 오른쪽 위의 각)에서 45도 선을 긋는다면, 담장 두께를 추가한 이후의 도형은 그 오른쪽 위의 각이 45도 선상에 자리하게 된다.

동판 도형의 윤곽 비례가 정확하다면, 능원 평면도 도형에 담장 두께를 추가한 이후 그 길이의 비가 동판 도형의 것과 동일해야 한다. 그렇다면 능원 평면도 도형의 왼쪽 아래 각에 동판 도형의 대각선과 평행하도록 사선을 그으면, 능원 평면도에 담장 두께를 추가한 이후 도형의 오른쪽 위의 각은 바로 이 선상에 자리하게 된다.

45도 선과 대각선의 경사도가 다르므로 두 선은 반드시 한 점에서 교차하게 된다. 정면과 측면의 벽 두께가 같아야 하고 동판 도형과 닮은꼴이어야 한다는 두 조건을 동시에 만족시키는 것은 이 교점交點뿐이다. 이 교점과 능원 평면도 도형의 우측 세로선 사이의 수직 거리가 바로 추가해야 하는 담장 4개의 총 두께다. 그렇다면 이 두께가 합리적인 담장 두께의 범위 안에 있는지 대조 확인만 하면 된다. 만약 합리적이라면 동판 도형 윤곽의 비례는 정확한 것일 테고, 그렇지 않다면 부정확한 것이 된다.

앞에서 말한 단계에 따라 능원 평면도에 제도한 결과 담장 4개의 총 두께는 118척이며 각 담장의 두께는 29척 5촌임을 알아냈다. 동판의 변형 및 제작의 정확도를 고려한다면 각 담장의 두께는 30척이라고 볼 수 있는데, 바로 6보다. 이 두께는 일반적인 담장으로서는 두껍지만 성벽으

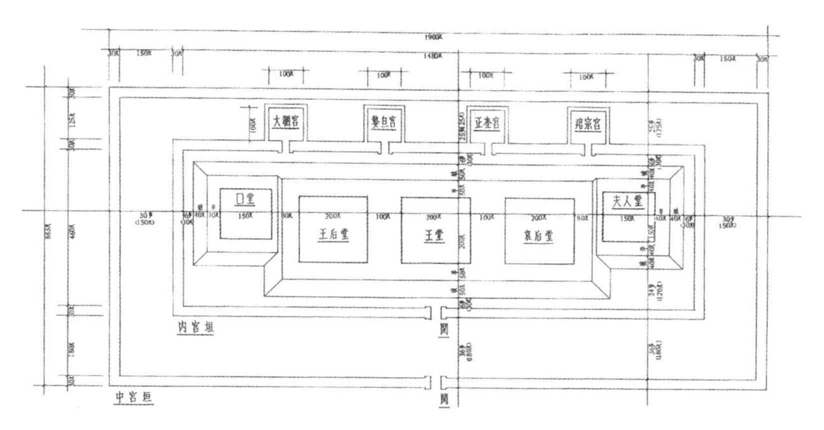

[그림 64] 담장 두께를 추가한 「조역도」

로서는 괜찮다. 핑산현 싼지공사三汲公社 동쪽의 중산국 영수성靈壽城은 성벽 두께가 27미터에 달한다. 중산릉 담장의 두께 30척은 6.5~7.5미터로, 영수성 성벽 두께의 4분의 1에 불과하다. 이는 능원과 도성의 성격과 규모가 다르고 방어상의 요구 역시 다르기 때문이다.

그렇다면 「조역도」에서는 왜 당堂과 무덤丘의 치수만 표시하고 담장의 두께는 표시하지 않았을까? 당과 무덤은 구체적인 설계가 필요했으므로 명확히 표시해야 했던 반면, 담장은 규격화된 방법을 썼기 때문에 그것이 어떤 종류의 담장인지만 명시하면 당시의 장인들이 그 방법을 알았으므로 설명할 필요가 없었다. 이는 고대 기술 서적에서 단독적인 사례가 결코 아니다. 『영조법식』에서도 당시에 누구나 다 아는 것들은 조문條文에 넣지 않았는데 지금에 와서는 도리어 연구의 난제가 되어 많은 조문과 실례를 통해서 유추해내야만 한다.

즉 동판 도형의 바깥 윤곽은 아마도 정확할 것이다. 동판에 표시된 치수에 근거하고 이와 더불어 추산해낸 담장 4개의 두께를 추가하여 비례에 따라 제도하면, 바깥 윤곽 길이의 비는 동판 도형의 것과 일치한다.(그림 64) 동판의 내궁원과 무덤墳丘 도형의 경우, 대각선을 그리는 방법에 근거하여 그것들을 치수에 따라 그려진 도형과 비교해보면 닮은꼴이 아닌데, 이는 내궁원과 무덤이 비례에 따라 엄밀하게 그려진 것이 아님을 말해준다.

2. 왕당

「조역도」의 각 묘는 모두 '당堂'으로 표시되어 있다. 그중 중산왕 착의 묘는 이미 발굴되었는데, 바로 1호묘 봉토 위의 회랑 안쪽 부분이다. 이로써 유적에 근거해서 1호묘 위 건축의 형상과 구조를 연구할 수 있게 되었다.

발굴 브리핑에 따르면 1호묘의 봉토는 주변 평지보다 15미터 높고 평면은 정사각형이며 아래에서 위로 3층의 계단식 구조다. 제1층의 내측에는 자갈을 쌓아 만든 산수散水[184]가 있는데, 그 너비는 1.1미터다. 제2층에는 회랑 건축 유적이 있다. 회랑의 후벽後壁이 바로 중심 봉토의 대벽臺壁인데, 대臺는 방형이며 각 면의 너비는 44미터다. 대 위의 벽주壁柱는 바로 회랑 후벽의 벽주인데, 벽주에서 남쪽 회랑까지의 거리는 3.34미터고 동쪽 및 서쪽 회랑까지의 거리는 각각 3.6미터다. 회랑 바깥 처마外檐의 첨주檐柱는 회랑 후벽의 벽주와 앞뒤로 마주하고 있다. 둘 사이의 거리는 3미터다. 즉 회랑의 진심進深은 3미터다. 이를 통해 회랑 각 면의 너비 44미터에 두 개 회랑의 진심을 더하면 50미터가 된다는 것을 유추

---

184 빗물이 건축물에 침투하는 것을 방지하기 위해 건축물 주위에 지면보다 약간 높게 돌을 두른 구조물이다. 산수散水의 경사면이 빗물을 신속히 밖으로 배출한다.

할 수 있다. 회랑 첨주의 중앙선에서 기단 가장자리까지의 너비는 1.3미터다. 즉 기단 가장자리를 포함한 회랑의 너비는 52.6미터다. 이렇게 해서 회랑의 3가지 치수를 알 수 있다. 즉 회랑 후벽을 기준으로 하면 44미터, 회랑 첨주 중앙선을 기준으로 하면 50미터, 기단 가장자리를 기준으로 하면 52.6미터다.[185] 기단과 산수 위에는 모두 기와 조각과 벽돌 부스러기가 쌓여 있는데, 서쪽 회랑의 경우에는 물고기 비늘 형태로 쌓여 있어서 그것이 기와지붕이었음을 증명한다.

회랑의 표고標高 역시 브리핑을 통해 추산할 수 있다. 브리핑에 따르면 봉토는 주위 평지보다 15미터 높은데, 묘실 상부에서 봉토 꼭대기까지의 거리는 9미터이고, 회랑 지면은 묘실 상부보다 0.44미터 높고, 회랑 바깥 산수는 회랑 지면보다 1.3미터 낮다. 만약 봉토 주위 지면의 표고가 0이라고 한다면 앞에 열거한 숫자들에 근거해서 다음과 같이 추산할 수 있다. 산수의 표고는 5.14미터, 회랑의 표고는 6.44미터, 봉토 꼭대기의 표고는 15미터, 회랑 지면에서 봉토 꼭대기까지의 거리는 8.56미터다.

「조역도」에 따르면 왕릉의 무덤 중심에 왕당이 있는데, 회랑 안쪽에 이처럼 높은 봉토가 있다는 것은 회랑을 포함한 전체 왕당이 땅을 다져 만든 항토대夯土臺를 기반으로 삼은 대사臺榭[186] 건축임을 증명한다. 즉 회랑 안쪽의 8.56미터 높이의 다진 흙은 무덤의 봉토가 아니라 대사 건축의 항토대다.

춘추 및 전국 시대는 바로 대사 건축이 성행했던 시대다. 대사 건축이

185 [그림 66]을 참고하면 된다.

186 대臺는 흙을 다져 만든 높은 돈대이고, 대 위의 목구조 건축이 사榭다. 양자를 합해 '대사臺榭'라고 칭한다.

등장하고 성행한 이유는 다양하다. 건축 기술만 놓고 말하자면, 당시에는 목구조 기술이 그다지 발달하지 않아 당·송 이후처럼 거대한 규모의 목구조 전각殿閣을 세울 수준만큼 성숙하지 않았다. 우연히 개별 목구조 건축을 짓는 게 가능하더라도 기술적으로 여전히 어려움이 있었고 그다지 견고하지 않았다. 대부분의 목구조 건축은 흙벽이나 흙을 다진 돈대에 의지해서 구조의 안정성을 유지하거나 흙과 나무의 혼합 구조였다.

이런 상황에서 삶을 향유하고 거대한 건축에 기대어 권세를 부각하고 스스로를 지키고자 하는 통치자의 수요를 만족시키기 위해서는 작은 것을 쌓아 큰 것이 되게 하는 방법을 채택할 수밖에 없었다. 즉 먼저 흙을 다져서 높고 큰 계단 형태의 항토대를 만들고 이 항토대 위에 건축물을 한 층씩 쌓아올렸다. 이렇게 항토대를 바탕으로 작은 건축물을 쌓아올림으로써 외관상 다층 누각으로 보이는 거대한 건축 규모를 빚어냈다. 선진先秦 시대의 역사 자료 중에는 대를 건설한 기록이 많다. 현재 소량의 대사 유적은 이미 탐사와 발굴을 마쳤다. 산시山西 허우마시侯馬市의 뉴촌牛村 고성古城, 연燕나라의 하도下都, 진秦나라의 함양궁咸陽宮이 그 예다. 그 건축 형태와 구조는 전국 시대 청동기에도 표현되어 있는데, 허난 후이현輝縣 자오구진趙固鎮, 산시山西 창즈長治 펀수이링分水嶺, 장쑤 류허六合에서 출토된 청동기 잔편殘片에 새겨진 내용이 그 예다.[187]

---

187 산시성문물관리위원회山西省文物管理委員會, 「산시 창즈시 펀수이링 고묘의 정리山西長治市分水嶺古墓的淸理」, 『고고학보考古學報』, 1957년 제1기. 오산징吳山菁, 「장쑤 류허현 허런의 동주 시대 묘江蘇六合縣和仁東周墓」, 『고고考古』, 1977년 제5기. 중국과학원고고연구소中國科學院考古硏究所, 『후이현 발굴 보고輝縣發掘報告』, 제3편 '자오구구趙固區', 과학출판사, 1956. 마청위안馬承源, 「전국 시대 청동기상의 화상에 대해 말하다漫談戰國靑銅器上的畫像」, 『문물文物』, 1961년 제10기. —저자 주

1호묘 왕당의 건설 연대는 진나라 함양궁 1호 궁터와 유사하다. 함양궁 1호 궁터는 대사 건축이다. 그 구조와 방식은 왕당 건축을 연구하는 데 참고가 된다.[188]

묘 위에 당을 세우는 묘장 제도의 측면에서 말하자면, 1호묘 왕당 건축은 후이현 구웨이촌固圍村의 전국 시대 3기의 큰 묘와 비슷하다. 후이현 자오구진에서 출토된 전국 시대 청동 거울에 새겨진 건축 형상은 왕당의 외형과 목구조를 이해하는 데 중요한 참고 가치를 지닌다. 청동 거울의 건축도를 자세히 분석한 결과, 청동 거울에 새겨진 것은 실제로 대사臺榭다. 1층으로 된 항토대가 중심에 있으며 주위는 회랑으로 둘러싸여 있다. 대의 상부 중앙에 커다란 도주都柱 즉 중심 기둥이 있고 기둥 아래에 주춧돌이 있으며 중심 기둥 양측에 각각 보조 기둥輔柱이 1개씩 있다(건축은 정사각형으로 추정된다. 그렇다면 보조 기둥은 실제로 4개일 것이다. 가운데의 중심 기둥 1개와 양측의 보조 기둥 4개가 매화 형태를 나타낸다).

대사 전체는 항토대, 중심 기둥, 보조 기둥을 골간으로 하며 위쪽에 2층 건물이 세워져 있다. 항토대 주위의 저층 회랑을 계산에 넣는다면 외관상 3층으로 보인다. 맨 위층의 건축이 당堂이다. 당 중간의 비교적 높은 기둥 4개는 당의 내주內柱이며, 양측에 비교적 작은 기둥이 2개씩 있는 곳이 바로 당의 바깥을 에워싼 회랑이다. 당의 아래쪽 목구조 부분에 보의 단면이 그려져 있고 회랑 바깥쪽에 난간으로 둘러싸인 테라스가 있다. 가운데 층에도 회랑이 있는데 위쪽에는 요첨腰檐이 밖으로 나와 있고

---

188 진나라 수도 셴양 고고 공작소秦都咸陽考古工作站, 『진나라 수도 셴양의 제1호 궁전 건축 유지에 대한 브리핑秦都咸陽第一號宮殿建築遺址簡報」, 『문물』, 1976년 제11기.—저자 주

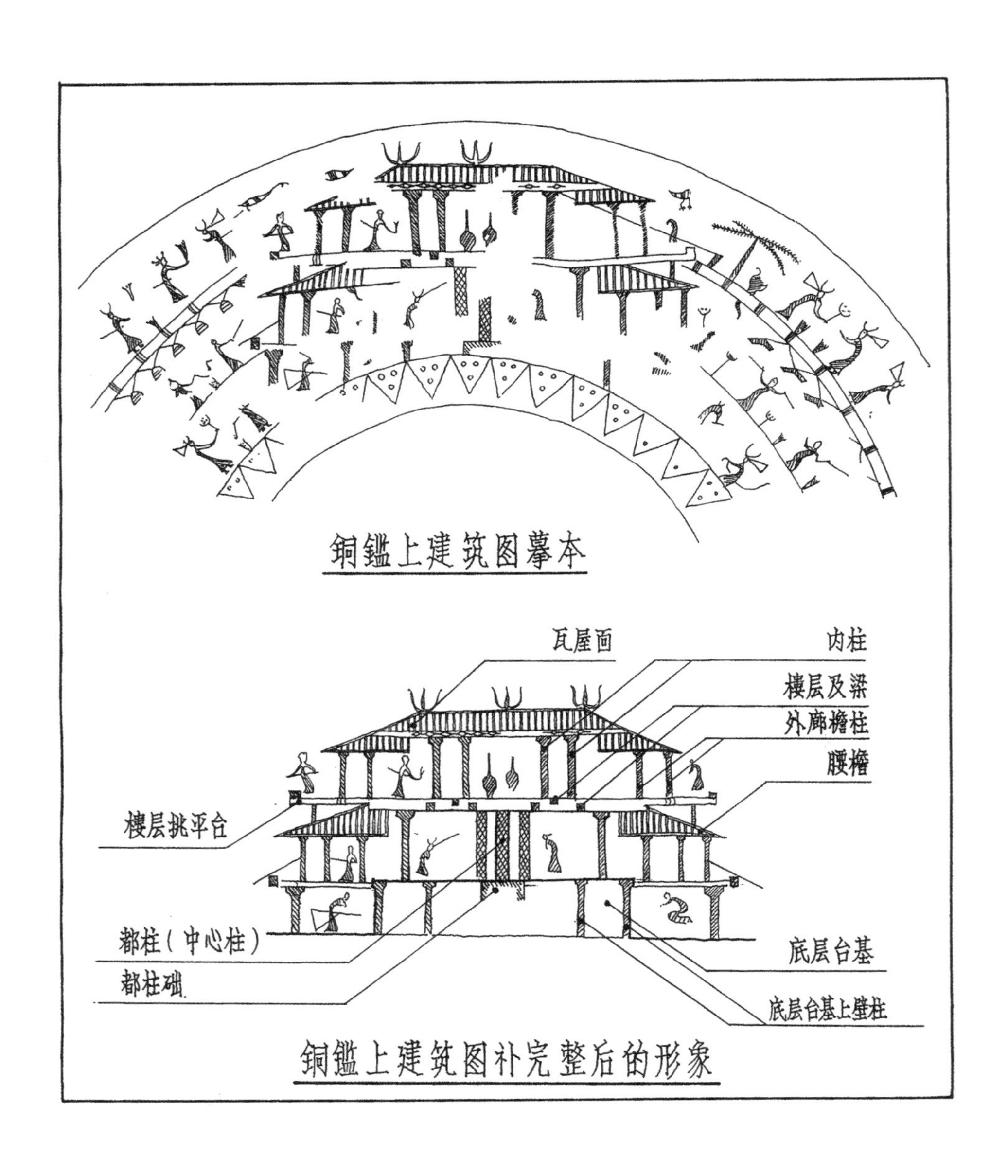

[그림 65] 후이현에서 출토된 전국 시대 청동 거울의 건축도

아래쪽에는 테라스와 난간이 있다. 저층의 경우, 항토대 사면의 벽에 벽주壁柱가 있고 바깥은 회랑으로 둘러싸여 있다. 저층 회랑에는 요첨이 없으며 첨주檐柱가 위쪽 2층 회랑의 마루판과 테라스와 난간을 받치고 있다.(그림 65) 이상의 참고 자료에 근거해서 왕당 건축의 결구結構와 구조에 대하여 대략적으로 추측할 수 있다.

1호묘 왕당은 전체 대사 건축에서 가장 아래층 건축 유지만 보존되어 있다. 바로 브리핑에서 말한 회랑이다. 이상의 내용을 종합하면 다음과 같이 유추할 수 있다. 회랑은 산수散水보다 1.3미터 높은 항토대 위에 세워졌으며 회랑 각 면의 길이는 50미터다. 남쪽 회랑의 각 칸 너비는 3.34미터, 동·서 회랑의 각 칸 너비는 3.6미터, 회랑의 진심進深은 3미터다. 대벽臺壁을 등지고 있으며 편경사 기와지붕을 얹었다.

회랑 유지에서 또 주목할 만한 게 있는데, 바로 앞쪽의 첨주와 후벽의 벽주가 앞뒤로 대응한다는 것이다. 이것은 진나라 함양궁 1호 궁전 유지의 하층 낭무廊廡 첨주와 후벽 벽주가 서로 대응하지 않는 상황과 다르다. 이러한 차이는 결구 방법의 차이를 반영하는 것일 수 있다. 함양궁의 상황은, 그 결구 방법이 명·청 시대의 배량扒梁과 유사하게 첨주의 주열柱列에 도리를 얹고 도리 위에 다시 보를 얹는 방식이었을 것임을 말해준다. 이때 보는 기둥 사이에도 얹을 수 있으며 반드시 기둥머리柱頭에만 얹는 것은 아니었다. 1호묘 왕당 회랑의 경우에는 먼저 앞뒤 기둥 사이에 보를 얹고 보가 도리를 받치는 방식이었을 것이다. 목구조의 발전 순서라는 측면에서 보자면 이것은 진보다.

이상은 회랑 유지에 근거해서 정확히 알 수 있는 회랑의 상황이다.

회랑 위쪽의 상층 대면臺面의 건축 상황과 관련해서는, 유지의 표면이 파괴되고 경사가 있으며 대면과 건축 유적이 남아 있지 않은 탓에 구체적으로 복원할 방법이 없다. 다만 참고 자료에 근거해서 과연 어떤 형태였을지 다음과 같이 대략적으로 추측할 수밖에 없다.

앞에서 이미 추산했듯이 회랑 지면에서 항토대 꼭대기까지는 8.56미터다. 2000여 년 동안의 파괴를 감안한다면 원래의 대는 아마 이보다 조금 더 높았을 것이다. 이 대의 형식으로는 다음 두 가지가 가능할 것으로 추정된다.

(1) 대벽臺壁의 벽면은 약간 경사진 상태로 대의 꼭대기까지 이어지고 대 위에 당을 세워, 전체 대사 건축은 회랑과 당의 두 층으로 구성된다.(그림 66-1)

(2) 대벽의 중간 한 구역이 뒤쪽으로 들어가고 테라스 한 층이 더해져 전체 대사 건축은 세 층으로 구성된다. 아래 두 층은 회랑이고 대의 꼭대기가 당이다.(그림 66-2, 66-3)

발굴 전 봉토의 외관을 통해 볼 때, 경사가 비교적 가파르지 않은 비탈진 형태의 대였을 것이다.(그림 67) 진나라 함양궁 1호 유지를 참조하자면, 함양궁 1호 유지의 6실六室 후벽에 대들보 흔적이 있는데 보의 아랫면에서 6실의 지면까지 2.9미터로, 보의 높이와 바닥 두께를 더한다 하더라도 지면으로부터 측정한 상층과 하층의 높이차는 3.5~4미터 사이다. 이에 근거해서 추정하면 1호묘의 경우, 1층 회랑 지면에서 대 꼭대기까지의 8.56미터 사이에 제2층의 테라스와 회랑을 수용할 수 있다. 세 층으로 구성된 대사의 추측도에 따르면, 저층 회랑의 지붕은 편경사 기와지붕이므로 2층 회랑은 함양궁 1호 유지의 6실처럼 고도의 제한을 받아 평지붕에 요첨을 더하는 방식이었을 것이다.

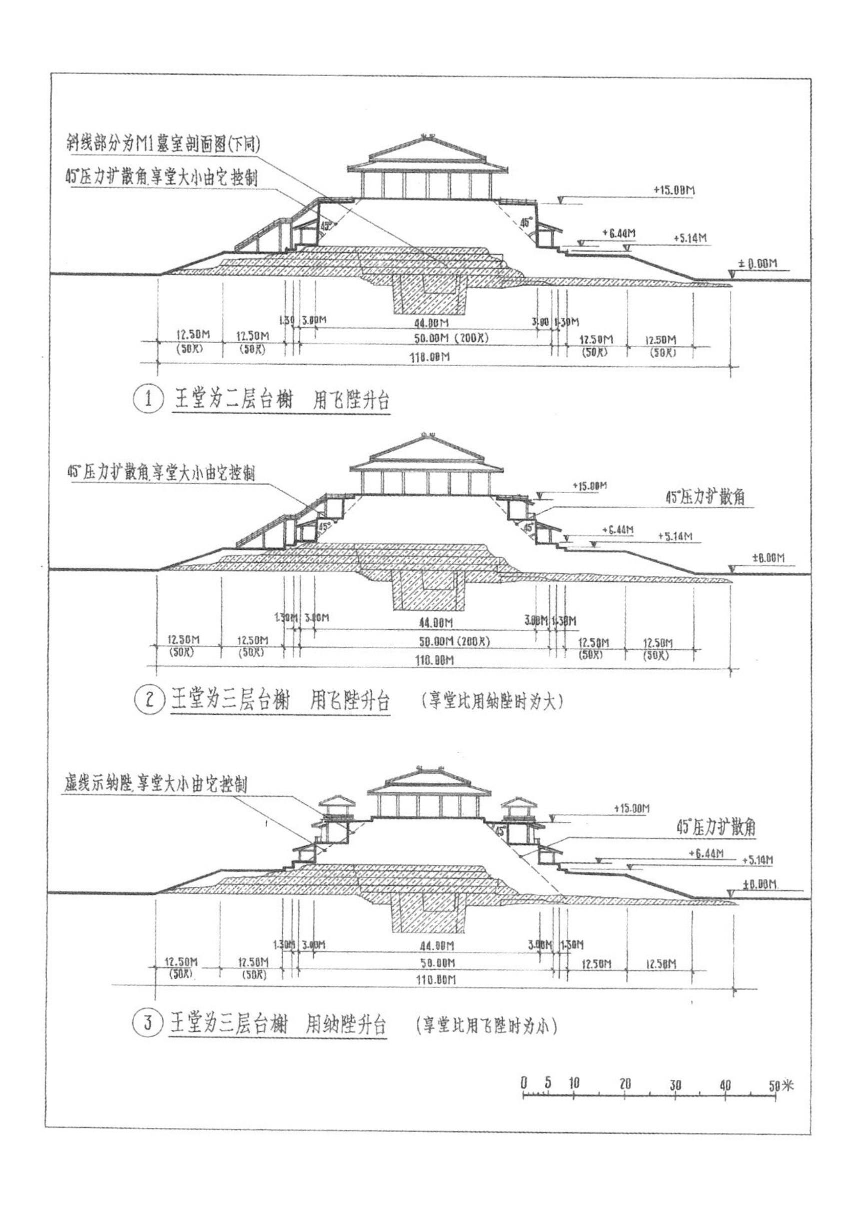

[그림 66] 대사의 층수 및 대 꼭대기 당의 형태에 대한 추측도

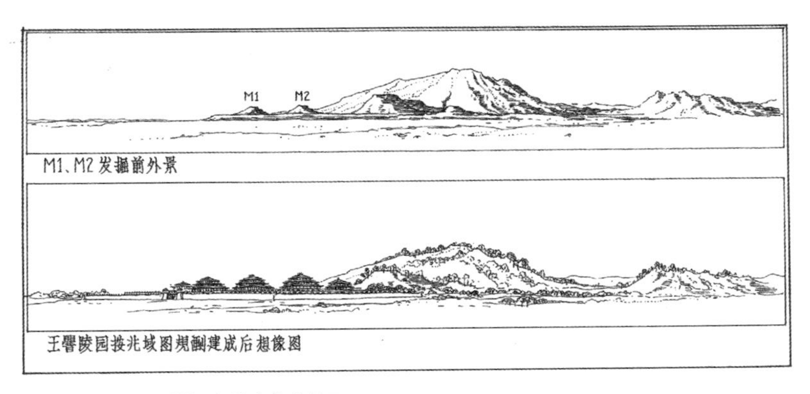

[그림 67] 1호묘 현황 및 원상태 추측도

「조역도」에 그려진 왕당과 1호묘 회랑 유지는 모두 방형이다. 따라서 대의 꼭대기와 그 위에 세워진 당 역시 정사각형이어야 한다. 당의 크기와 형태는 다음과 같이 몇 가지로 추측할 수 있다.

(1) 당의 크기

대의 꼭대기 위에 자리한 당의 크기는 무엇보다도 대의 높이와 관계가 있다. 항토대 꼭대기에 건물을 지을 때는 항토대의 압력확산각壓力擴散角을 고려해야 하므로 대의 가장자리에 너무 가깝게 자리할 수 없다. 일반적으로 대의 기단부에서 내향 상방으로 45도의 선을 그으면 한 점에서 대면과 교차하게 된다. 대의 꼭대기에 세운 대형 건축물은 이 점의 안쪽에 자리해야만 대의 가장자리가 압력을 받아 붕괴하는 상황을 피할 수 있다. 즉 대의 꼭대기에 세운 건축물의 첨주와 대 기단부의 수평 거리는 대체로 대의 높이와 같아야만 안전하다. 1호묘 대의 경우, 대의 꼭대기 건축의 최대 치수는 대의 바닥 너비 44미터에서 대 높이 8.56미터의 두 배를 뺀 27미터 가량이다. 물론 더 크게 만드는 게 절대로 불가능한 것은 아니지만 그럴 경우에는 대의 가장자리에 보강 조치를 취하거나 건축물의 첨주를 대에 비교적 깊이 박아서 45도의 선 안쪽에 자리하게 해야 한다. 1호묘 형태에 대한 추측도에서 알 수 있듯이, 세 층으로 이루어진 대사 건축이라 하더라도 제2층 대의 기단부가 45도 선상에 있을 경우에는 대 꼭대기 건축이 두 층으로 이루어진 대사의 건축만큼 클 수도 있다.

대 꼭대기 당의 크기는 대의 꼭대기로 올라가는 방식과도 관계가 있다. 앞에서 언급한 전국 시대 청동기에 나타난 건축 형상을 통해 볼 때 계단은 모두 직선 형태이고, 꺾어지며 돌아간 형태의 흔적은 보이지 않는다. 중국 고대 건축은 모두 아래에 기단이 있고 기단 상부가 바로 가옥의 지면으로, 기단 위에 기둥을 세우고 가옥을 짓는다. 이 기단으로 올라가는 계단을 '계階'라고 한다. 중요한 전당殿堂은 종종 비교적 높고 큰 대 위에 건설되었다.

대는 한 층 또는 여러 층인데, 전당 자체의 기단은 이 대의 윗면에 세운다. 저층의 높은 대로 올라가는 계단을 '폐陛'라고 한다. 1호묘 유지의 경우, 대 꼭대기로 올라가는 계단이 '폐'다. 『안자춘추晏子春秋』에서는 "제나라 경공이 노침路寢[189]의 대를 오르는데 끝까지 올라가지 못한 채 폐에서 쉬었다景公登路寢之臺, 不能終, 而息乎陛"라고 했다. 채옹蔡邕의 『독단獨斷』에서는 이렇게 말했다. "'폐'는 계단이다. 폐를 통해 당으로 올라간다. 천자에게는 반드시 근신이 있어 병기를 들고 계단 옆에 늘어서 근심이 없도록 경계한다.陛, 階也, 所由昇堂也. 天子必有近臣, 執兵陳於陛側, 以戒不虞." 『설문해자說文解字』에서는 "'폐'는 높은 곳을 올라가는 계단이다陛, 昇高階也"라고 했다. 문헌과 실례를 통해 볼 때 '폐'의 형태에는 적어도 두 가지가 있다

189 천자와 제후의 정청正廳을 말한다.

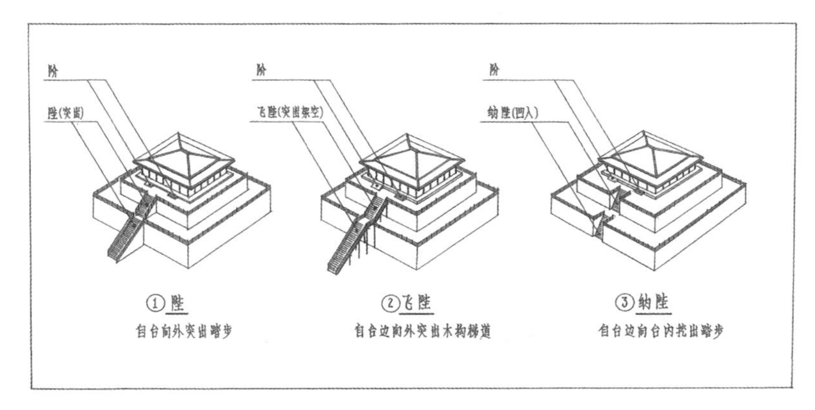

[그림 68] '폐'의 몇 가지 형태

하나는 대 꼭대기 가장자리에서 바깥쪽으로 돌출된 형태로, 가장 흔한 방식이다.(그림 68) 흙을 쌓아 만든 경사로일 수도 있고 기둥으로 받쳐 공중에 뜨게 설치한 나무 사다리 형태의 길일 수도 있다. 거대한 나무 사다리 형태의 길을 '비폐飛陛'라고도 한다. 왕문고王文考의 「노영광전부魯靈光殿賦」에서는 "비폐가 높이 솟았으니, 밟고 올라가면 구름을 타고 위로 올라가는 듯하네飛陛揭孼, 緣雲上征"라고 했다. 하안何晏의 「경복전부景福殿賦」에서는 "부계가 공중을 나는 듯하네浮階乘虛"라고 했는데, 주注에서 "부계는 비폐다浮階, 飛陛也"라고 했다. 좌사左思의 「위도부魏都賦」에서는 "비폐에 올라 수레를 타고 곧장 서쪽으로 가네飛陛方輦而徑西"라고 했다. 『의훈義訓』에서는 "각도를 일러 비폐라고 한다閣道謂之飛陛"라고 했다. 이상의 기록을 '비폐'에 대한 증거로 삼을 수 있다. '구름을 타고 위로 올라가는 듯하다' '공중을 나는 듯하다'와 같은 묘사를 통해 비폐가 매우 높은 대로 올라갈 수 있는 계단임을 알 수 있다.

'폐'의 또 다른 형태는 대의 기단부에서 대의 몸체臺身 안쪽으로 계단을 파내어 대의 안쪽에서 위로 올라가는 것으로, '납폐納陛'라고 부른다. 『한서漢書』「왕망전王莽傳」의 기록에 따르면 왕망에게 구석九錫[190]을 더한 뒤 그의 저택 및 조부와 부친의 묘墓와 묘침廟寢에 모두 주호朱户[191]와 납폐를 할 수 있었다祖禰墓及寢皆爲朱户納陛"고 한다. 여기에 나오는 '납폐'에 대하여 주注에서는 다음과 같이 설명했다. "여순如淳이 이르길 '전의 기단을 깎아 계단을 만든 것으로, 양쪽에 측면이 있어서 오르내리기에 안전하다刻殿基以爲陛, 有兩旁, 上下安也'라고 했다. 맹강孟康이 이르길 '납納은 내內다. 전의 기단을 파서 만든 계단을 말하는데, 노출되지 않도록 하는 것이다納, 內也. 謂鑿殿基際爲陛, 不使露也'라고 했다. 안사고顔師古가 이르길 '맹강의 말이 맞다. 존귀한 자는 노출되지 않고 계단을 오르고자 하기 때문에 계단을 건물의 가운데霤下[192]로 들어가게 만들었다孟說是也. 尊者不欲露而昇陛, 故內之於霤下也'라고 했다."

이상의 인용문을 통해 알 수 있듯이, '납폐'는 일반적인 '폐' 또는 '비폐'와 상반되게 계단이 대 꼭대기 가장자리를 향해 밖으로 돌출되어 있지 않고 대의 기단부에서 안쪽을 향해 비스듬하게 길을 깎아 계단을 만들었다. 밖으로 돌출된 '비폐'의 좌우가 공중에 난간만 있는 것과 달리

---

190 공로가 큰 신하에게 천자가 하사하던 9가지 물품으로, 최고의 예우를 상징한다. 구석九錫에 해당하는 9가지 물품은 거마車馬·의복·악현樂懸·주호朱户·납폐納陛·호분虎賁·부월斧越·궁시弓矢·거창秬鬯이다.

191 대문에 붉은 옻칠을 하는 것을 '주호朱户'라고 한다.

192 '유하霤下'는 빗물이 떨어지는 곳으로, 가옥의 중앙을 가리킨다. 『석명釋名』「석궁실釋宮室」에서는 유霤를 집의 중앙이라고 하면서 "고대에 빗물이 흘러내리는 곳이다古者霤下之處也"라고 했다. 또한 '중류中霤'에 대해 설명하면서 "중앙을 일러 중류라고 한다中央謂之中霤"라고 했다. 『석명』에 따르면 빗물이 떨어지는 곳이 집의 가운데가 되는 것은 상고시대 혈거穴居 생활의 반영이다.

'납폐'의 양측에는 대벽이 있기 때문에 "양쪽에 측면이 있어서 오르내리기에 안전하다"라고 말한 것이다. 또 '폐'와 '비폐'처럼 노천 형태가 아니라서 납폐의 윗면에는 낭무廊廡가 있을 수 있으므로 "계단을 건물의 가운데로 들어가게 만들었다"라고 말한 것이다.

1호묘 왕당 유지의 경우, 대로 올라가는 길이 '납폐'인지 '비폐'인지는 (흙을 쌓아 만든 경사로일 가능성은 없는데, 왕당 유지에 그런 흔적이 없기 때문이다) 대 꼭대기에 자리한 당의 크기와 밀접한 관계가 있다. 만약 '비폐'라면 당의 최대 치수는 45도 압력확산각에 의해 제어된 27(미터)×27(미터)다. 만약 '납폐'라면 경사도가 45도보다는 완만하고 당의 크기는 '납폐'의 경사도에 의해 제어된다. 제도製圖한 결과, '납폐'의 경사도가 40도에 가깝더라도 당의 진심進深과 면활面闊은 20미터를 넘을 수 없다. '납폐'를 사용했을 때 당의 면적은 '비폐'를 사용했을 때보다 약 1배 정도 작다.

유지 상부의 상황이 불명확하기 때문에 현재로서는 대체 어떻게 위로 올라갔는지 확정할 수가 없다. 『한서』「왕망전」의 기록은 한나라 때 '납폐'의 방식과 격식이 '비폐'보다 높은 등급이었음을 말해준다. 전국 시대 역시 그렇다고 한다면 당의 계단이 '납폐'일 가능성이 더 커진다.

(2) 당의 칸수

지금까지 발견된 한나라 이전의 건축이 대부분 짝수인 상황에 비추어 본다면 그 당은 면활面闊과 진심進深이 각각 6칸이었을 것이다. 중산국 1호묘의 묘실은 6개의 벽주壁柱에 면활과 진심이 각각 5칸이므로 당 역시 면활과 진심이 각각 5칸이었을 것이다. 칸수는 당의 크기와 관계가 있다. 만약 '비폐'라면 면활은 27미터, 즉 6칸일 것이다. 만약 '납폐'라면 면활은 단지 20미터, 즉 5칸일 것이다.

[그림 69] 전국 시대 동잔의 건축 도상

(3) 당의 구조

현재 파악된 전국 시대 건축 구조의 특성에 근거해볼 때 1호묘 왕당의 구조는 다음 몇 가지 가능성이 있다고 추정된다. 하나는 진나라 함양궁 1호 유지의 1실처럼 사방은 내력벽으로 둘러싸여 있고 가운데는 도주都柱(중심 기둥)를 사용한 방식이다. 다른 하나는 후이현 자오구진에서 출토된 청동 거울에 새겨진 대사의 꼭대기 층처럼 당 안에는 비교적 높은 기둥을 여러 줄 배열하고 주위에 회랑을 더한 방식이다. 지붕 형식은 중간의 용마루가 매우 짧은 우진각지붕일 것이다. 하지만 상하이 박물관에 소장된 전국 시대 동잔의 건축도처럼 지붕 가운데는 평평하고 둘레는 경사가 진 기와지붕일 가능성, 즉 원·명 시대 녹정盝頂[193] 형태일 가능

193 4개의 지붕마루로 둘러싸인 평지붕의 아래쪽에 우진각지붕이 연결된 형태의 지붕이다.

성도 배제할 수 없다.(그림 69)

왕당 건축의 구조와 세부 방식에 대해서는 1호묘에서 출토된 문물을 통해 단서를 얻을 수 있다.

1호 유지에서 출토된 대량의 기와 중에서 판와板瓦는 길이 92센티미터, 폭 55센티미터, 오목하게 들어간 곳의 높이가 약 15.5센티미터다. 기와못과 둥근 와당이 있는 통와筒瓦는 길이 90센티미터, 폭(직경) 23센티미터다. 이런 기와를 지붕에 덮으려면 지붕에 바르는 흙의 두께가 기와못 길이보다 길어야 하며, 여기에다 두 장의 판와가 서로 만나는 곳의 두께 15.5센티미터의 진흙 및 통와 아래의 진흙까지 더하면 지붕 무게가 상당히 나간다. 이를 통해 유추할 수 있듯이, 건축의 보·도리·기둥의 단면은 비교적 굵을 것이므로 반드시 촉과 홈을 이용해 결합해야 한다. 중산국의 여러 묘에서 출토된 건축 뼈대의 연결 부품 및 기타 청동 부재를 통해 보면 당시에 이미 메뚜기장이음, 나비장이음, 촉이음 등을 사용했으므로 목구조에 촉과 홈을 이용하는 것은 기술상 문제가 되지 않았다.(그림 70)

1호묘에서 출토된 사룡사봉방안四龍四鳳方案에는 공포의 형태가 있다. 네 마리 용과 네 마리 봉황이 휘감겨 받침대를 이루고 있으며, 네 귀퉁이는 용머리가 45도로 나와 있다. 용머리 위에는 원형의 동자주蜀柱가 있고 동자주 위에는 주두가 있으며 주두 위에는 45도 각도의 귀한대[194]가 있다. 귀한대의 양끝에 각각 원형의 동자주가 또 있고 동자주 위에는 소로가 놓여 있으며 소로 위에는 방枋이 있다. 사면의 방枋 4개가 네모 틀을 구성하고 그 틀 안쪽에 판을 끼워 넣어 탁자 상판으로 삼았다.(그림

194 건물 모퉁이에 세운 귀기둥 위 제공에 45도 각도로 얹은 살미를 말한다.

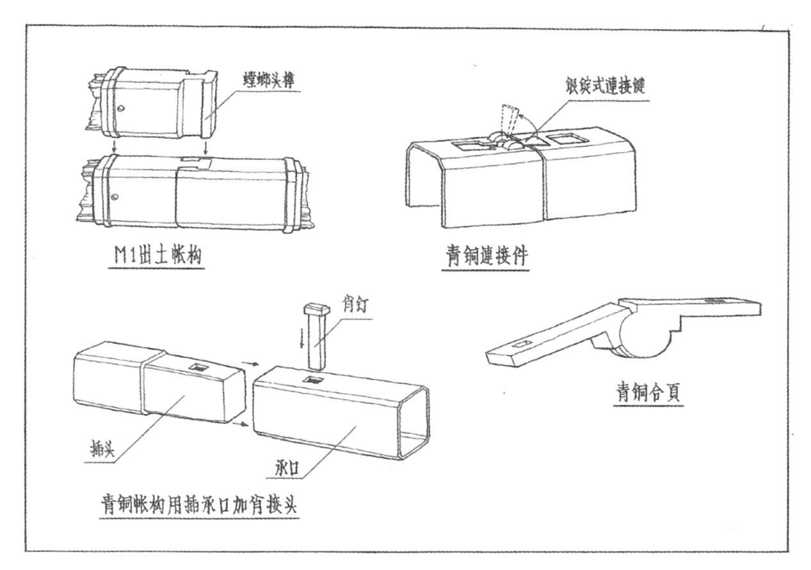

[그림 70] 중산국 무덤에서 출토된 청동 부재의 결합 형식

71-①) 이 탁자의 받침대 위쪽 부분은 실제로, 사면에 처마가 나온 건축물의 처마 밑을 받치는 캔틸레버 구조다. 네 귀퉁이에 비스듬히 밖으로 뻗은 용머리는 각주角柱 기둥몸柱身에서 45도 각도로 돌출된 삽공插栱[195]에 해당하는데, 삽공 위에 동자주를 세워 주두·귀한대·소로·첨방檐枋[196]을 받쳤다.

이러한 공포 방식은 후한 시대 명기明器에 자주 보이는데, 베이징 순이

---

195 첨차를 기둥에 삽입하여 기둥과 두공이 일체가 되도록 만드는 건축 양식을 가리킨다. 일본에서는 대불 양식大佛樣(다이부츠요) 또는 천축 양식天竺樣(덴지구요)이라고 한다.

196 첨주檐柱 위의 액방額枋을 가리킨다. 기둥머리에 놓이는 수평 연결 부재인 액방은 두공 및 가로 방향의 보를 받치는 역할을 한다.

順義 린허촌臨河村 후한 시대 무덤에서 출토된 채색 도루陶樓의 제4층 처마와 허난 링바오靈寶에서 출토된 후한 시대 도루의 망루 처마 아래가 모두 그렇다.(그림 71-②, 71-③) 특히 링바오의 도루는 45도 각도의 삽공 역시 용머리 형태로 되어 있으며 그 위에 동자주까지 있어서 사룡사봉방안의 공포 형식과 완전히 같다. 이밖에도 후한 시대 화상석에서는 우진각지붕四阿頂[197] 또는 모임지붕의 방정方亭을 하나의 각주角柱가 일두이승一斗二升[198]의 공포를 받치고 있는 형태로 그렸다. 이는 사룡사봉방안 방식의 정투영도인데, 단지 삽공을 사용하지 않고 주두와 귀한대를 각주에 직접 연결했을 따름이다.(그림 71-④) 과거에는 이것이 후한 시대에 유행한 양식이라고 여겼다. 사룡사봉방안의 출토로 이러한 양식의 연대를 400여 년 앞당겼다.

사룡사봉방안 공포의 첨차 몸체는 곡선이고, 첨차 머리는 방과 평행하도록 끝을 수직으로 깎아내렸으며, 주두 아래에 굽과 굽받침이 있는 상황을 통해 볼 때 당시에 이미 공포를 제작하는 성숙한 방식과 예술적 가공이 존재했음을 알 수 있다. 이는 공포가 출현한 때가 당시보다 훨씬 이전임을 말해준다. 이로써 전국 시대 건축의 구조 및 공포의 발전에 대해 과거와 달리 새롭게 인식하게 된다. 사룡사봉방안에 근거한다면, 왕당 건축의 캔틸레버 구조가 기본적으로 이와 같았다고 여길 충분한 이유가 있다. 이러한 공포 양식의 가장 큰 특징은 기둥몸에서 돌출된 캔틸레버가 처마도리를 지지한다는 것이다. 이는 후대의 공포와 달리 기둥머리에

---

197 4개의 추녀마루가 동마루에 몰려 붙어 있는 지붕으로, 사아정四阿頂·오척정五脊頂·무전정廡殿頂 등으로 불린다.

198 1개의 첨차 위에 2개의 소로가 놓인 공포 형태다.

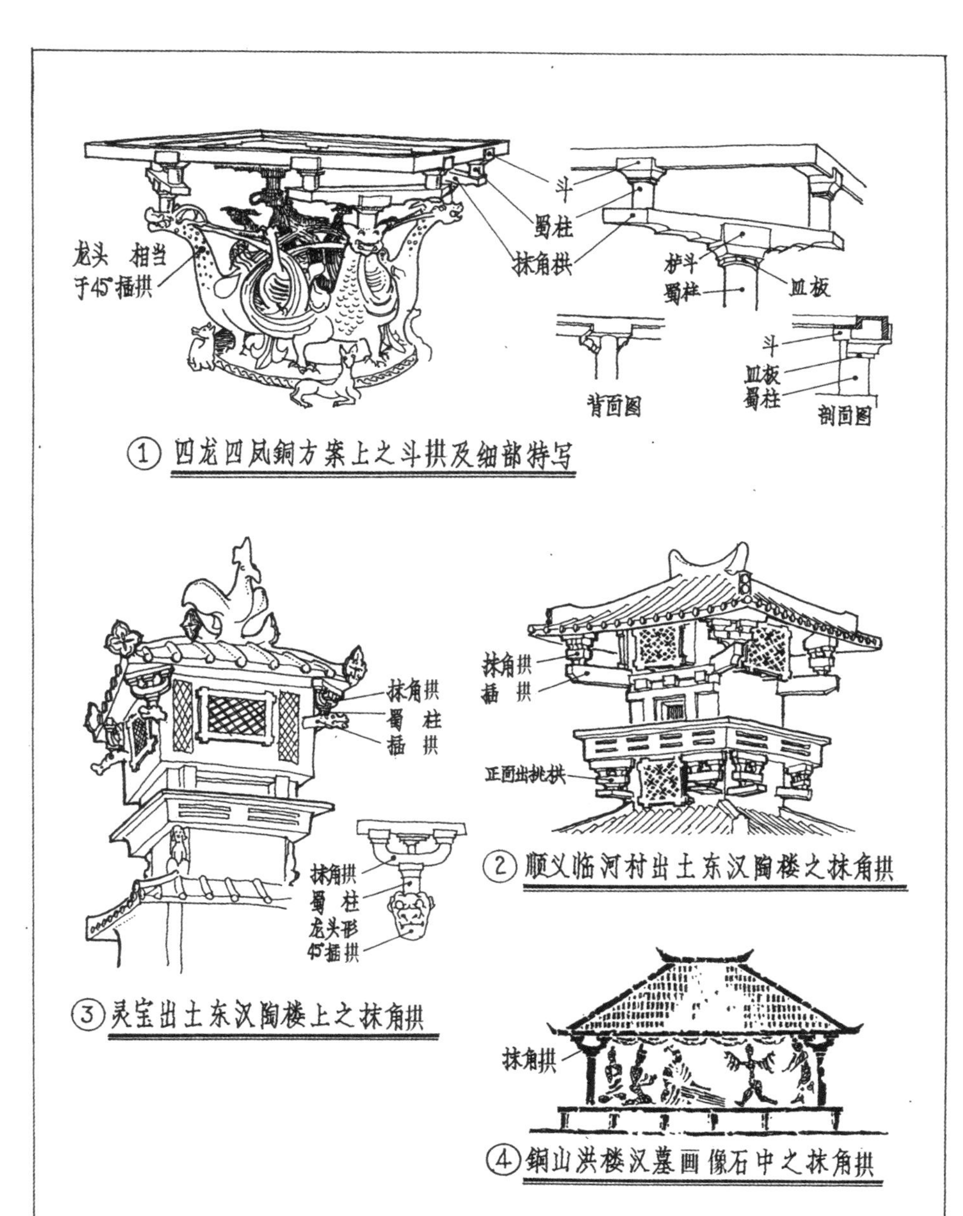

[그림 71] 전국 시대부터 한나라까지의 공포 형태

사용하지 않으며 기둥머리 위의 액방·도리·보 등의 부재와 이어져 있지도 않다.

왕당 건축의 크기와 형태에 대한 이상의 다양한 추측을 종합하면 대체로 3가지 다른 형식의 왕당에 대한 상상도를 그릴 수 있다.

첫 번째는 왕당이 두 층으로 이루어진 대사 건축으로, 대의 꼭대기에 있는 당은 면활이 6칸이고, 우진각지붕 형태다.(그림 72)

두 번째는 왕당이 세 층으로 이루어진 대사 건축으로, 비폐를 통해 대에 올라가는 형태다.(그림 73) 이때 대의 꼭대기에 있는 당의 크기와 형태는 기본적으로 두 층으로 이루어진 대사 건축과 기본적으로 같다.

세 번째는 왕당이 세 층으로 이루어진 대사 건축으로, 납폐를 통해 대에 올라가는 형태다. 이때 대의 꼭대기에 있는 당의 크기는 앞의 두 경우보다 작은데, 면활은 5칸이다.

이상의 3가지 상상도 중에서 납폐를 이용하는 경우는 비교적 복잡한데, 앞에서 논의하는 과정에서 단면 상상도[199]를 통해 기술상 가능성을 검토한 바 있다.(그림 74)

이밖에도 왕당이 세 층으로 이루어진 대사 건축일 경우, 2층 회랑은 직랑直廊일 것이다. 여기에 더해 전한 시대 명당과 왕망王莽 구묘九廟처럼 회랑의 네 모서리에 각돈角墩이 추가되었을 가능성도 완전히 배제할 수는 없다. 왜냐면 구조상 각돈은 상층 대의 네 귀퉁이를 견고히 하기 위한 것이기 때문이다. 또 각돈은 해당 층의 각 면에 자리한 회랑을 모서리

199 [그림 66]을 참고하면 된다.

의 양쪽 끝에서 지지함으로써 흙을 다져 만든 돈대夯土墩 속으로 회랑의 왼쪽·오른쪽·뒤쪽의 삼면이 모두 들어가도록 해 회랑 목구조의 안정성을 유지해주기 때문이다. 이는 목구조가 아직 성숙하지 않아 목구조 자체만으로 건축의 안정성을 유지하는 게 충분하지 않았을 당시에 필요한 방식이었다. 전한 시대에도 그랬다면 전국 시대는 더욱 그러했을 것이다. 만약 각돈이 있었다면 대 꼭대기의 네 귀퉁이 역시 이에 따라 약간 돌출되었을 것이고, 각돈의 꼭대기에는 망루처럼 방어 역할을 하는 작은 정자가 있었을 것이다. 이 경우에 대 꼭대기의 건축은 아마도 주간에 자리한 높고 큰 네모난 당이고, 네 귀퉁이에는 4개의 작은 정자가 있었을 것이다.(그림 75)

1호묘 항토대의 상부에는 건축 유적이 존재하지 않기 때문에 앞에서 논의한 대사 건축의 층수, 당의 형태와 구조 등은 모두 참고 자료에 근거해 추측한 것이다. 그림 역시 상상한 것이자 시론적인 것이다. 현재로서 볼 수 있는 극소수의 대사 건축의 형태와 구조에 관한 자료를 통해 기술상 몇 가지 가능성에 대해 추측한 것일 뿐 어떤 것이라고 확정할 수는 없다. 전국 시대 건축에 관한 사료의 부족과 필자의 역량 부족으로 이러한 추측은 전면적이지 못하며 오류를 피하기 어렵다. 그 진정한 모습은 또다른 중산왕릉의 발굴을 통해서 비로소 차츰 명확히 이해할 수 있을 것이다. 하지만 여기서 대략적으로 추측한 것만으로도 이 왕당이 규모의 크기 및 구조의 복잡성에서 전국 시대 건축 수준에 대한 과거의 평가를 크게 뛰어넘었음을 알 수 있다.

왕당과 그 아래의 무덤과의 관계는, 브리핑에서 발표한 1호묘 남북 단면도의 분석에 따르면 왕당 남면의 산수散水 이남에서 봉토 남단까지는 길이가 약 25~26미터로 일부는 평평하고 일부는 경사가 있는 형태다.

[그림 72] 중산왕릉 상상 복원도1

環境地貌据現状繪制.

[그림 73] 중산왕릉 상상 복원도2

登上王堂面積大較

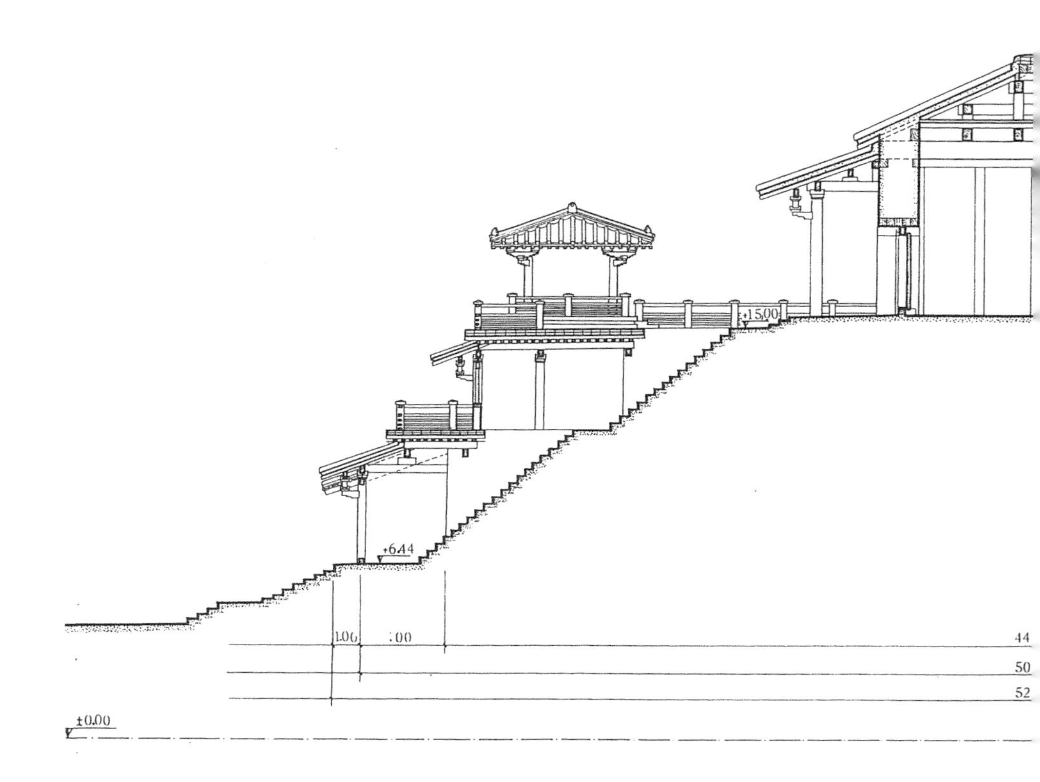

[그림 74] 왕당 단면 상상 복원도

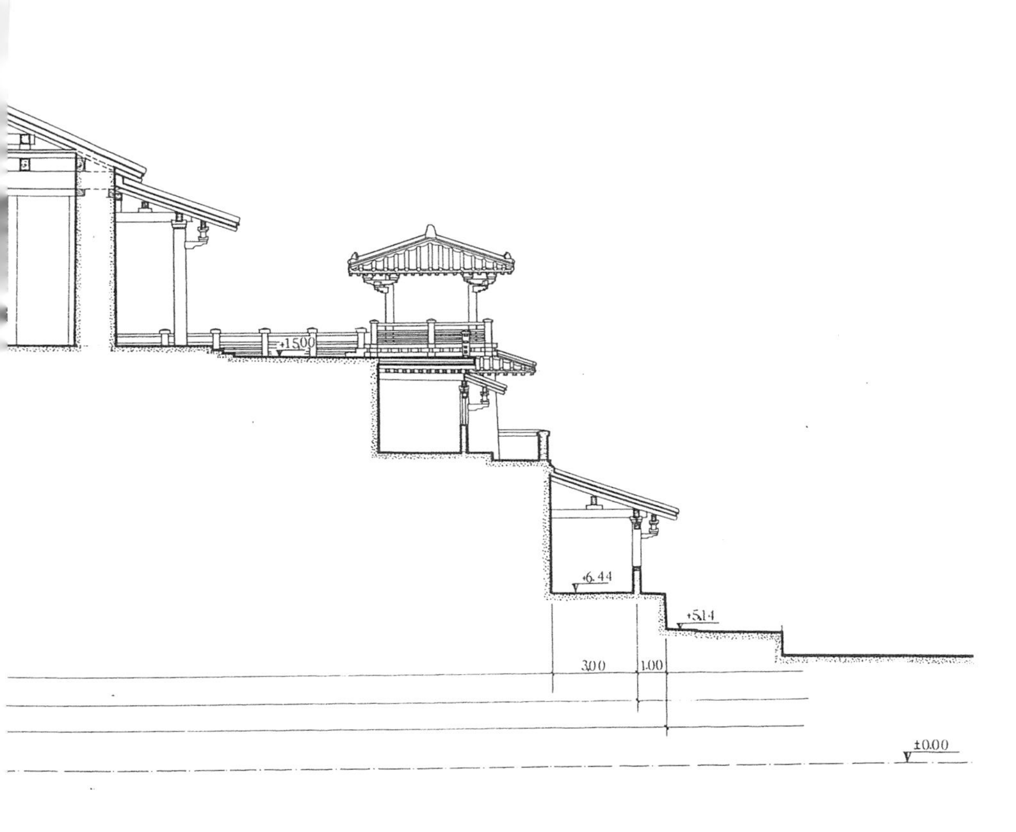
+15.00
+6.44
+5.14
3.00
1.00
±0.00

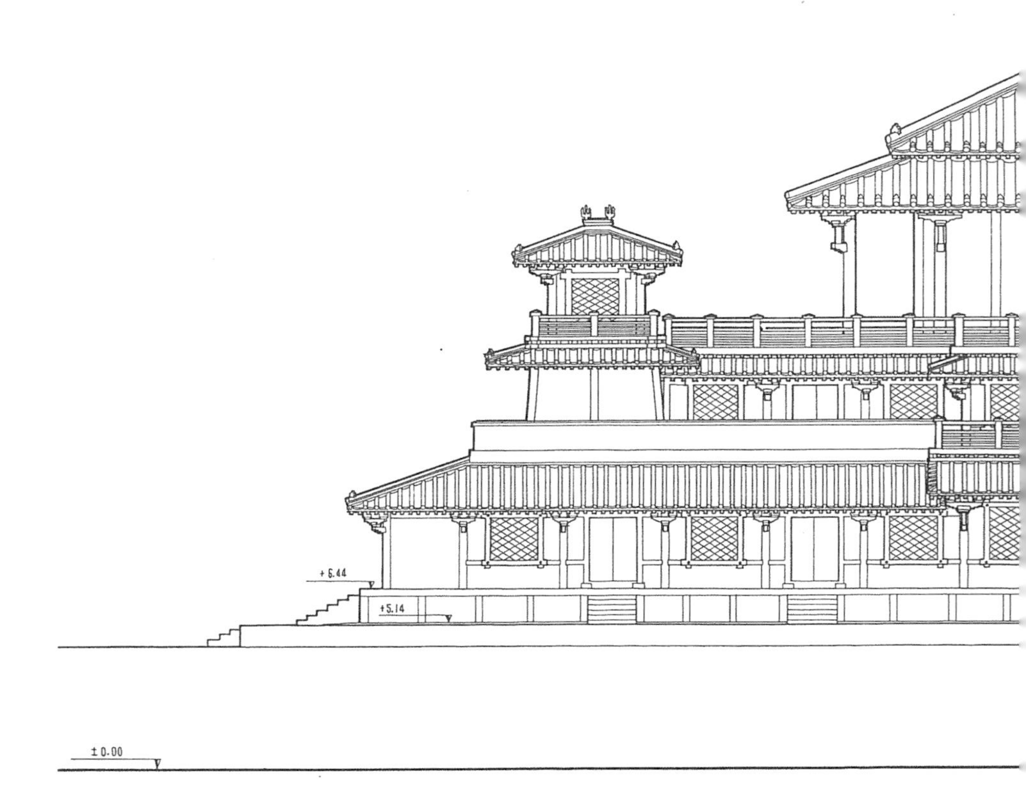

[그림 75] 왕당 입면 상상 복원도

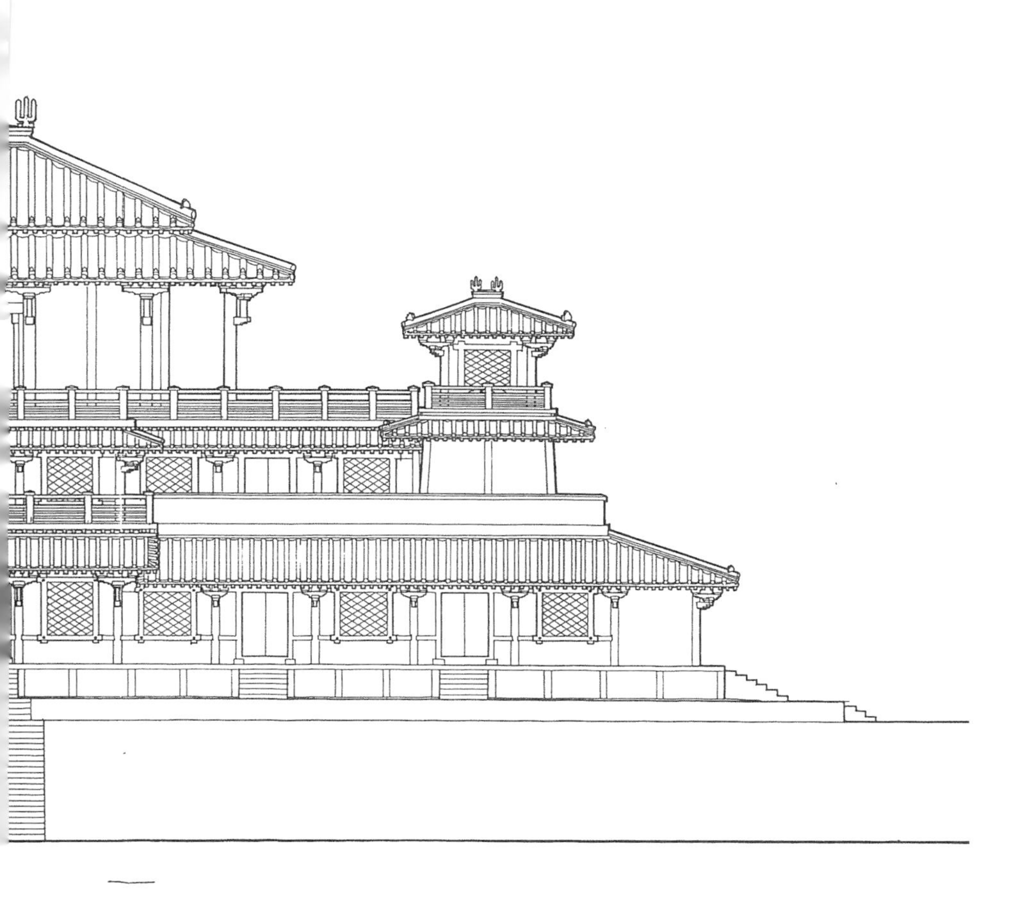

현재 상황에 근거해서 평평한 곳과 경사진 곳을 결합해 그린다면, 경사면의 수평 길이는 12.5미터로 50척에 해당하지만 평평한 부분의 경우는 약간 더 길어서 동판에 표시된 것과는 약간 다르다. 이는 왕당 아래, 산수 바깥에 기단 한 층이 따로 있었다고 의심할 여지가 상당하다. 이 기단을 통해 왕당을 두 개의 후당后堂보다 약간 높게 만들어서 구별하고자 했던 것이다. 만약 그렇다면 약간 더 긴 부분(약 4미터)은 해당 층의 대의 너비일 것이고, 그 아래 평평한 부분은 12.5미터로 역시 50척일 것이다. 이로써 알 수 있듯이, 회랑 바깥의 봉토 가운데 브리핑에서 제1 계단臺阶이라고 칭한 것은 바로 「조역도」의 '구丘'에 해당한다. 그리고 제2 계단, 제3 계단이라고 칭한 것은 왕당 대사 건축의 항토대다.

3. 계획에 따라 완공된 이후 능원의 전체적인 면모

중산왕릉이 발굴되기 이전의 외경 사진을 보면, 두 개의 묘 위쪽 항토대의 형태와 크기가 매우 유사함을 알 수 있다. 발굴 작업 책임자인 류라이청劉來成의 보고에 따르면, 2호묘 회랑의 면적은 1호묘 회랑 면적과 같지만 2호묘 회랑의 지면 표고標高는 1호묘 회랑보다 약간 낮아 1호묘 산수의 표고에 상당한다. 그리고 2호묘 회랑에서 출토된 기와 대부분은 일반적인 전국 시대의 작은 기와로, 무늬가 없는 반원의 와당이다. 이를 통해 알 수 있듯이, 2호묘 회랑의 지면 표고는 5.14미터이며 1호묘와 마찬가지로 작은 기와를 사용했다.

2호묘는 「조역도」의 애후당哀后堂이다. 「조역도」에 그려진 왕후당에 표시된 크기는 실제와 완전히 같다. 이로써 원래 설계는 왕과 두 왕후의 묘를 중심으로 하였으며, 세 개의 당이 동서로 병렬되어 있고 왕후당보다 1.3미터 높은 왕당이 그 중앙에 자리한 것임을 알 수 있다. 「조역도」

에는 세 당의 양측에 각각 부인당夫人堂과 □당이 그려져 있는데, 한 변이 150척이다. 부인당과 □당의 건축은 왕당 및 왕후당의 건축보다 약간 작다. 왕당과 왕후당이 두 층 또는 세 층으로 이루어진 대사 건축이라면, 부인당은 적어도 이보다 한 층은 낮을 것이다.

「조역도」에 따르면 5개의 묘가 완공된 이후 각 당 아래의 무덤은 '凸'자 형태로 연결되는 것이었다. 테두리와 위치는 명확히 규정되어 있으며 높이만 언급되어 있지 않다. 현재 1호묘의 산수는 2호묘 회랑의 지면과 높이가 같은데, 5.14미터다. 2호묘 회랑의 지면은 무덤 위의 평대平臺보다 약간 높을 것이기 때문에 완공한 이후 하나로 연결된 무덤의 꼭대기 표고는 5.14미터보다 낮을 것이다. 이로써 왕당 산수 바깥에는 한 층짜리 낮은 기단이 있게 된다. 「조역도」에 따르면 무덤의 테두리는 경사를 이루고 있는데, 왕당 사방 둘레의 경사진 곳 너비는 50척이고, 부인당의 경사진 곳 너비는 40척이다. 만약 경사면의 각도가 일치한다면, 부인당이 있는 곳의 무덤 높이는 왕당이 있는 곳의 무덤 높이보다 낮을 것이다. 즉 4/5에 해당하는 높이일 것이다. 이렇게 해서 무덤은 전체적으로 두 개의 고도로 나뉠 텐데, 3개 당이 있는 중앙 부분이 높고, 양측의 작은 당은 이보다 약간 낮을 것이다.

「조역도」에는 무덤 바깥에 두 개의 담장이 그려져 있는데, 담장 두께는 표시되어 있지 않다. 앞에서 30척일 것이라고 추산했다. 내부 담장을 내궁원內宮垣이라고 하는데, 내궁원의 바깥 둘레 치수는 1540(척)×520(척)이다. 외부 담장을 중궁원中宮垣이라고 하는데, 중궁원의 바깥 둘레 치수는 1900(척)×885(척)이다. 담장의 두께가 30척에 달하는 것을 통해 볼 때 그것은 성벽일 것이며, 위에는 타구垜口도 있었다. 두 담장 모두 남면의 중앙에 문을 냈는데, 문은 성벽을 뚫어서 만든 형태로 그려져 있고 양쪽에는 타구가 돌출되어 있다. 이는 설계도상의 표지일 뿐 건설된 적은 없다. 이를 검증할 유적도 남아 있지 않기 때문에 그것을 궐闕로 볼 수도 있고 성문으로 볼 수도 있다. 담장 두께가 30척에 달하는 것을 통해 볼 때 성문이었을 가능성이 더 크다.

「조역도」를 보면 내궁원의 북쪽에 4개의 문이 그려져 있고 각각의 문 안쪽에 사각형이 있다. 「조역도」의 표시 방법에 따르면 건물은 사각형으로만 나타내고 문을 그리지 않으며, 담장에만 문을 그렸다. 따라서 이 4개의 사각형은 한 변의 길이가 100척인 4개의 정원을 나타낸다. 4개의 정원 안에는 각각 '□종궁□宗宮' '정규궁正奎宮' '집□궁執□宮' '대□궁大□宮'이라고 표시되어 있다. 이것은 단지 위치를 나타내는 것일 뿐이며 정원 안의 건축물은 그려져 있지 않다. 이 4개 궁의 용도는 아직 확실하지 않다. 무덤 위에 당이 있었으니, 4개의 궁은 아마도 사자의 유물을 저장하는 것과 관계가 있을 것이다.

이렇게 해서 원래의 설계 방안대로 완공된 이후 이 능원의 전체적인 면모를 대략적으로 추측할 수 있다. 능원의 평면은 가로로 긴 직사각형으로, 이중의 성벽이 있고 성벽 남면 중앙에 문을 냈다. 성벽 안쪽은 '凸'자형 무덤이고 네 변이 경사진 형태다. 무덤 꼭대기 가운데 부분에 한 변이 200척에 달하는 거대한 대사 건축 3개가 횡으로 배열되어 있는데 셋의 크기는 같다. 중앙에 있는 것의 기단이 약간 높은데, 기와 및 장식에 더 많은 공을 들인 것으로 보아 중산왕 '착'의 당이고 그 양쪽의 것은 왕후의 당이다. 세 당은 모두 세 층으로 이루어진 대사 건축일 것이다. 두 왕후 당의 외측에 약간 뒤쪽에 있는 것은 부인당과 □당으로, '凸'자형 무덤의 양쪽 날개에 세워졌는데 한 변의 길이는 150척으로 왕당과 왕후당보다 작으며 아마도 두 층으로 이루어진 대사 건축일 것이다. 북쪽 내부 담장에 4개의 문이 있는데, 문 안쪽은 한 변의 길이가 100척인 정원이며 정원 내에 건물이 있다. 능원 전체 건축의 윤곽은 네모나고 반듯하며 명확한 중축선이 있다. 왕당이 중앙에 자리하고 나머지 건축은 그 좌우에 대칭적으로 배치되어 있는데, 건축의 고도와 크기가 점차 감소하면서 중심을 두드러지게 하며 서열이 분명하다. 이로써 당시에 개별 건축의 설계부터 건축군의 배치에 이르기까지 모두 비교적 높은 수준에 도달했음을 알 수 있다.

상부에 당이 있는 이런 식의 묘는 상나라 때 등장했다. 1953년 안양安陽 다쓰쿵大司空촌에서 건축 유지 세 개가 발굴되었는데, 동쪽을 향하고 있는 하나는 그 아래에 3개의 무덤이 있었고 다른 두 개는 그 아래에 각각 1개의 무덤이 있었다.[200] 이 세 개의 건축 유지는 바로 무덤 위의 당이다. 1976년 안양 샤오툰小屯에서 발굴된 5호묘(부호묘婦好墓)의 무덤 위에도 당의 유지가 있는데, 동쪽을 향하고 있으며 동서 진심進深이 2칸이다. 남단은 이미 훼손되었는데 남북 면활面闊이 3칸 또는 3칸 이상으로 추정된다. 계단 아래 사방에 흙을 다져 만든 기둥의 기초柱基가 있는 것으로 보아 낭무廊廡가 있었을 것이다.[201] 발굴 보고에 따르면 부호묘는 무정武丁 시기에 속하는데, 약 기원전 13세기 후반부터 기원전 12세기 초반까지에 해당한다. 따라서 늦어도 당시에 이미 무덤 위에 당을 세우는 형태가 출현했음을 알 수 있다.

이상 상나라 때 묘의 당의 특징은 묘혈을 땅 높이만큼 메운 뒤에 무덤

---

200 마더즈馬得志·저우융전周永珍·장윈펑張雲鵬, 「1953년 안양 다쓰쿵촌 발굴 보고1953年安陽大司空村發掘報告」, 『고고학보考古學報』 제9책冊, 1955. —저자 주

201 중국과학원 고고연구소 안양 공작대工作隊, 「안양 은허 5호묘의 발굴安陽殷墟五號墓的發掘」, 『고고학보』, 1977년 제2기. —저자 주

입구를 다져서 건물의 기초를 조성하고 이 기초 위에 기둥을 세워 건축을 지었으며, 지면에서 높이 솟은 봉토는 없었다는 것이다. 중산묘 묘혈의 평면은 '中'자형이고 그 위에 당을 세웠는데, 이는 상나라 때 장제葬制의 연속이자 발전이다.

이미 발굴된 전국 시대 묘 중에는 중산왕 '착'의 묘 외에 1950년에 후이현輝縣 구웨이촌固圍村에서 발굴된 3개의 대묘大墓에도 위에 당이 있다. 발굴 보고에 따르면 묘지의 범위가 약 600미터에 달하는데, 중앙은 평평하게 높이 솟아 있고 사면은 2미터 남짓의 절벽이다. 또 여기에는 판축 기초가 남아 있는데, 마치 성의 기초인 듯하다. 그래서 공성共城에 관한 전설이 생겨났다.[202] 묘지 중심에 3개의 묘가 동서로 병렬해 있다. 가운데 묘가 가장 큰데, 당의 기단은 한 변의 길이가 26미터이며 7칸으로 나뉜다. 그 양측에 자리한 2개 묘의 당은 기단 한 변의 길이가 약 16미터이며 5칸으로 나뉜다.[203] 이 세 당의 중간에는 흙을 다져 만든 토대가 없으며 대사 건축이 아니고 단층 건축이다. 보고서에 첨부된 평면도에 근거해 3개 묘의 평면 상상도를 그릴 수 있다.(그림 76) 이것 역시 담장으로 둘러싸인 크고 낮고 평평한 무덤이 있고 동서로 병렬된 당이 있다. 이것을 중산왕 '착'의 묘와 비교하자면, 규모가 다른 것 외에 나머지는 모두 매우 유사하다.

이상의 자료들을 연결해보면, 무덤 위에 당을 건설하는 상·주 이래 묘의 발전 상황을 대체로 살펴볼 수 있다. 핑산平山의 두 묘는 중산왕과 왕

---

202 후이현輝縣 구웨이촌固圍村에 있는 공성共城은 서주西周 시기 천자의 업무를 대행했던 제후 공백화共伯和가 머물렀던 성터로 알려져 있다.

203 중국과학원 고고연구소, 『후이현 발굴 보고輝縣發掘報告』, 제2편 구웨이촌구固圍村區.—저자 주

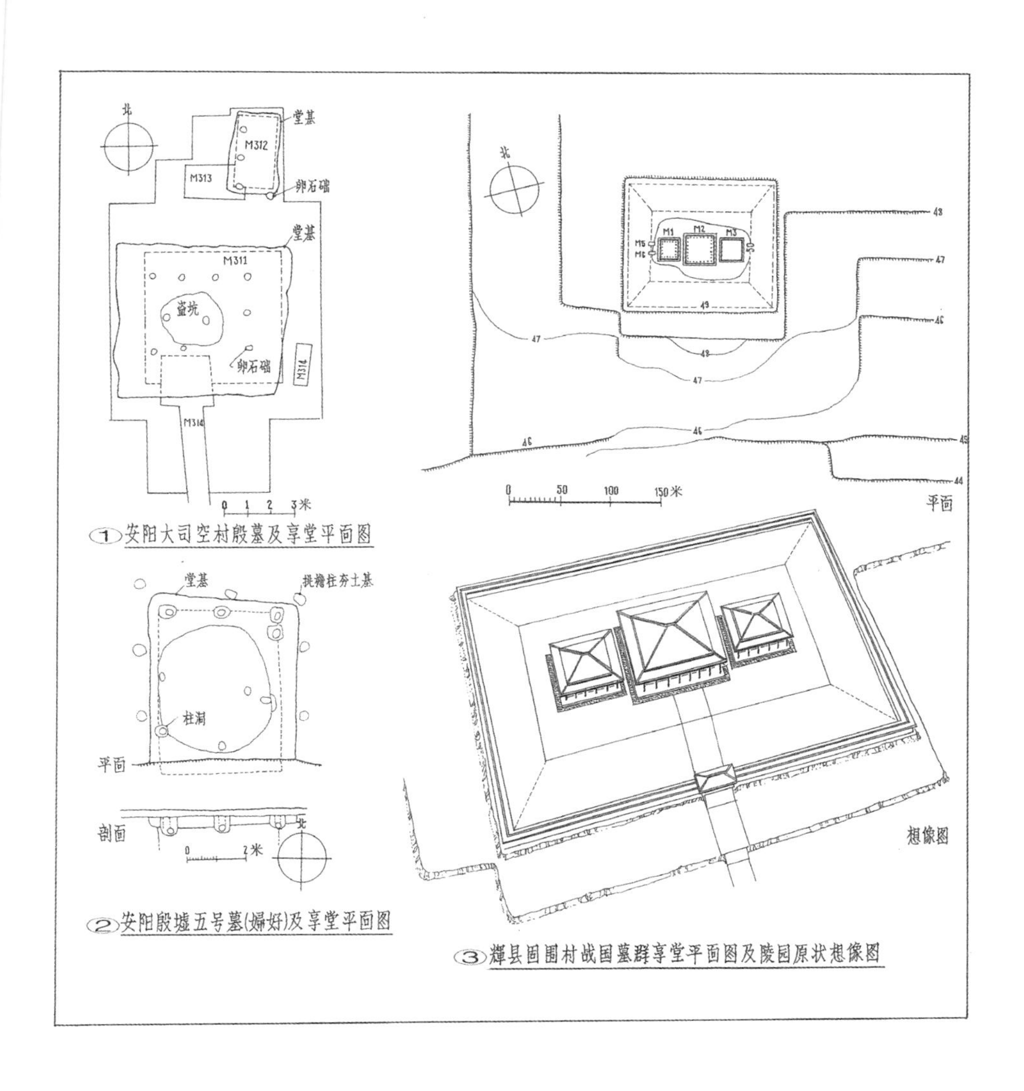

[그림 76] 상·주 시기 무덤 위에 건설된 향당享堂 평면도 및 상상도

후의 능묘이고, 후이현의 세 묘는 위魏나라 왕실의 묘다. 담장의 수, 당의 층수에 있어서 양자의 차이는 전국 시대 중후기 서로 다른 등급의 장제葬制를 이해하는 데 참고할 만한 가치가 있다.

일찍이 『주례周禮』 「춘관春官·총인冢人」을 통해서 선진先秦 시대 능묘에 이미 그림이 있었음을 알 수 있었다. 「조역도」 동판의 출토로 이러한 그림의 실물을 처음으로 보게 되었다. 「조역도」에는 무덤의 치수 외에도 능원 건축의 상황을 많이 보여주고 있는데, 실제로 지금까지 볼 수 있는 중국 최초의 건축도라고 할 수 있다. 「조역도」의 건축은 완공된 것이 아니므로 정확히 말하자면 건축군에 관한 중국 최초의 평면 계획도다. 앞의 논의를 통해 「조역도」는 당시의 건축 상황, 건축 설계, 제도 기술 등을 이해하는 데 중요한 실물이며 「조역도」에 표시된 치수는 중산국의 길이 척도를 이해하는 데도 중요한 자료임을 알 수 있다.

(1) 건축 기술 방면

첫째, 「조역도」는 당시의 중요 건축은 시공 이전에 초보적인 계획과 설계가 이루어졌으며 비준을 거쳐야 했음을 말해준다. 동판에는 다음과 같은 왕명王命이 새겨져 있다. "담당 관원이 능원의 그림을 그리도록 하라. 법을 어기는 자는 사형에 처하고 용서는 없을 것이다.有事者官圖之, 進退□法者死無赦." 이는 비준을 거친 다음에는 원래의 설계대로 시공해야 하며 변동이 있다면 주관 관원이 검토해야 하고 멋대로 고칠 수 없었음을 말해준다.

둘째, 「조역도」에는 건축물의 위치와 치수만 표시되어 있지만 그림 속의 크고 작은 건축의 위치 및 2개 묘의 치수와 표고를 비교해 보면, 당시 건축군 배치에 이미 명확한 중축선이 있었으며 건축물의 크기와 표고와 대칭적 배치를 통해 중심 건물을 부각하는 방법을 장악했음을 알 수 있다. 이는 당시의 개별 건축 및 건축군의 설계에 일련의 비교적 성숙한 방식과 높은 수준이 존재했음을 반영한다.

셋째, 「조역도」에서는 건축물과 각 건축 간의 거리를 나타내는 단위로서 척尺과 보步를 겸용했다. 그 기준은 다음과 같다. 건축이나 무덤 같은 인공 구축물의 길이에는 '척'을 사용했다. 당은 인공으로 쌓은 무덤 위에 세운 것이므로 당과 당 사이의 거리에도 '척'을 사용했다. 한편 무덤과 내궁원 사이의 거리, 내궁원에서 중궁원까지의 거리에는 '보'를 사용했는데, 광야 위의 거리이기 때문이다. 『주례周禮』 「고공기考工記 · 장인영국匠人營國」의 기록에 따르면 당시에 길이를 측정하는 단위는 다음과 같았다. "실내는 궤几로 측정하고, 당상은 연筵으로 측정하고, 궁중은 심尋으로 측정하고, 들판은 보步로 측정하고, 길은 궤軌로 측정한다.室中度以几, 堂上度以筵, 宮中度以尋, 野度以步, 塗度以軌."[204] 즉 서로 다른 위치와 구역에는 각기 다른 길이 단위를 사용했다. 「조역도」의 상황은 이와 유사하며, 단지 상응하는 부위에 사용된 길이의 단위가 다를 뿐이다. 「조역도」에서 '척'과 '보'를 사용한 것은, 시공하는 데 있어서 건축물에 관한 치수는 정밀도가 높아야 했고 자연물의 거리에 관한 치수는 정밀도가 좀 낮을 수 있었음을 말해준다.

넷째, 『주례』 「천관天官 · 내재內宰」에서 "내재는 판版[205]과 도圖의 규범을 기록하는 일을 관장한다內宰, 掌書版圖之法"라고 했는데, 정현鄭玄의 주注에

---

204 궤几 · 연筵 · 심尋 · 보步 · 궤軌는 모두 구체적인 사물과 연관된 길이의 단위다. '궤'는 작은 탁자인 안석, '연'은 대자리, '심'은 두 팔을 펴서 벌린 길이, '보'는 걸음, '궤'는 수레의 바퀴와 바퀴 사이의 거리에 해당한다.

서 "도圖는 왕과 왕후와 세자의 궁 및 관리가 머무는 관부의 형상이다圖, 王及后·世子之宮中, 吏官府之形象也"[206]라고 했다. 이로써 알 수 있듯이 묘지 외에 왕궁·왕후궁·세자궁·관부 역시 그림圖이 있었다. 동판 「조역도」가 나온 시대는 『주례』가 성립된 시기와 비슷하므로 「조역도」에 근거해서 당시 궁전과 관부 등에 관한 그림의 상황을 대략적으로 추측할 수 있다. 더 나아가 『주례』 「고공기·장인영국」에 나오는 왕도王都, 세실世室,[207] 명당明堂의 제도와 관련해 간단한 치수가 기록된 것을 볼 때, 당시 도성을 계획하고 궁실과 관청을 만들 때 역시 설계도가 있었음을 짐작할 수 있다. 「조역도」의 출토로 전국 시대 건축군을 비롯해 도시에 관한 그림의 상황과 제도 기술의 수준을 이해하는 데 중요한 실물 자료를 얻게 되었다.

「조역도」를 왕당 유지 및 중산국의 몇몇 묘에서 출토된 문물과 결합해 검토하면, 앞에서 말한 「조역도」가 반영하고 있는 중요한 내용 외에도 다음 몇 가지를 더 알 수 있다. 과거에는 후한 시대의 특징이라고 간주했던 포공 방식이 「조역도」의 시기에 이미 출현했다. 당·송 이래 목구조에 상

---

205 궁의 문지기, 왕의 시중을 드는 말단 관리, 환관 등의 관봉官俸의 등급을 기재한 부책簿冊을 '판版'이라고 한다. 호적과 명부 역시 '판'이라고 한다. 『주례周禮』 「천관天官·내재內宰」 정현鄭玄의 주注에 따르면 "'판'은 궁중의 혼인閽人·시인寺人 등속 및 그 자제의 녹적錄籍을 말한다.版謂宮中閽寺之屬及其子弟錄籍也." 한편 「천관·소재小宰」 정현의 주에서는 "'판'은 호적이다版, 戶籍"라고 했다. 또 「천관·궁정宮正」 정현의 주에서는 "'판'은 그 사람의 명적이다版, 其人之名籍"라고 했다.

206 이상은 필자의 원문 표점에 따라 해석한 것이다. 이 문장에 대한 일반적인 표점은 다음과 같음을 밝혀둔다. "圖, 王及后·世子之宮中吏官府之形象也." 표점에 따라 해석 역시 다음과 같이 달라진다. "'도'는 왕·왕후·세자의 궁중 관리들이 근무하는 관부의 형상이다."

207 종묘를 의미한다. 『주례』 「고공기」 정현의 주에서 "세실은 종묘다世室者, 宗廟也"라고 했다. 「고공기」에 따르면 하나라 때는 세실世室, 상나라 때는 중옥重屋, 주나라 때는 명당明堂이라고 불렀으며, 세실·중옥·명당의 크기와 형태는 각각 다르다.

용된 주요 이음 방식의 하나인 '메뚜기장이음'이 당시에 이미 사용되었다. 건축 뼈대에 나타난 정교한 결구結構 방법 및 결합 방식은 당시 건축 기술의 발전 정도를 간접적으로 반영한다. 고품질의 무늬 기와 및 정교하게 조각된 석편石片은 건축 장식의 높은 수준을 보여준다.

이상의 모든 것은 전국 시대 건축에 대한 우리의 기존 인식을 훨씬 뛰어넘는다. 중산국은 전국 시대의 소국이었을 뿐인데 그 수준이 이러했으니, 진秦·초楚·제齊와 같은 대국은 마땅히 이보다 더 높은 수준이었을 거라고 짐작할 수 있다. 이 중요한 발견은 전국 시대 건축에 대한 인식을 풍부하게 해준 동시에 새로운 과제를 제시했다. 즉 전국 시대 건축의 발전 수준을 재평가하는 것이다. 경제의 발전 및 문화와 사상의 번영에 상응하여 전국 시대의 건축은 확실히 눈부신 성과를 거두었을 것이다.

(2) 척도 방면

「조역도」에는 능원 각 부분의 치수가 표시되어 있다. 현존하는 2개의 묘 및 그 위쪽 당의 유지는 「조역도」에 나오는 중산왕 '착'의 묘와 애후의 묘다. 「조역도」는 중산왕 '착'의 묘에서 출토되었으므로 왕의 묘를 조성할 때 제작된 것이다. 따라서 중산왕 '착'의 묘의 치수는 마땅히 「조역도」의 치수와 일치한다. 애후는 중산왕 '착'보다 먼저 매장되었으므로 그 묘의 치수는 실제 그대로의 수치이고 중산왕 '착'의 묘와의 거리 역시 「조역도」와 부합할 것이다. 따라서 능원 유지의 치수와 「조역도」에 표시된 치수를 대조하면 중산국의 길이 척도를 대략 유추할 수 있다.

앞에서 언급했듯이 1호묘 왕당 유지에는 3가지 치수가 있다. 즉 회랑 후벽을 기준으로 하면 44미터, 회랑 첨주의 중앙선을 기준으로 하면 50미터, 기단 가장자리를 기준으로 하면 52.6미터다. 「조역도」에서 왕당은 한 변의 길이가 200척이라고 했으므로 이는 앞의 3가지 치수 중 하나에 해당해야 한다.

현재 이미 발굴된 전국 시대 1척尺의 길이는 대부분 22.7~23.1센티미터 정도다. 만약 회랑 후벽을 기준으로 한 44미터가 200척이라면 1척은 22센티미터로, 기존에 알고 있던 전국척戰國尺보다 약간 짧다. 만약 회랑 첨주나 기단 가장자리를 기준으로 한 50미터나 52.6미터가 200척이라면 1척은 25센티미터 또는 26.3센티미터로, 기존에 알고 있던 전국척보다 약간 길다. 기존에 알고 있던 전국척과의 유사성만 놓고 말하자면, 앞의 3가지 치수 중에서 1척이 22센티미터인 것이 가장 부합한다.

하지만 전체 유지를 놓고 보면, 왕당은 대사 건축이다. 현존하는 회랑 후벽은 대사 건축 제2층 대의 측벽으로, 그 아래 제1층 대 위에는 회랑이 있고 그 위쪽 대의 꼭대기에는 전체 대사 건축의 중심인 당이 있다. 따라서 이 건축의 척도는, 만약 중심 건축을 놓고 계산한 것이라면 대 꼭대기의 당이 기준이어야 하고, 만약 점유 면적을 놓고 계산한 것이라면 회랑 바깥 처마가 기준이어야 하며 회랑 후벽이 기준일 수는 없다. 그런데 대 꼭대기의 당은 회랑 후벽보다 훨씬 작고, 회랑 후벽을 기준으로 한 200척은 기존에 알고 있는 전국척보다 짧기 때문에 실제적으로 대 꼭대기의 당을 놓고 측정했을 리가 없다.

이렇게 해서 왕당의 한 변 길이가 200척이라고 할 때 그 기준은 회랑의 바깥 처마일 가능성이 가장 크다. 이 경우에는 회랑 첨주 중앙선을 기준으로 한 50미터, 그리고 기단 가장자리를 기준으로 한 52.6미터의 두 치수가 존재한다. 당·송 이래 목구조 건축의 평면 치수는 대부분 기둥의 중앙선을 기준으로 계산했지만 선진 시대와 한나라 때 대사 건축 및 흙을 다져 만든 내력벽 건축에서 무엇을 기준으로 계산했는지는 여전히 불분명하다. 예제禮制를 통해 알 수 있듯이, 일반적으로 실내에서 궤几와 연筵으로 측정한 것은 실내의 경우 너비만 계산한 것이다. 실외 정원에서 척尺과 보步로 측정할 때는 당렴堂廉에서부터 계산했는데, 당렴은 기단의 측면으로 왕당 유지에서는 52.6미터다. 왕당 유지에서 왕당의 한 변의 길이는 회랑 첨주 중앙선을 기준으로 계산한 200척(50미터)일 것이다. 계단의 측면에서 계산한 두 묘의 향당 사이의 거리는 100척이다. 이를 통해 유추하면 1척의 길이는 약 25센티미터, 1보는 5척으로 125센티미터에 해당한다.

이로써 기존에 알고 있던 전국척의 길이 및 '척'과 '보'의 환산 관계와는 완전히 다른 척도 관계를 도출했다. 그중 1보의 길이가 5척이라는 것은 동판 「조역도」에 표시된 숫자로부터 유추한 것이므로 신뢰할 만하다. 한편 1척이 25센티미터에 해당한다는 것은 건축물의 길이를 계산하는 관례에 근거하여 왕당 유지의 3가지 치수로부터 추정한 것인데, 이는 기존에 알고 있던 전국 시대 1척의 길이가 22.7~23.1센티미터 정도인 것과 비교하면 차이가 크므로 추가적인 검증이 필요하다. 이와 관련해 왕당 유지에는 또 하나 검산해볼 가능성이 있는데, 바로 「조역도」에서 왕당과 왕후당의 거리가 100척이라고 한 것이다. 현재 애후의 묘가 발굴 중인데, 만약 1호묘에서 이 묘의 회랑 계단의 가장자리까지 거리가 약 25미터라면 중산국 1척의 길이는 25센티미터라고 확정할 수 있다.

역사적으로 봤을 때 '척'과 '보'의 환산 관계는 점차 변화하였으며 각 '보'에 해당하는 척수尺數는 계속해서 감소했다. 이는 '척'의 길이가 기장을 쌓아積黍 정한 것[208]이라고 하지만 실제로는 인위적으로 규정한 것이기 때문이다. 조세租稅를 계속 늘리기 위해서 '척'은 계속해서 늘어났다. 한편 척의 확장 단위인 '보'는 척수로 환산되긴 했지만, 기초 측량에서는

'보'로 측정했으므로 보폭의 평균치와 지나치게 동떨어질 수는 없었다. 따라서 '척'이 점차 길어져서 그것과 환산하는 '보'의 평균치가 격차가 커지면 보와 척의 환산값을 수정할 수밖에 없었다. 역사상 '척'의 길이가 증가하면서 '보'의 길이 역시 점차 증가했지만 1보에 해당하는 척수는 8척에서 6척 4촌으로 감소했다가 다시 6척, 또 5척으로 감소하면서 척이 길어질수록 1보에 해당하는 척수는 점점 줄어들었다. 이러한 변화에 근거할 때 중산국 1보의 길이가 5척이었다고 한다면, '보'의 길이를 정상적인 보폭과 큰 차이가 나지 않도록 하기 위해서 그 '척'의 길이는 1보가 6척일 경우보다 길었을 가능성도 있다.

부기附記

이 글을 작성하는 과정에서, 발굴 작업의 책임자 가운데 한 분인 류라이청劉來成 선생이 유지의 상황을 소개해주고 몇 가지 수치를 제공하고 귀한 의견을 주신 것에 대해 삼가 사의를 표합니다.

208 기장黍의 낟알을 이용해 율관律管의 길이를 정하는 누서법累黍法과 관련된 내용이다. 기장 한 알이 1푼分, 10푼이 1촌寸, 10촌이 1척尺, 10척이 1장丈, 10장이 1인引이다. 기장 90알(90푼)을 일렬로 늘어놓으면, 황종관黃鍾管(음률의 기본인 12율律을 정하는 척도가 되는 율관)의 길이가 된다.

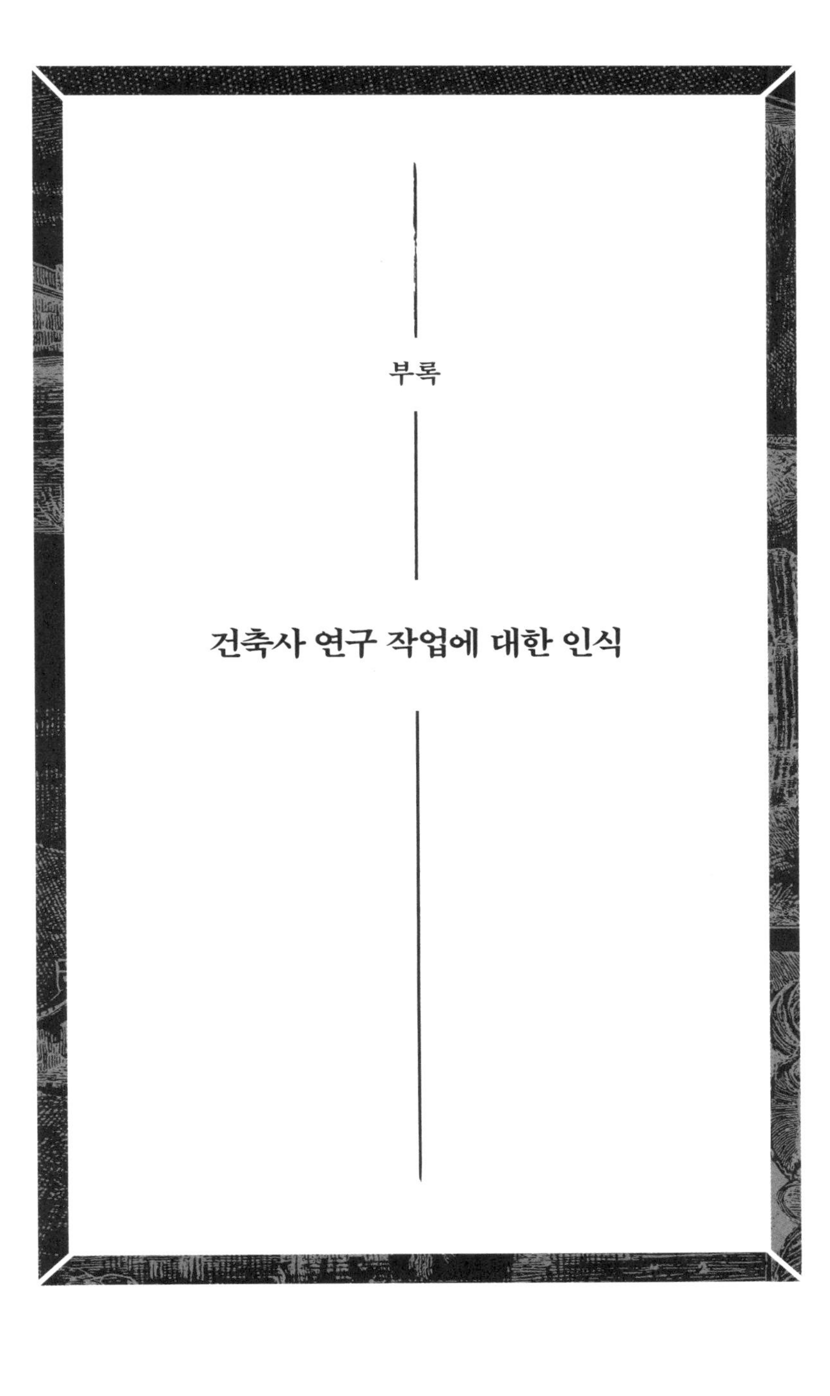

부록

건축사 연구 작업에 대한 인식

중국에서 현대 건축학의 방법을 이용한 중국 건축사 연구는 1930년대 량쓰청梁思成 교수와 류둔전劉敦楨 교수가 주관한 중국영조학사中國營造學社에서 시작되어 지금까지 70여 년의 역사를 지닌다. 중화인민공화국 건국 후 각 대학이 건축사 교육·연구 조직敎研組을 잇달아 설립했으며 둥난東南대학, 칭화淸華대학, 퉁지同濟대학, 충칭건축공정학원重慶建築工程學院(현 충칭건축대학) 등 여러 대학의 건축과에서도 전문적인 연구실을 설립해 교육과 연구 작업을 전개했다. 1958년 건축공정부 건축과학연구원이 '건축 이론과 역사 연구실'(이하 '역사실'로 약칭)을 설립하고 량쓰청 교수와 류둔전 교수를 주임으로 초빙해 연구 작업을 전개했으며, 둥난대학 건축과에 분실分室을 설립했다. 이것은 건설부가 설립한 건축사 연구 전문 기관의 시작이다. '문화대혁명' 직전 역사실은 해산되었다가 1973년 건축과학연구원 내에 재설립되었다. 이후 기관이 바뀌며 중국건축기술원이 된 데 이어서 중국건축설계연구원의 건축역사연구소(이하 '역사소'로 약칭)가 되었다.

역사소는 설립 이래 40여 년 동안 전국의 각 결연 기관과 협력하여 많은 조사 연구 작업을 수행했으며 건축사 자료를 대량으로 수집하고 중대한 연구 성과를 거두었다. 또한 많은 경험과 교훈을 얻었으며, 끊임없는 작업을 통해 건축역사학의 본질과 특징과 발전에 대한 이해를 점차 심화했다. 40여 년 동안 역사소에서 일했던 개인의 경험을 바탕으로 건축사 연구 작업에 대한 인식을 말씀드리고자 하니, 함께 논의했으면 한다.

1. 학문 분과에 대한 간단한 소개
—건축역사학에 대한 인식

(1) 건축역사학의 성격과 역할

① 건축역사학의 성격

인간이 건축 행위를 하는 목적은 생활과 작업의 공간 환경을 스스로 창조하려는 것이다. 우선, 건축 행위는 입지의 자연적·지리적 조건의 영향과 제약을 받으며 이로 인해 그에 적합한 건축 방법과 기술을 점차 형성하게 된다. 다음으로, 인간은 사회 속에서 살아가기 때문에 건축 행위는 특정한 사회적 조건의 제약을 받는다. 이처럼 인간의 건축 행위를 연구하는 건축학은 공학적 측면의 기술성 및 사회성의 이중성을 지닌 학문 분과다. 사회성에서는 문화적 전통과 예술적 요구가 중요한 지위를 차지한다. 건축역사학은 건축학의 주요 하위 분과로, 건축 행위와 건축학의 역사를 연구하며 당연히 기술성과 사회성을 모두 지닌다.

② 건축역사학의 역할

『중국 대백과전서: 도시·건축·원림』의 '건축학' 항목에서는 건축역사학의 역할에 대해 이렇게 설명하고 있다. "건축역사학은 건축과 건축학의 발전 과정 및 그 변천 규율을 연구하고 건축사에서 인간이 남겨 놓은 대표적인 건축 실례를 연구함으로써 이전 사람들의 유익한 경험을 이해하고 건축설계를 위한 자양분을 섭취한다." 건축사 연구의 성과는 고대 문화유산의 중요 부분에 대한 정리이자 선양이며 고대의 공학 기술 및 건축 예술의 성취와 발전 규율에 대한 총결로, 현재의 건설에 유익한 본보기를 여러 방면에서 제공한다.

(2) 건축역사학의 특징

건축역사학은 역사학의 특징도 지닌다. 간단히 말하자면, 역사학은 '어떤 것인가'(즉, 사료와 사실史實을 파악하는 것)와 '왜 이러한가'(즉, 발전 규율을 탐색하고 사론史論을 형성하는 것)라는 두 가지 차원의 문제를 연구하고 해결해야 한다. 역사적 사실을 파악하는 것은 역사 이론을 형성하는 기초다. 건축역사학도 마찬가지다. 먼저 건축의 사실(실물과 문헌을 포함)을 가능한 한 전면적이고 정확하게 파악하여 고대 건축이 '어떤 것이며 어떻게 만들어졌는지'에 관한 문제를 해결해야 한다. 그 후에 사실을 분석하고 연구하며, 그것이 어떻게 구체적인 역사 조건의 제약 속에서 이러한 특징을 빚어냈으며 이러한 성취를 거두었는지 탐구하고, 그것의 역사적 발전의 필연성을 이해하고, 더 나아가 그 발전 규율을 탐구하여 경험과 교훈을 총결하고 고대 건축이 '왜 이러한가'라는 문제를 해결한다.

사실을 장악한 바탕 위에 고대 건축의 특징 및 전통이 형성된 시대·지역·기술·문화 등 모든 방면의 배경을 심층적으로 분석하고, 건축 발전의 과정과 역사 규율을 명확히 해야만 비로소 문화유산의 관점에서 역사적 성취를 총결할 수 있을뿐더러 전문 분야와 역사 경험의 관점에서 현재의 건설 작업을 위한 참고·계발·본보기의 역할을 할 수 있다.

하지만 사실을 이해하고 장악하는 것은 사람이 하는 일이며, 사실에 대한 인식 역시 점차 심화되는 과정을 거치기 때문에 사람에 따라 견해가 다르고 필연적으로 주관적 요소를 띠게 된다. 또한 역사 특징과 규율에 대한 귀납과 총결은 그보다 더한 개인의 주관적 인식이다. 따라서 건축사에 대한 우리의 인식은 항상 상대적이며 연구가 점차 심화함에 따라 기존의 인식을 부단히 보강하거나 수정함으로써 건축 발전의 실례에 더 가까이 다가가는 과정이게 마련이다. 따라서 이런 의미에서 보자면, 건축사 연구에서는 사실에 대한 연구에서 한 걸음 더 나아가 역사 규율을 귀납하고 총결하는 단계적 순환 과정이 계속되어야 한다.

2. 발전 역정

중국의 건축사 연구 70여 년 역정을 통해 살펴보면, 지금까지 대체로 이미 세 차례의 점진적인 순환 단계를 거쳤다. 발전 현황을 통해 살펴보면, 새로운 사료가 끊임없이 발견되고 연구 범위가 점차 확대·심화되면서 새로운 점진적 순환 과정이 여전히 지속되고 있으므로 앞으로 더 큰 성과를 얻을 것이다.

(1) 제1단계

1930년대 초, 이 학문 분과의 기초를 다진 량쓰청과 류둔전의 지도하에 중국영조학사는 우선 사실을 장악하는 것에서 시작해 다양한 유형의 수많은 중요한 고대 건축 실례를 조사하고 실측하여 대량의 조사 보고서와 연구 논문을 발표했으며, 풍부한 문헌 사료를 수집하고 연구했다. 이로써 당나라 이후 건축 발전의 맥락, 설계 방법과 규정을 기본적으로 정리해냈다. 이 기간의 최종 성과는 1940년대 중반 량쓰청 교수가 저술한 『중국 고대 건축사』를 비롯해 '청나라 양식清式' '송나라 양식宋式'의 설계 방법과 규범에 대한 연구로 구현되었다. 이것은 중국 건축사 연구의 제1단계이자 사료를 장악하는 것에서 사론 형성으로 나아간 첫 번째 순환이다.

(2) 제2단계

중화인민공화국 건국 이후부터 '문화대혁명'이전까지로, 전기와 후기의 두 시기로 나눌 수 있다. 전기는 배태 단계이고, 후기는 크게 발전한 단계로 전국적인 협력을 통해 큰 성취를 거두었다.

① 전기

중화인민공화국 건국 이후 류둔전 교수는 일찍이 1952년에 난징공과대학南京工學院 건축과에 중국건축연구실을 설립했고, 칭화대학 건축과에서도 량쓰청 교수를 주임으로 하는 건축사 편찬위원회를 설립하여 건축사 연구 작업을 전개했다. 이 기간에 전국의 문물을 일제 조사하던 중에 중요한 고건축과 고촌진古村鎭[209]의 온전한 민가 취락을 대량으로 발견했

---

209 촌진村鎭이란 향촌鄕村과 집진集鎭을 말한다. 집진은 현성縣城보다 작은 규모의 거주 구역으로, 통상적으로 비농업인구를 위주로 한다.

다. 이와 동시에 대규모 건설이 진행되면서, 새로운 건설에서 어떻게 건축의 역사적 유산을 보호하고 건축 전통으로부터 본보기를 얻을 것인지에 대한 문제가 제기되기 시작했다.

새로운 상황과 요구에 직면하여 1950년대 중반 이후 조사 연구의 범위가 확장되기 시작했다. 류둔전 교수는 조수들을 지도해 새로 발견된 창장강 이남의 송·원 시대의 몇몇 중요 건축과 후이저우徽州의 명나라 주택, 민서閩西[210] 융딩永定의 주택, 절동浙東[211] 촌진村鎮의 민가 등을 조사함으로써 건축사의 중요한 공백을 메웠다. 이를 바탕으로 류둔전은 『중국 주택 개설』을 저술했으며 쑤저우 원림에 대한 전문적인 연구를 중점적으로 진행했다. 칭화대학 건축과에서는 량스청, 류즈핑劉致平, 자오정즈趙正之, 모쭝장莫宗江 등 네 명의 교수가 중국 고대 건축사 편찬 작업을 진행했다. 퉁지대학에서는 쑤저우의 오래된 주택을 연구했으며, 충칭건축공정학원에서는 쓰촨의 민가 사당 등을 연구했다. 이렇게 수년 동안, 도시·촌진·민가·원림·장식, 그리고 종교 건축과 민족 건축 등 모든 방면에서 많은 작업을 수행하였으며, 학문적 시야와 연구 영역을 확장했고, 풍부한 사료와 그에 상응하는 연구 성과를 얻어냈다.

② 후기

건축공정부 건축과학연구원은 1956년에 난징공과대학 중국건축연구실과 합작하여 베이징에 건축사연구실을 설립하였고, 류둔전 교수가 주임을 겸임했다. 같은 해 칭화대학교 건축과는 중국과학원 토목건축연구

---

210 푸젠성福建省 서부 지역을 가리킨다.

211 저장성浙江省 동부 지역을 가리킨다.

소와 합작하여 칭화대학교 건축과에 '건축 이론과 역사 연구실'을 설립했으며, 량쓰청 교수가 주임을 맡았다. 량쓰청 교수는 중국 근대 건축사, 류즈핑 교수는 민가와 이슬람 건축, 자오정즈 교수는 원나라 대도의 계획, 모쭝장 교수는 강남 원림에 대한 연구를 진행했다. 이 기간에 류즈핑 교수는 『중국 건축의 유형 및 결구中國建築類型及結構』를 출간했다. 1958년 봄, 칭화 연구실은 건축과학연구원 건축역사연구실에 병합되었으며 '건축 이론과 역사 연구실'로 공식 명명되었고 량쓰청 교수와 류둔전 교수가 주임을 맡았다. 이렇게 해서 이 학문 분과의 기초를 다진 두 사람이 공동으로 주관하고 100명 이상이 모인 전문 팀을 보유한, 건축 역사 관련 전국적인 전문 연구 기관이 다시 등장했다. 이 기관은 난징공과대학(현 둥난대학), 퉁지대학, 톈진天津대학, 화난공과대학華南工學院(현 화난이공理工대학), 충칭건축공정학원(현 충칭건축대학) 등 대학의 건축과와 대대적으로 협력해 건축사 연구 작업을 전개했다.

1958년 설립부터 1965년 해산까지, 건축과학연구원 산하 '건축 이론과 역사 연구실'이 존재한 7년 사이에 칭화대학과 난징공과대학의 두 연구실이 진행한 작업을 바탕으로 중국 고대 건축, 중국 근대 건축, 중국 현대 건축, 각 민족 건축, 중국 전통 민가, 중국 고전 원림, 중국 전통 건축 장식, 문헌 속의 건축 사료, 외국의 근현대 건축 등 여러 방면에서 대량으로 조사하고 연구하여 큰 성과를 거두었다.

그중 가장 눈에 띄는 성과는, 1958년 이래로 그 당시 건축공정부와 건축과학연구원 등의 주요 지도자들의 강력한 지원을 받고 류둔전 교수가 주관하여 전국적인 협업 방식으로 전국 대학의 관련 전공학과가 건설 기관 및 문물 분과와 합작하여 집필 팀을 편성해 1년 안에 『중국 고대 건축 간사簡史』『중국 근대 건축 간사』 두 종류의 대학 교과서와 중화인민공화국 건국 10주년을 경축하는 『신중국 건축 10년』이라는 대형 화첩을 편찬하여 출판한 것이다.

그 후 류둔전 교수의 주관하에 중국 고대 건축사 집필 팀이 만들어졌고, 얼마 뒤 류둔전 교수가 건축과학연구원을 대표하여 소련 건축 아카데미와 협력해 『소련 건축 백과전서』 중의 중국 건축사 부분의 집필을 담당했다. 나중에 중소 관계가 악화되어 중단되긴 했지만 류둔전 교수가 편집을 주관한 집필 팀은 계속 전력을 기울여 작업하며 원고를 7번이나 고쳤다. 그리고 '문화대혁명' 직전에 『중국 고대 건축사』의 8번째 원고를 기본적으로 완성했다. 이 원고는 중화인민공화국 건국 전후에 이미 장악했던 건축 사료와 수많은 연구 성과의 정수를 포괄하였으며, 동료 전문가들을 조직하여 논의와 논증을 되풀이하며 평가를 거친 뒤 다시 류둔전 교수가 최종 원고를 수정했다. 이는 건축사라는 학문 분과가 설립된 지 10여 년 동안 거둔 성취의 총결로, 당시 최고 수준을 나타낸다.

이 기간에 량쓰청 교수는 『영조법식營造法式 주석注釋』이라는 전문 저작을 기본적으로 완성했고, 류둔전 교수는 『쑤저우 고전 원림』이라는 전문 저작을 기본적으로 완성했으며, 천밍다陳明達 엔지니어는 고건축을 중점적으로 연구한 『잉현應縣 목탑』이라는 전문 저작을 완성했다. 이것들은 모두 '문화대혁명' 이전의 해당 학문 분과의 상징적인 중대한 학술 성과이지만 '문화대혁명' 이전에는 출간되지 못했다.

이 기간에 건축과학연구원 역사실과 난징공과대학이 합작한 난징 분실分室에서 대량의 조사 및 연구 작업을 진행했다. 이를 통해 다음과 같이 다양한 방면에서 해당 학문 분과의 진일보한 발전을 돕는 드넓은 전망을 열어주었다. 신장 위구르 건축, 티베트 건축, 내몽고 고건축 등 민족 건축 방면. 베이징 사합원, 저장 민가, 푸젠 민가 등 지역 건축 방면. 남송의 린안 같은 도시 방면. 강남의 건축 장식, 베이징과 후이저우의 명대 채화 임모臨摸 같은 건축 장식 방면. 구이린桂林 풍경 원림 계획, 쑤저우 풍경 원림 계획, 베이징 베이하이 실측 등 원림 방면. 중국 이슬람교 건축, 산시山西 광승사廣勝寺 실측 등 종교 건축 방면. 칭다오靑島의 근 백 년 건축, 톈진·상하이의 이농里弄 주택,[212] 중국 근 백 년 건축 도록 등 근대 건축 방면.

이처럼 대규모의 조사 연구 및 건축사 편찬을 위한 전국적인 협작을 통해 전문 인력을 대량으로 양성하고 전국의 각 관련 대학에 많은 학술연구센터를 설립함으로써 건축사를 매우 중요한 학문 분과가 되도록 했다.

그러나 극좌 사조의 영향으로 건축사 연구 역시 시종 온갖 풍파를 겪었다. 1965년 '사청四淸' 운동[213]이 시작되면서 건축과학연구원 역사실은 강제 해산되었다. 1966년 '문화대혁명' 때는 전국의 건축 역사 연구도 모두 중단됐다. 이 학문 분과의 기초를 다진 량쓰청 교수와 류둔전 교수를 비롯해 이들의 작업을 지지했던 전 건축공정부 부장 류슈펑劉秀峰, 전 건축과학연구원 원장 왕즈리汪之力, 전 역사소 서기 류샹전劉祥禎 등이 모두 공정하지 않은 비판을 받았다.

이상 1952년부터 1965년까지는 중국 건축사 연구의 제2단계로, 흥성하고 발전한 시기이자 전국적인 협업을 통해 사료를 장악하고 분야사를

---

212 이농里弄은 골목을 의미한다. 이농 주택은 자본주의와 근대 도시 생활이라는 새로운 조건 속에서 생겨난 것으로, 좁은 면적의 사유지에 주택을 밀집하여 짓기 위해서 연립식 주택 형태를 띠게 되었다. 이농 주택은 상하이 조계租界에서 처음 등장했고, 이후 톈진·한커우漢口·난징 등의 대도시로 확대되었다.

213 1963년부터 1966년 5월까지 전개된 사회주의 교육 운동으로, 정치·경제·조직·사상을 정화하자는 운동이다.

대대적으로 조사·연구하여 많은 성과가 나온 것에서부터 사론을 형성하고 새로운 건축 통사를 편찬하기까지의 두 번째 순환이다. 이 단계는 '사청' 운동과 '문화대혁명' 시기까지다.

(3) 제3단계

'문화대혁명' 후기였던 1973년, 위안징선袁鏡身 원장 지도하의 건축과학연구원은 건축사 연구 작업을 재개하기로 결정했다. 오칠 간부 학교五七幹校[214]에서 귀환한 류즈핑과 쑨쩡판孫增蕃, 그리고 새로 편입하게 된 천밍다陳明達는 모두 이 분야의 권위 있는 전문가로, 우선 그들은 현대와 고대 건축의 성취를 반영하는 두 권의 도록, 즉 『신중국건축』과 『중국 고건축』 집필에 착수했다. 얼마 뒤 유관 대학과 문물 부서 역시 건축사 연구 작업을 재개했다.

이 학문 분과의 기초를 다진 량쓰청 교수와 류둔전 교수는 이때 이미 '문화대혁명' 시기에 불행히도 세상을 떠났고, 주로 그들의 1대·2대 제자들이 작업에 종사했다. 건축과학연구원의 류즈핑 교수는 『중국 이슬람교 건축』을 계속해서 증보했고, 천밍다 선생은 『영조법식 대목작大木作[215] 제도 연구』를 집필했다.

'문화대혁명' 시기 각지에서 발견된 많은 고대 건축유물과 고고 발굴 작업에서 발견된 많은 중요 건축 유적지 및 사료에 대한 개별 연구도 수

---

214 문화대혁명 기간에 마오쩌둥毛澤東의 '오칠지시五七指示'(1966. 5. 7)를 관철한다는 명분으로, 노동을 통한 사상 개조를 하던 곳이다. 당시 당과 정부 기관의 간부를 비롯해 교사와 전문가와 문예 종사자 등이 농촌의 오칠 간부 학교로 하방下放되어 노동에 종사하고 자산계급 비판 활동에 참가했다.

215 목구조 건축의 주요 결구結構 부분으로, 기둥·보·방枋·도리 등으로 구성된다.

행되었다. 다음과 같이 '문화대혁명' 이전의 미완결 연구물 역시 이 시기에 정리되어 출판되었다. 건축과학연구원 역사실에서는 '문화대혁명' 이전 미완성 상태였던, 류전둔 교수가 편집을 주관한 『중국 고대 건축사』『저장 민가浙江民居』 등을 출판했다. 난징공과대학 건축과에서는 류둔전 교수의 『쑤저우 고전 원림』을 출판했으며, 칭화대학 건축과에서는 량쓰청 교수의 『영조법식 주석』을 출판했다. 새로운 사료에 대한 전문적인 조사·연구 및 이전의 성과에 대한 보충·보완 작업은 이 시기 역사 연구 작업의 매우 중요한 부분으로, 사료와 특정 주제에 대한 연구의 기초를 한층 더 강화했다.

1983년, 건설부가 중국건축기술연구원을 설립하면서 기존의 건축과학연구원 역사실은 중국건축기술연구원 건축역사연구소가 되었다.

1980년에서 1995년 사이에 건축사 연구 영역에서 세 가지 중요한 작업이 이루어졌다. 즉 『중국 고대 건축기술사』『중국 대백과전서: 도시·건축·원림』『중국 고대 건축사』의 편찬이다.

『중국 고대 건축기술사』는 중국과학원 자연과학사 연구실의 장위환張馭寰 연구원과 난징공과대학 건축과의 궈후성郭湖生 교수가 주관했는데, 건축과학연구원 역사실의 류즈핑 교수가 고문을 맡아 원고의 최종 마무리 작업에 참가했으며, 천밍다 선생이 「중국 목결구木結構 발전」이라는 매우 중요한 장을 집필했다. 이 작업은 고대 건축 기술을 장기간 소홀히 했던 결함을 보완하고 연구의 진일보를 위한 길을 개척함으로써 향후 새로운 성과들이 잇달아 나올 수 있었다.

『중국 대백과전서: 도시·건축·원림』에서 중국 건축사는 중요한 하위 분과다. 건축과학연구원 역사실의 류즈핑과 천밍다가 잇달아 편집을 주관하면서 얼개를 구성하고 조목을 작성하는 작업을 주재했는데, 건축사 연구과 교육에 종사하는 전국의 전문가를 조직하여 얼개에 대하여 토론하고 조목을 작성하게 했다. 얼개를 정하는 일은 실제로 건축역사학의 분류와 층차層次를 정리해내고, 과거 연구 성과를 회고하고, 연구를 발전시키기 위하여 해결해야 하는 몇 가지 문제를 발견하는 등의 역할을 한다. 한편 조목을 작성하는 일은 이러한 성과의 총결이자 존재하는 문제에 대한 초보적 탐색으로, 건축사 분야의 향후 발전에 큰 의미가 있다.

1986년 『중국 대백과전서: 도시·건축·원림』이 완성된 이후 둥난대학 건축과 판구시潘谷西 교수가 새로운 건축사를 펴내자는 건의를 하게 되었다. 이는 류둔전 교수가 편집을 주관한 『중국 고대 건축사』가 14만 자라는 분량의 제한 탓에 사료를 채택하고 사론을 밝히는 데 있어서 모두 시대와 편폭의 한계로 인해 류둔전 교수의 뜻대로 온전히 구현될 수 없었을뿐더러 원고가 20년 전에 완성되어 '문화대혁명' 이래로 새로운 사료와 연구 성과가 쏟아져 나온 상황을 고려한 것이다. 판구시 교수가 건의한 새로운 건축사 편찬은 국가자연과학 기금회와 건설부 과기사科技司의 지원을 받게 되었다. 거듭 협의한 끝에 새로운 건축사는 총 5권으로 하고 각 권의 분량은 약 1백만 자로 하며, 여전히 공동 작업 형식을 택하기로 하여 둥난대학 건축과, 칭화대학 건축과, 중국건축기술연구원 건축역사소가 공동으로 담당했다. 이후 2003년까지 다섯 권이 잇달아 출판되었다. 다섯 권으로 된 새로운 『중국 고대 건축사』는 넉넉한 학문적 환경과 기간을 바탕으로 작업을 진행하면서 편폭이 크게 늘어났으며, 1960년대 이후의 수많은 새로운 사료와 연구 성과를 흡수했다. 따라서 깊이와 폭은 물론이고 이론 및 규율의 탐색에 있어서도 진전된 바가 있다.

1990년대 초에는 중국문학예술연구원이 제창하여, 샤오모肖默·왕구이샹王貴祥 등 전문가가 건축 예술의 관점에서 연구하여 저술한 『중국 건축 예술사』도 출판되었다. 1996년 초에는 허예쥐賀業鋸 연구원의 『중국 고대 도시 계획사中國古代城市規劃史』와 궈후성 교수의 도시사 연구 전문 저작인 『중화 고도中華古都』와 같은 분야사와 전문 저작이 출판되었다.

이처럼 중시하는 점이 서로 다른 건축 통사와 분야사의 편찬은 건축사 연구의 시야를 넓히고 연구 영역을 확장했는데, 이는 건축사 연구의 제3단계이자 세 번째 순환으로 간주할 수 있다.

이상은 건축사 연구에서 70년 동안 진행된 세 차례의 순환이다. 뒤의 두 순환에서는 '문화대혁명' 이전의 건축이론역사실과 현재의 건축역사소와 둥난대학 건축학과가 큰 역할을 하며 중요한 성과를 거두었다.

3. 연구 내용 — 건축역사학의 분류

역사학의 분류처럼 건축사는 발전 규율과 형성에 중점을 두고 연구하는 건축 통사 외에도 각종 분야사가 있어서 그 특징과 성취를 다양한 측면과 각도에서 보다 깊이 있고 상세하게 연구함으로써 보다 구체적이고 전문화된 참고자료를 제공하고 통사의 기초가 된다. 통사와 각종 분야사는 세로와 가로 두 방향에서 만나고 교차하면서 건축 발전사의 전체 면모를 그려낸다.

① 여러 유형의 건축에 대한 분야사 및 특정 주제 연구

도시·건물·원림이 포함된 건축사의 연구 범주는 광범한 내용에 걸쳐 있다. 크게는 도시와 촌진을 다루고 구체적으로는 궁전, 예제 건축, 관청,

능묘, 종교 건축, 주택, 원림, 상업용 건축 등 여러 유형의 건축군을 다룬다. 건축학의 관점에서 그것의 계획, 배치, 설계 방법, 공정工程 기술 등의 특징과 성취에 대해 각각 연구해야 할뿐더러 역사 발전의 관점에서 그것의 형성과 발전 과정을 연구함으로써 문자와 도상 성과를 귀납해내어 역사 문화를 발양하는 동시에 현재의 건설에 참고와 본보기를 제공해야 한다. 이렇게 해서 도시와 촌진 및 각 유형 건축의 계획·설계·시행을 연구하는 분야사가 형성되었다. 고대 도시의 계획, 건축군의 배치, 건축 설계에 널리 쓰이는 방법, 모듈의 운용, 규범과 법규의 변천, 건축의 예술적 처리, 건축 장식 수법의 특징, 건축 결구結構, 건축 재료, 건축 시공 기술, 도구 등의 방면에 대해서도 각각 전문적인 연구를 진행하여 도시 계획사, 건축 설계사, 건축 장식사, 건축 기술사 등 각종 분야사를 형성해야 한다.

② 각 민족의 건축사

중국은 한족을 주체로 하는 다민족 국가로, 소수민족이 주체가 된 왕조가 등장하기도 했으며 각 민족 간의 건축이 교류, 융합, 상호 촉진하면서 중국 고대 건축의 다채로운 면모를 빚어냈다. 각 민족의 건축사를 연구하는 것은 고대 건축의 형성과 발전을 이해하는 데 필수적인 작업이다.

③ 각 지역의 건축사

영토가 광활한 중국은 자연적·지리적 조건의 차이로 인해 각 지역의 풍속과 습관과 선호하는 바가 매우 다르다. 따라서 건축 형식, 건축 구조, 건축 재료, 건조建造 방법에 큰 차이가 발생했으며, 각각의 풍모와 특색을 지닌 몇몇 지역 건축 구계區系가 역사상 점차 형성되었다. 각 구계 건축의 지역적 특색과 형성 과정을 연구하고 각 구계 건축 간의 상호 영향 및 그것들과 관식 건축 간의 관계를 연구하는 것 역시 중국 고대 건축의 발전 전모를 파악하는 데 매우 필요한 작업이며, 오늘날 다양한 지역 건축 문제를 해결하는 데 참고와 본보기 역할을 할 수 있다.

④ 서로 다른 시기의 단대사

중국 고대 건축 행위의 역사는 종종 당시 국가의 흥망성쇠·강약·통일·분열과 상응한다. 또한 반복적으로 나타나는, 단절·교류·발전·침체·쇠퇴의 단계성이 존재한다. 이러한 조건에서의 건축의 발전 규율을 연구하는 것이 바로 건축의 단대사斷代史를 구성한다.

⑤ 건축문화사

건축은 공학적 측면의 기술성 외에 사회성도 지닌다. 건축의 사회성 측면에서 보자면 고대 철학 사상, 윤리 관념, 예법 제도, 문화 전통, 예술 풍조, 생활 습속, 종교 신앙, 심지어는 민간 미신 등 인문 방면의 문제가 성격이 각각 다른 사회에서의 건축 관념과 건축에 대한 심미적 취향의 형성과 발전에 미치는 작용 및 건축 발전에 미치는 영향과 제약 등은 모두 사회의 문화 전통과 건축 발전의 관계로 간주할 수 있다. 이러한 문제들이 각 분야사를 관통하고 있긴 하지만 건축 사상사, 건축 미학사, 건축 예술사와 같은 여러 층차의 분야사 연구를 통해 건축사에서 반드시 해결해야 하는 특정 주제에 대한 전문적인 중요한 연구가 이루어져야 한다.

연구의 진전과 인식의 심화에 따라 이러한 분야사의 내용은 증가하게 마련이다. 각종 분야사는 서로 다른 각도에서 연구를 진행하는데, 이는 고대 건축의 특징과 성취를 반영하는 가장 구체적이고 직접적인 성과이자 보다 완벽하고 심층적인 건축 통사를 형성하는 기초다.

⑥ 중국과 외국의 건축 교류사

중국이 외국과 건축을 통해 상호 교류하고 영향을 주고받은 것 역시 고대 건축의 발전을 연구하는 데 있어서 명확히 밝혀야 하는 문제로, 상호 영향이 발생하게 된 조건 및 시대적 배경과 작용을 연구해야만 한다. 이는 외국의 우수한 건축 성과를 흡수하여 중국의 현대 건축을 발전시키는 데 계발과 참고 역할을 할 수 있다. 영향을 받은 나라의 실례를 통해 영향을 준 나라의 상황을 돌이켜 추론할 수도 있는데, 예를 들면 일본에 현존하는 유물 중에 중국의 수·당 시기 특징을 반영하는 몇몇 유물을 분석함으로써 그 당시 중국 건축의 특징을 추론하고 사료의 공백을 메울 수 있다.

⑦ 건축 통사

서로 다른 역사 시기 고대 건축의 발전과 변천 과정에 대한 전체적 면모를 탐구하고 그 발전의 필연성과 우연성을 분석한다. 이를 위해서는 앞에서 언급한 각종 분야사 및 특정 주제에 대한 전문적 연구를 바탕으로 더 다듬고 이론적인 수준으로 끌어올려 발전 규율 및 공통의 경험과 교훈을 귀납해야만 한다. 전체적인 관점에서 고대 건축 분야의 성취를 발양하고 그것의 역사적 발전의 규율성과 경험과 교훈을 오늘날 건축에 대한 참고와 본보기로 삼아야 한다.

통사는 풍부한 사료, 특히 각종 분야사의 기초 위에 성립되는 것이므로 구체적인 작업에서 언제나 먼저 사료와 사실史實을 전문적으로 연구한 다음 이를 기반으로 건축 통사를 집필한다. 건축 통사의 집필을 총결하기 이전 단계의 작업 성과를 통해 부족한 점과 새로운 문제를 발견하고 나아가 각 전문적 문제에 대하여 진일보한 연구를 추진한다. 건축역사학의 발전 과정에서 통사와 각종 분야사와 특정 주제에 대한 전문적 연구는 서로를 촉진하고 갈마들면서 한 번의 순환을 거칠 때마다 새로운 단계에 진입한다.

4. 발전 동향—건축사 연구 작업에 대한 회고와 전망

지난 70여 년 동안의 건축사 연구 경험을 돌이켜보면, 그 기본 규율은 사실史實을 장악(실물과 문헌에 대한 조사와 연구)하는 데서 사론을 형성(건축사와 통사 편찬)하는 것에 이르는 단계적인 순환 과정이다. 지금까지 이미 세 단계를 거쳤다. 현재는 심층적인 특정 주제 또는 분야사 연구를 진행하고 나아가 새로운 문제를 발견하며 새로운 이론과 인식을 배태하고 발전시키는 시기에 놓여 있다.

국가가 급속히 발전하고 있는 현재 상황에서, 역사 경험을 총결하여 건설을 위한 본보기를 제공하는 측면에서든, 민족의 역사문화유산을 보호하는 측면에서든, 건축역사 연구에 보다 많은 것을 요구하고 있다. 이에 상응하여 건축역사학은 새로운 발전 시기에 놓여 있다. 현재 많은 대학에서 관련 연구실 또는 연구소를 설립했는데, 새로운 연구 결과가 끊임없이 나오고, 석·박사 학위를 취득한 새로운 역량이 계속 등장하고, 많은 논문이 창의적인 성과를 거두었다. 이런 상황에서 이 세 단계의 작업을 검토하고 총결하여 그 성취와 부족한 점을 집중적으로 연구하고 경험을 총결할 수 있다면, 고대 건축의 발전 과정과 성취와 역사 발전의 규율성에 대해 더 구체적이고 깊이 있게 인식하고 시대가 우리에게 부여한 임무를 더 잘 수행할 것임이 분명하다.

세 단계를 거치면서 이미 완성된 건축사와 대량의 연구 성과를 분석하면 다음 몇 가지를 알 수 있다.

(1) 사료 방면

건축 사료와 관련해서 말하자면, 세 단계의 작업을 총결했을 때 역사적 관점에서 시대의 정위定位를 정확히 파악하는 것보다 더 중요한 것은, 도시계획학·건축학·원림(경관)학의 학과적 관점에서 고대 도시와 촌진의 계획, 각종 건축군과 원림의 평면 배치 및 공간 서열, 각종 건축물의 설계 등에 대하여 공학 기술과 사용 기능부터 예술적 처리에 이르기까지 종합적으로 분석하고 비교하며 그 특징과 성취 및 독특한 체계의 형성과 발전 과정을 연구함으로써 건축 발전 과정에서 그것의 지위와 역할을 확인하는 것이다. 이러한 실제적이고 구체적인 성과는 건축 통사의 견실한 기초가 될뿐더러 전통을 이해하고 전통을 본보기 삼는다는 측면에서 현재의 건설 작업에 공헌할 것이다.

건축역사소 및 관련 대학과 전문대학을 포함해 학계의 많은 종사자들이 최근에 여러 성과를 거두었다. 도시, 궁전, 예제 건축, 지방 민가 건축, 원림 등의 여러 건축 유형에서, 목구조 기술, 공예, 도구, 시공 조직 등의 영역에서, 중국과 서양, 중국과 일본, 중국과 동남아시아의 건축 교류 등의 분야에서 모두 많은 전문 저서와 논문이 발표되었다. 그중 석·박사 논문 가운데는 연구의 공백을 메우는 성격을 띤 것들이 있는데, 이는 연구 대오와 수준이 끊임없이 성장하고 향상되고 있음을 말해주는 것으로 매우 반가운 현상이다.

그런데 전체적으로 봤을 때 수십 년의 성과 가운데 역사적 관점에서 실물의 연대 측정에 대한 연구 성과는 비교적 많지만, 건축학·도시계획학·원림학의 관점에서 이루어진 전문적인 연구는 여전히 상대적으로 미약하므로 중점적인 강화가 시급하다. 현재 상황을 종합해보면, 수십 년 동안 고건축에 대한 일제 조사 작업을 거쳐 지금은 중요한 고건축이 기본적으로 이미 발견된 상태이며 일부 중요한 건축 유적지의 고고학적 발굴은 아직 시일이 더 걸릴 것이다. 즉 가까운 시일 내에는 새로운 중대 발견이 있을 가능성은 적다. 따라서 기존의 건축 실물과 사료를 충분히 장악하는 데 작업의 중점을 두고, 이를 바탕으로 심층적인 연구를 진행해야 한다.

도시와 가옥은 모두 건조建造되는 것으로, 그것의 성취와 특징은 공학 기술의 방면이든 건축 예술의 방면이든 최종적으로는 계량화된 치수 데이터로 구현되는 것이므로 성진城鎭 건축군과 건축물을 심층적으로 연구하려면 정확한 실측도와 데이터가 반드시 있어야 한다. 현재 상황은 세 시기에 걸친 수십 년의 노력 끝에 이미 대량의 도면과 데이터를 장악하여 종합적 연구를 진행할 수 있게 되었지만 전형적 의의를 지닌 고대 도시, 촌진, 중대형 건축군과 건축물 중에는 정확한 실측도와 데이터 자료가 부족하여 정밀한 조사와 측량 작업이 필요한 것들이 아직도 상당하다. 이는 전면적인 연구를 수행하기 위해서 반드시 해결해야 할 문제이며 건축사 연구 작업의 난관이라고도 할 수 있는데, 업계 전체가 장기적으로 함께 노력하여 해결해야 할 필요가 있다. 실측에는 자금과 인력이 많이 필요한데, 이는 별도의 특별 자금이 없는 대학과 연구기관이 감당할 수 있는 바가 아니며 국가의 문물 보호 작업과 결합해야만 비로소 가능하다. 하지만 이것은 강제할 수 없는 것으로, 모든 기회를 포착해야만 목표에 차츰 도달할 수 있다.

문헌 사료 방면에서는 이미 종합적 성격의 전문 서적들이 출판되어 연구자가 일일이 찾아서 검토하는 수고를 덜 수 있게 되었는데, 이는 좋은 현상이다. 현재 『사고전서四庫全書』를 비롯한 많은 고서가 이미 전자책으로 나와서 쉽게 검색할 수 있다. 문헌 사료를 끊임없이 심층적으로 발굴하고 새로운 자료를 얻어내는 것은 건축 사실史實을 깊이 있게 장악하는 데 큰 도움이 되는데, 이와 관련해서는 류둔전 선생이 본보기를 보여주었다.

(2) 사론 방면

더 넓은 관점에서 본다면, 건축역사학이 공학 기술적 측면과 사회 인문적 측면의 이중성을 지닌 데다 역사학의 특성도 지니는데 이전 연구 작업에서는 건축학의 측면에서 말하자면 상대적으로 공학 기술에 치우친 경향이 있으며 건축의 사회성과 예술성에 대한 연구는 충분하지 않았음을 알 수 있다. 또한 역사학의 측면에서 말하자면, 상대적으로 사실史實 파악에 치우친 경향이 있으며 전체적인 관점에서 역사 발전의 규율을 탐색하려는 노력은 부족했음을 알 수 있다. 구체적이고 실제적인 문제, 즉 표면적인 기술적 성격의 문제에 대한 연구는 비교적 많지만 법칙성을 띠거나 추상적인 문제, 즉 비교적 심층적인 이론적 성격의 문제에 대한 탐색은 비교적 적었다고도 말할 수 있다. 이것은 건축사 연구에서 비교적 취약한 부분이다. 이는 물론 객관적으로 과거 역사적 환경의 영향을 받은 것으로, 이념적 문제를 건드리고 싶지 않아서 의도적으로든 무의식적으로든 회피한 탓에 초래된 것이다. 시간이 오래 지나면서 이는 우리의 지식 구조와 연구 시야의 부족한 점이 되어 버렸다.

따라서 향후 연구에서는 중국 고대 건축의 형성과 발전에 있어서 고대 철학 사상, 윤리 관념, 예법 제도, 문화 전통, 예술 경향, 생활 습속, 종교 신앙, 심지어는 민간 미신 등과 같은 인문적 요소의 역할에 관한 연구를 강화해야 한다. 이것들이 중국 고대인의 건축관(이를 확대하면 인간 정주환경관이다)과 건축 심미 취향의 형성에 어떻게 영향을 미쳤으며 나아가 고대 건축의 발전에 어떻게 영향을 미치고 고대 건축을 제어했는지 연구하는 것은 매우 필요한 일이다. 이를 통해 고대 건축을 다른 각도에서 연구함으로써 고대 건축의 발전에 영향을 미친 요인을 보다 전면적으로 인식하고 중국의 독특한 건축 체계가 형성되고 장기간 연속된 원인을 더 깊이 이해할 수 있다. 이로써 고대 건축 발전에 대한 인식이 이론적인 수준까지 향상될 수 있다.

사실史實을 개척하는 데 있어서의 어려운 점을 고려한다면, 지금은 앞에서 말한 법칙성과 이론성을 띤 문제를 심층적으로 연구할 시기다. 최근 업계에서는 이미 이와 관련된 방면의 연구를 진행했는데, 앞에서 언급한 『중국 건축 예술사』 외에도 궈후성 교수의 『중화 고도』, 허우유빈侯幼彬 교수의 『중국 건축 미학』 같은 전문 저서와 철학·미학의 관점에서 연구한 몇몇 전문 논문 및 관련 분야의 최근 국외 연구와 국내 현황을 비교한 연구 등(우수한 학위논문 포함)은 훌륭한 선구적 역할을 했다. 이론과 규율 방면의 연구를 계속하고 이전 연구의 취약한 고리를 충실히 하면 건축사 연구 작업이 분명히 새롭게 더 큰 진전을 이룰 것이다. 건축사연구소의 현실적 조건과 인력 상황을 감안하면 현재 이 방면의 연구를 진행하는 것이 적절하다.

건축계의 공동 임무는 중국 특징을 지닌 현대 도시와 건축을 창조함으로써 세계 건축의 숲에 스스로의 힘으로 서는 것이다. 세계의 선진적인 건축 성취를 흡수하는 동시에 역사 전통에 힘입어 자기만의 특징을 빚어내야 한다. 현재의 건설 상황과 결부해 보면 고금의 큰 차이를 알 수 있는데, 건축 전통을 형식상 계승하는 것은 성공한 경우가 드물다는 사실을 수십 년의 경험이 말해준다. 하지만 고대의 철학 사상, 윤리 관념, 예법 제도, 문화 전통, 예술 풍조, 생활 습속, 종교 신앙 등 인문적 측면이 중국 고대 중국 건축관의 형성을 비롯해 고대 건축의 특징과 전통의 발생 및 발전에 미친 영향과 그 풍부한 구체적인 사례는 의심할 바 없이 오늘날 사회와 문화 조건에서 중국 특징을 지닌 새로운 건축을 창조하는 데 매우 훌륭한 계발과 본보기 역할을 할 것이다. 이러한 점에서 보자면, 이 방면의 연구를 강화하는 것은 실질적인 의의가 있다.

이상은 개인의 초보적인 견해로, 매우 미숙하다. 동료들과 함께 토론하고 함께 연구하여 건축역사 연구에 대한 인식을 향상시키고, 시대의 발전이 이 방면에서 우리에게 제기한 새로운 임무를 공동으로 완수할 수 있기를 바란다.

옮긴이의 말

이 책은 왜 '중국의 좋은 책'으로 선정되었을까?

이 책의 원제는 『중국 고대 건축 개설』이다. '2016년도 중국의 좋은 책 2016年度中國好書'으로 선정된 30종 가운데 한 권이라기에 대체 몇 권 중에서 뽑힌 책인지 궁금해졌다. 우리나라에서는 1년에 7만 종에 달하는 책이 출간된다고 하니, 세계 1위의 인구 대국 중국에서는 물론 그보다 훨씬 많은 책이 출간될 터. 검색해보니 2016년에 중국에서는 49만9884종(그 중 초판은 26만2415종)의 책이 출간되었다. 그럼 이 책이 수십만 권 중에서 30위 안에 들었다는 것이다! 선정된 30권 중에서 이 책이 속한 인문사회과학 분야의 책은 8권이니, 이 책은 2016년에 출간된 인문사회과학 분야의 책 중에서 열 손가락 안에 드는 셈이다.

어느 책이든 저자나 역자의 애정과 노력이 흠뻑 깃들어 있을 텐데 굳이 순위를 언급한 건 한중 수교 30주년을 기념하는 출판 기획에 이 책이 선정된 이유가 궁금해서다. '중국의 좋은 책'은 어떤 성격의 것일까?

매년 중국 도서평론학회가 그해 '중국의 좋은 책'을 선정하면 이듬해 4월 23일에 중국 관영 CCTV를 통해 그 시상식이 전국에 방송된다. 해마다 정기적으로 개최되는 이 방송 이벤트는, 유네스코가 제정한 '세계 책의 날'(4월 23일)을 활용한 일종의 독서문화 진흥 행사다.

'2016년도 중국의 좋은 책' 방영분을 찾아봤다. 대략 1시간 35분 동안 영화제처럼 다채롭게 진행되는 프로그램이었다. 이 책이 속한 인문사회과학 분야의 시상식 차례가 되자 사회자는 '나는 누구인가, 나는 어디서 왔는가, 나는 어디로 가는가?'라는 문제가 인류의 보편적 관심사임을 언급하면서 중국은 왜 중국인가에 관심을 가져야 한다고 강조했다. 그리고 이번에 수상하는 책들은 바로 이 문제에 관하여 쓴 것으로, 네 글자로 말하자면 '중국 풍격風格'이라고 했다. 인문사회과학 분야에 선정된 책들은 다음과 같다. 『중국의 고비—'중등 수입의 함정'을 어떻게 극복할 것인가?』 『중국 고대 건축 개설』 『해혼후海昏侯 유하劉賀』 『금정錦程—중국의 비단과 비단길』 『문자소강文字小講』 『장자철학강기莊子哲學講記』 『자치통감資治通鑑과 국가 흥쇠』 『집을 짓다造房子』. '중국 풍격'이라는 공통점을 지닌 책이라는 말에 수긍이 간다.

이상의 인문사회과학 분야에 선정된 책 8권 가운데 건축 관련 책이 두 권이나 된다. 『집을 짓다』의 저자 왕수王澍(1963~)는 건축계의 노벨상인 프리츠커상 최연소 수상자이고, 『중국 고대 건축 개설』의 저자 푸시넨(1933~)은 중국공정원中國工程院 원사院士다. 원사는 종신 영예직으로, 중국의 과학 및 공학 분야의 권위자임을 말해주는 칭호다. 왕수가 전통의 현대화에 중점을 두었다면, 푸시넨은 전통의 복원에 더 많은 관심을 기울였다. 양자가 어우러지면, '중국은 무엇인가, 중국은 어디서 왔는가, 중국은 어디로 가는가?'라는 질문에 대한 답이 될 것이다. '2016년도 중국의 좋은 책'에 건축 관련 책이 두 권이나 선정된 데는 이런 속내가 있지 않을까.

'2016년도 중국의 좋은 책' 인문사회과학 분야 시상자로는 칭화清華대학 국학연구원 원장인 천라이陳來와 푸단復旦대학 중국연구원 원장인 장웨이웨이張維爲가 등장했다. 천라이는 유가 철학 연구의 대가이고, 장웨이웨이는 중국식 일당 독재가 서방 국가보다 우월하다고 주장하는 중국 체제 옹호론자다. 시상자 발언 중에서 "세계가 우리나라에 관심을 갖고, 세계가 우리나라의 굴기에 관심을 갖는다"라는 장웨이웨이의 말이 심상치 않게 들렸다. 중국에서 개최되는 '책의 날' 행사가 궁극적으로 지향하고 있는 지점은 '중국의 굴기'임을 상기시키는 발언이었다. 그러고 보면 인문사회과학 분야 수상작 8권의 키워드 '중국 풍격' 역시 중국 굴기의 자원이자 동력인 셈이다.

앞서 소개한 인문사회과학 분야 수상작 8권 중에서 『중국의 고비—'중등 수입의 함정'을 어떻게 극복할 것인가?』와 『중국 고대 건축 개설』은 저자가 방송에 직접 출연해 집중적인 조명을 받았다. 해당 방송에서는 푸시녠이 60여 년 동안 건축사 연구에 종사했음을 언급하면서, 이 책이 거시적 건축 설계의 각도에서 전국 시대부터 명·청 시대까지 각종 건축에 대한 복원 연구를 통해 중국 고전 건축의 정교함과 아름다움을 재현했음을 강조했다. 방송에서 푸시녠의 조부 푸쩡샹傅增湘(1872~1949)을 조명한 점도 흥미로웠다. 푸쩡샹은 수십만 권의 책을 소장했던 장서가이자 교감가다. 푸시녠은 자신의 조부가 수많은 장서를 국가에 기증한 사실을 거듭 강조했다. 백발이 성성한 고령의 저자가 책과 관련된 자기 집안의 내력을 자랑스럽게 소개하는 장면이야말로 '책의 날' 행사에 맞춤한 것이었다.

푸시넨은 자신이 량쓰청梁思成의 제자라는 사실도 언급했는데, 중국 근대 건축의 아버지라 불리는 량쓰청이 자신의 스승임을 널리 알리고 싶었을 터였다. 조부 푸쩡샹과 손자 푸시넨, 스승 량쓰청과 제자 푸시넨, 이러한 계보의 부각은 은연중에 '전통의 계승'을 강조하는 것 같았다. 흥미롭게도 『집을 짓다』의 저자 왕수는 일찍이 스물네 살에 「중국 당대當代 건축학의 위기」라는 글에서 량쓰청부터 당시 자신의 지도교수였던 치캉齊康에 이르기까지 중국 근현대 건축사에서 대가라 칭해지는 이들을 죄다 비판한 바 있다. '중국 근대 건축의 아버지'의 제자임을 긍지로 여기는 이와 '중국 근대 건축의 아버지'를 비판한 이의 저작이 같은 해 인문사회과학분야 좋은 책으로 선정되었다니, 참으로 공교로운 일이다. '중국은 어디로 가는가?'에 왕수의 시선이 놓여 있다면, 푸시넨이 응시하는 지점은 '중국은 어디서 왔는가?'라고 할 수 있다. '2016년도 중국의 좋은 책'에서 밝힌 책의 추천 이유에서도 이를 확인할 수 있는데, 왕수의 책은 전통문화가 당대當代로 진입하는 루트를 열어주었고 푸시넨의 책은 "건축 이념과 전통문화의 융합을 해석하고 고전 건축의 정교함과 아름다움을 재현했다"는 것이다.

이처럼 중국 고유의 전통에 초점을 두고 있는 푸시넨의 책은 베이징출판사에서 기획한 '대가소서大家小書' 시리즈 가운데 한 권이기도 하다. '대가'는 저자가 대가임을 의미하고 '소서'는 분량이 적은 책임을 의미한다. 독자가 짧은 시간 안에 많은 지식을 얻을 수 있도록 하는 게 '대가소서' 시리즈의 기획 의도다. 대가의 지식을 대중에게 전달하기 위한 책이기 때문에 두꺼운 학술서보다 접근성이 좋은 편이지만 일반적인 대중서라고 하기에는 학술성이 짙은 책이다.

총 6장과 부록으로 구성된 책의 각 부분은 독립적으로 읽힐 수 있는 내용이다. 1장 '중국 고대 건축 개설'은 그야말로 중국 고대 건축에 대한 개설로, 중국 고대 건축의 역사를 통시적으로 훑고 중국 고대 건축의 특징과 유형을 요약하고 있다. 2장 '고대 중국의 목구조 건축 설계의 특징'에서는 『영조법식營造法式』(송)과 『공부공정주법工部工程做法』(청)에 근거해서 당나라 이후 목구조 건축의 설계 방법을 분석했는데, 학술성이 매우 짙은 내용이다. 3장 '중국의 고대 도성 계획에 관한 연구'는 역대 도성에 관한 내용으로, 한나라의 장안성, 수·당 시기의 장안성과 뤄양성, 북송의 변량(카이펑), 원나라의 대도성(베이징)을 다루고 있다. 이들 역대 도성 가운데 베이징에 대해서는 이어지는 4장 '원·명·청 삼대의 도성 베이징성'에서 매우 상세히 다룬다. 5장 '명나라 베이징의 궁전·단묘 등 대형 건축군 총체적 계획의 특징'에서는 '모듈'을 통한 총체적인 설계의 각도에서 베이징의 궁전인 자금성을 비롯해 태묘와 천단을 분석하고 있다. 6장 '전국 시대 중산왕릉 「조역도兆域圖」에 반영된 능원 제도'는 전국 시대 중산왕中山王의 능묘에서 출토된 동판 「조역도」를 통해 왕릉의 왕당 건축과 능원 전체의 건축 설계를 분석한 부분으로, 학술성은 물론 실험성도 강한 내용이다.

일반 독자 입장에서는 중국 고대 건축의 윤곽을 파악하는 데 도움이 되는 1장과 중국의 역대 도성에 관한 3장이 가장 접근하기 쉽고 흥미로울 것이다. 장안(지금의 시안西安)을 비롯해 뤄양, 카이펑, 베이징 등 중국의 역대 도읍지에 관심이 있다면 3장은 더욱 재밌게 읽힐 것이다. 베이징에 대하여 상세히 알고 싶다면 4장과 5장을 깊이 있게 읽으면 좋겠다. 6장은 능원 건축에 관심 있는 전문 연구자에게도 도움이 될 것이다. 마지막으로 책의 부록을 통해서는 중국의 건축사 연구 70여 년 역정을 살펴볼 수 있다.

건축 전공자가 아님에도 이 책을 번역하게 된 건 여러 인연 덕분이다. 『고대도시 20강』 — 국내 출간본 제목은 『고대 도시로 떠나는 여행』(둥젠훙 지음, 글항아리, 2016) — 을 번역하면서 흥미를 느꼈던 장안성, 변량, 베이징성을 이 기회에 다른 각도에서 더 자세히 알아보고 싶었다. 그리고 『중국을 빚어낸 여섯 도읍지 이야기』(메디치미디어, 2018)를 쓰면서 다루었던 시안, 뤄양, 카이펑, 베이징 등의 역대 도읍지를 도성 계획과 설계의 측면에서 깊이 있게 알아보고 싶었다. 이런 인연과 기대로 이 책의 번역을 맡긴 했으나 번역 작업은 생각만큼 쉽지 않았다. 수많은 건축 전문용어, 모듈을 적용한 분석, 문헌에 근거한 건축의 복원 연구 등 여러 난관이 도사리고 있었다. 번역을 마친 지금, 힘들었던 만큼 뿌듯한 동시에 어딘가 분명 존재할 오역이 두렵다. 독자 여러분의 많은 격려와 질정을 부탁드린다. 이 책이 중국을 이해하는 데 도움이 된다면 역자로서는 큰 보람이다. 친중과 혐중의 차원을 넘어 중국을 안다는 건 정말 중요하지 않은가. 아는 게 힘이다!

2023년 6월

이유진

찾아보기

인명

자료명

중국 고대건축의 이해

초판인쇄 2023년 6월 22일
초판발행 2023년 7월 10일

지은이 푸시넨
옮긴이 이유진
펴낸이 강성민
편집장 이은혜
편집 강성민 홍진표
마케팅 정민호 박치우 한민아 이민경 박진희 정유선 김수인
브랜딩 함유지 함근아 박민재 김희숙 고보미 정승민
제작 강신은 김동욱 이순호

펴낸곳 (주)글항아리 | 출판등록 2009년 1월 19일 제406-2009-000002호

주소 10881 경기도 파주시 심학산로 10, 3층
전자우편 bookpot@hanmail.net
전화번호 031-955-2696(마케팅) 031-941-9097(편집부)
팩스 031-941-5163

자수字數 198,000자

ISBN 979-11-6909-026-1 93540

잘못된 책은 구입하신 서점에서 교환해드립니다.
기타 교환 문의 031-955-2661, 3580

www.geulhangari.com